玉燭寶典校理

（隋）杜臺卿 撰　朱新林 校理

北京燕山出版社

圖書在版編目（CIP）數據

《玉燭寶典》校理 / 朱新林校理 . -- 北京 : 北京燕山出版社 , 2021.10

ISBN 978-7-5402-6455-0

Ⅰ . ①玉… Ⅱ . ①朱… Ⅲ . ①農業科學－古籍－中國－隋代 Ⅳ . ① S-092.41

中國版本圖書館 CIP 數據核字 (2022) 第 040217 號

玉燭寶典校理

校　　理：朱新林
責任編輯：劉朝霞　王長民
封面設計：采薇閣
出版发行：北京燕山出版社有限公司
社　　址：北京市豐台區東鐵匠營葦子坑 138 號 C 座
郵　　編：100079
電話傳真：86-10-65240430（總編室）
印　　刷：廣東虎彩雲印刷有限公司
開　　本：850×1168 毫米　1/32
字　　數：288 千字
印　　張：15.75
版　　別：2022 年 3 月第 1 版
印　　次：2022 年 3 月第 1 次印刷
書　　號：ISBN　978-7-5402-6455-0
定　　價：128.00 元

教育部人文社會科學研究青年基金項目「日藏《玉燭寶典》四種舊寫本整理與研究」（18YJC870029）
山東省社科規劃項目研究成果（17CTQJ05）
二零二一年北京市优秀古籍整理出版扶持項目

内容提要

《玉燭寶典》是以《禮記・月令》、蔡邕《月令章句》爲綱，採集大量文獻，附以「序說」、「正說」、「附說」、「終篇」，綴輯而成的歲時民俗類著作。此書上承《禮記・月令》、梁宗懍《荊楚歲時記》，下啟杜公瞻《荊楚歲時記注》、宋陳元靚《歲時廣記》，反映先民時令風俗的演變軌跡，對後世認識兩漢、魏晉南北朝至隋唐時期的天文、曆法、農學、時令等諸多文獻皆有重要意義，且對中日歲時文化傳播和發展亦產生重要影響。

《玉燭寶典》稱引諸多古籍，其中所引典籍，或今日十不存一二，或存者與今本有諸多異同，或存古籍古本面貌，若儒家經典、若子部文獻，若讖緯之書，若月令文獻，可供校勘、輯佚之資料極爲豐富，故該書對校勘傳世本文獻以及輯佚文獻多具研究價值。

《玉燭寶典》全本在中國本土久佚，大約亡於北宋初年。直至清光緒年間，楊守敬在日本發現《玉燭寶典》鈔校本十一卷（缺卷九），黎庶昌影刻輯入《古逸叢書》，很快引起學者關注。此後《叢書集成初編》本、《續修四庫全書》本，均源出《古逸叢書》本（底本爲森立之父子鈔校本）。除此本外，日本各藏書機構尚存四種鈔校本。除依田利用《玉燭寶典考證》外，諸寫本皆存在較多缺陷，訛誤衍脱現象比較嚴重。近年來，學界從俗體字、異體字、引書考、校勘輯佚、民俗價值等方面作了不少有益考論，但我們仍需對其中引用文獻和民俗價值加以深入探究。在我們對《玉燭寶典》深入研究之前，一個可靠可讀的文本則顯得尤爲重要。本書即是以日本國立國會圖書館藏前田家舊鈔卷子本爲底本，校以森立之父子鈔校本、毛利高翰影鈔本、《古逸叢書》本及經史子集諸文獻徵引，並吸收依田利用《玉燭寶典考證》以及時賢的校勘成果，是全面調查諸本基礎上的點校與董理，希冀爲將來從事《玉燭寶典校注》打下堅實基礎。

書影一：尊經閣文庫藏前田家舊鈔卷子本《玉燭寶典》（現藏日本國立國會圖書館，下同）

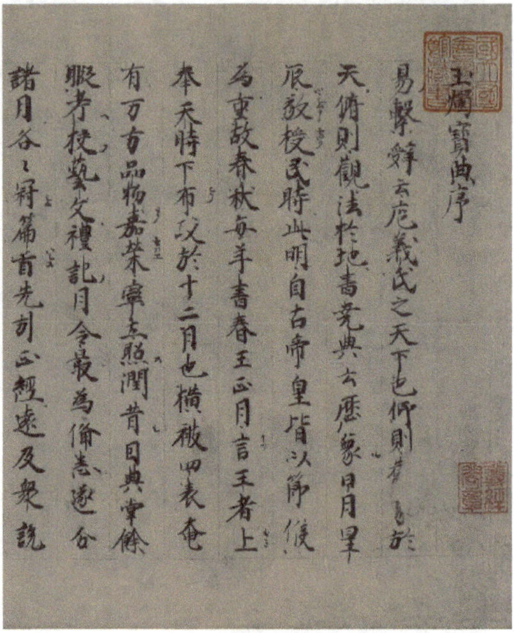
玉燭寶典序
易繫辭云庖犧氏之天下也仰則觀象於
天俯則觀法於地書堯典云歷象日月星
辰敬授民時此明自古帝皇皆以節候
為重故春秋每年書春王正月言王者上
奉天時下布政於十二月也橫被四表奄
有万方品物嘉榮寧不照潤昔因典掌餘
暇考校藝文禮記月令最為備悉遂分
諸月各〻冠篇首先引正經遠及衆說

書影二：尊經閣文庫藏前田家舊鈔卷子本《玉燭寶典》

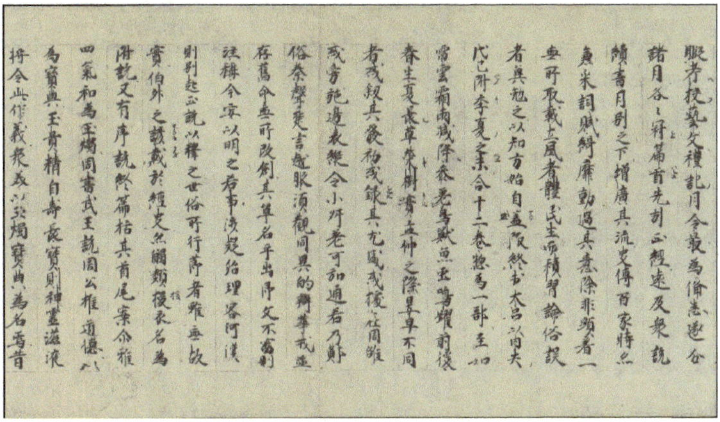

書影三：尊經閣文庫藏前田家舊鈔卷子本《玉燭寶典》

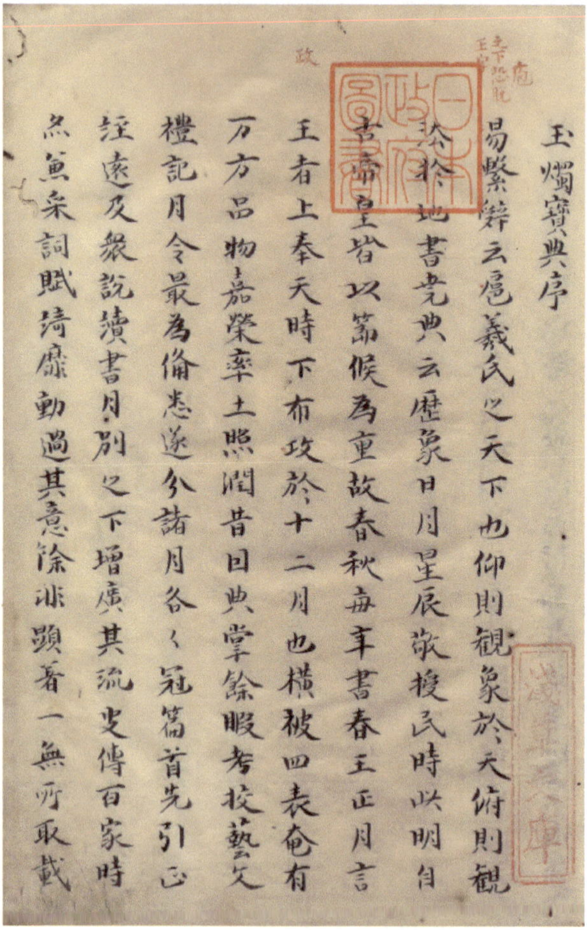

玉燭寶典序
易繫辭云包羲氏之天下也仰則觀象於天俯則觀
法於地書堯典云歷象日月星辰敬授民時以明自
古帝皇皆以節候為重故春秋每年書春王正月言
王者上奉天時下布政於十二月也横被四表奄有
万方品物嘉榮率土照潤昔因典掌餘暇考校藝文
禮記月令最為備悉遂分諸月各各冠篇首先引正
經遠及衆說續書月別之下增廣其流史傳百家時
亦兼采詞賦綺靡動過其意除非顯著一無所取載

書影四：國立公文書館藏《玉燭寶典》毛利高翰影鈔本（依田利用等鈔校）

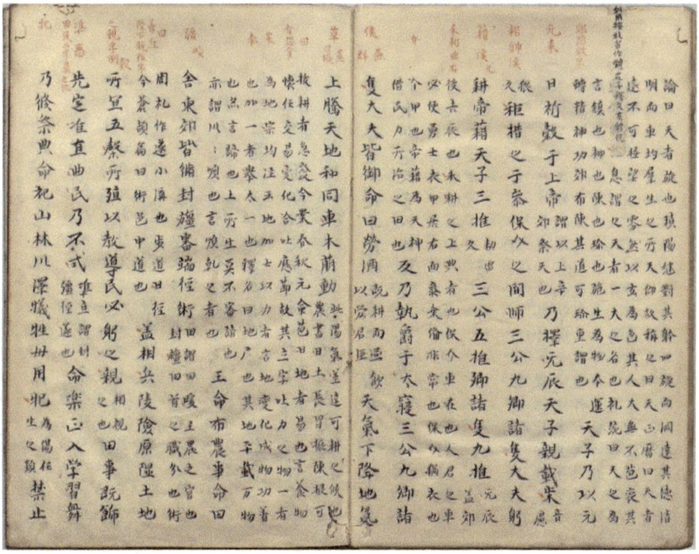

書影五：國立公文書館藏《玉燭寶典》毛利高翰影鈔本（依田利用等鈔校）

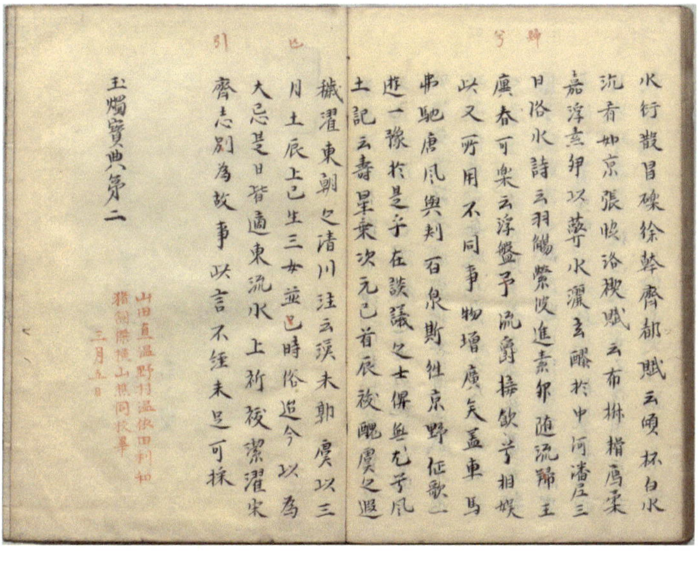

書影六：國立公文書館藏《玉燭寶典》毛利高翰影鈔本（依田利用等鈔校）

書影七：日本國立國會圖書館藏依田利用《玉燭寶典考證》

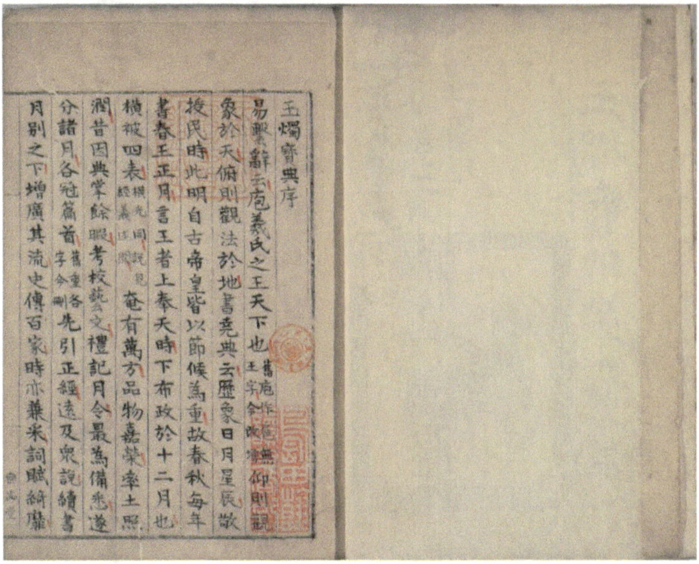

玉燭寶典序
易繫辭云庖羲氏之王天下也舊庖作危王字今改無仰則觀
象於天俯則觀法於地書堯典云曆象日月星辰敬
授民時此明自古帝皇皆以節候為重故春秋每年
書春王正月言王者上奉天時下布政於十二月也
橫被四表橫先同說見經義述聞奄有萬方品物嘉榮率土照
潤昔因典掌餘暇考校藝文禮記月令最為備悉遂
分諸月各冠篇首舊重各字今刪先引正經遠及衆說續書
月別之下增廣其流史傳百家時亦兼采詞賦綺靡

書影八：日本國立國會圖書館藏依田利用《玉燭寶典考證》

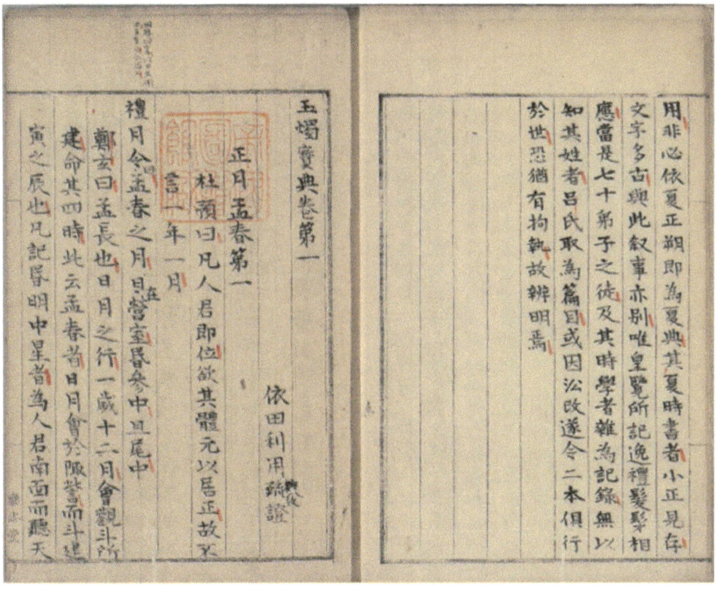

用非必依夏正朔即為夏典其夏時書者小正見存
文字多古與此叙事亦別唯皇覽所記逸禮髮髮相
應當是七十弟子之徒及其時學者雜為記錄無以
知其姓者呂氏取為篇目或因沿改遂令二本俱行
於世恐猶有拘執故辨明焉

玉燭寶典卷第一
依田利用疏證
正月孟春第一
杜預曰凡人君即位欲其體元以居正故不
言一年一月
禮月令孟春之月日在營室昏參中旦尾中
鄭玄曰孟長也日月之行一歲十二月會觀斗所
建命其四時此云孟春者日月會於陬訾而斗建
寅之辰也凡記昏明中星者為人君南面而聽天

書影九：日本國立國會圖書館藏依田利用《玉燭寶典考證》

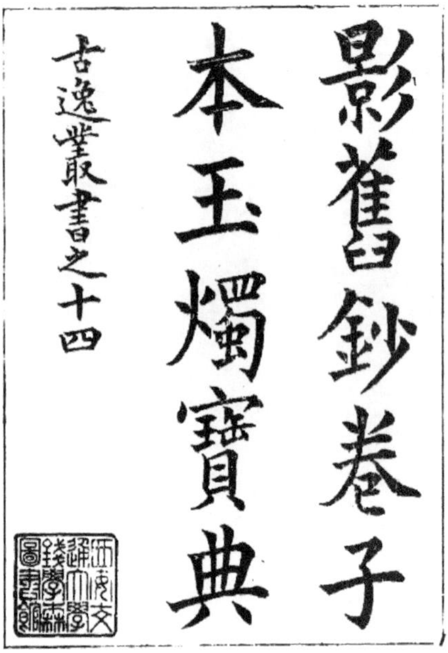

影舊鈔卷子本玉燭寶典

古逸叢書之十四

書影十：《古逸叢書》本《玉燭寶典》

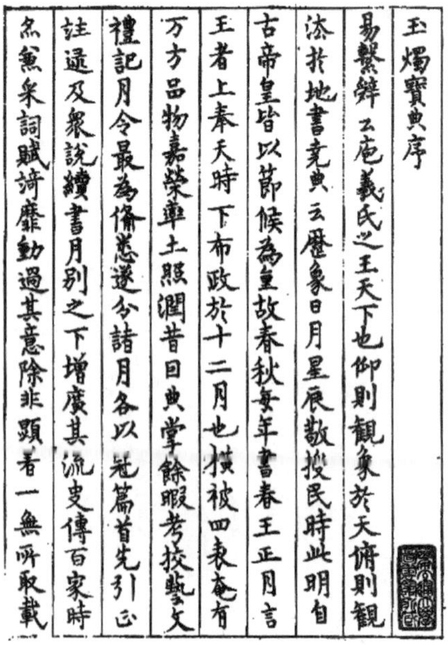

玉燭寶典序

易繫辭云庖羲氏之王天下也仰則觀象於天俯則觀
法於地書堯典云曆象日月星辰敬授民時此明自
古帝皇皆以節候為重故春秋每年書春王正月言
王者上奉天時下布政於十二月也撗被四表奄有
万方品物嘉榮華土照潤昔曰典掌餘暇考按墳文
禮記月令最為備悉遂分諸月各以冠篇首先引正
注逮及衆說續書月別之下增廣其流史傳百家時
亦兼采詞賦綺靡動過其意除非顯著一無所取載

書影十一：《古逸叢書》本《玉燭寶典》

目録

校理説明

一、《玉燭寶典》述要

《玉燭寶典》，十二卷，隋杜臺卿撰。《北齊書·裴佗傳》卷三十八載：「文宣踐阼，幸晉陽。皇太子監國，留（裴）訥之與杜臺卿並爲齋帥，領東宫管記。」天保末，「廷尉監臺卿斷獄稽遲，與寺官俱爲郎中」[一]。後因父罪「先徙東豫州，乾明初並得還鄴」。河清、天統之間，「杜臺卿、劉逖、魏騫亦參知詔敕」[二]。天統初，「以教府詞曹，出除廣州長史」[三]。武平初，爲中書侍郎，《隋書·李德林傳》云：「中書侍郎杜臺卿上《世祖武成皇帝頌》，齊主以爲未盡善，令和士開以頌示德林。宣旨云：『臺卿此文，未當朕意。以卿有大才，須叙盛德，即宜速作，急進本也。』」[四]

[一]《北齊書》，第354頁，中華書局，1972年11月。
[二]《北齊書·文苑傳序》。
[三]《初學記》卷六，第129頁，中華書局，2005年1月。
[四]《隋書》，第1197頁，中華書局，1994年10月。

武平三年（572），杜臺卿以衛尉少卿參與文林館撰修御覽。又《北齊書·杜弼傳》云：「武平末，國子祭酒，領尚書左丞。」入周不仕，《北齊書·杜弼傳》云：「周武帝平齊，命尚書左僕射陽休之以下知名朝士十八人隨駕入關，蕤兄弟並不預此名。」此後，「歸鄉里，以《禮記》《春秋》講授子弟」[一]。入隋後，「臺卿患聾，不堪吏職，請修國史，上許之，拜著作郎」。

據上揭文獻，杜臺卿字少山，博陵曲陽縣（今河北省保定市曲陽縣）人，爲杜弼次子，生活于北齊、北周、隋三朝，在北齊歷齋帥、領東宫管記、廷尉監、郎中、參知詔敕、教府詞曹、廣州長史、中書侍郎、衛尉少卿、司空西閤祭酒、司徒户曹、著作郎、中書黄門侍郎兼大著作、國子祭酒，領尚書左丞等職，入周不仕，至隋仕至著作郎，其一生仕途並不顯赫。但由於他「文筆尤工」、「解屬文」，故嘗于北齊、隋兩度撰修國史。

《玉燭寶典》是以《禮記·月令》、蔡邕《月令章句》爲綱，採集大量文獻，附以「序説」、「正説」、「附説」、「終篇」，綴輯而成的歲時民俗類著作。它上承《禮記·月令》、梁宗懔《荊楚歲時記》，下啟杜公瞻《荊楚歲時記注》、宋陳元靚《歲時廣記》，反映了先民時令風俗的演

［一］《北齊書》卷五十五。

變軌跡，對我們認識兩漢、魏晋南北朝至隋唐時期的天文、曆法、農學、時令等諸多文獻具有重要意義，對中國歲時文化的傳播和發展皆有重要影響。長期以來，《玉燭寶典》民俗學價值尚未引起學界足夠重視。如《中國民俗史》（隋唐卷）多利用《荊楚歲時記》，《玉燭寶典》尚未進入民俗視野。二十一世紀以來，隨著寫本學及民俗研究的推進，《玉燭寶典》的民俗價值逐漸引起學界重視[一]。

關於此書撰寫經過，其《序》云：「昔日典藏餘暇，考校藝文，《禮記·月令》最爲悉備，遂分諸月，各以冠首。首先引正注，遠及衆説，續書月别之下，增廣其流。史傳百家，時亦兼采。詞賦綺靡，動過其意。除非顯著，一無所取。」[二]上文已述，杜臺卿嘗修北齊、隋朝兩代國史，但他修隋代國史在《玉燭寶典》奏上後，則其「考校藝文」當在北齊時。又杜臺卿在北齊撰修國

[一] 如李道和《民俗文學與民俗文獻》，巴蜀書社，2008年12月。邵小龍《問計於春與舉觴稱壽：由〈玉燭寶典·正月孟春〉論中古中國的信仰、儀式、文學與知識之關係—兼論敦煌書儀的相關問題》，伏俊璉、徐正英主編《古代文學特色文獻研究》第1輯，第168—181頁，2016年。石傑《〈玉燭寶典〉與北朝歲時節日研究》，青島大學碩士論文，2016年5月。

[二] 《歲時習俗資料彙編》本《玉燭寶典》，台北藝文印書館，1970年12月。

史，在武平年間（570—575），則《玉燭寶典》始撰于北齊武平年間。又據《隋書·杜臺卿傳》，杜臺卿嘗于開皇初奏上，則此書當成于開皇初以前。關於此書命名，其《序》云：「案《爾雅》『四氣和爲玉燭』，《周書》『武王説周公，推道德以爲寶典』。玉貴精，自壽長寶，則神靈滋液，將令此作義兼衆美，以《玉燭寶典》爲名焉。」[一]

此書體例，首「序説」，明《月令》歲首之别。於每月之首録《禮記·月令》之文，次蔡邕《月令章句》，其中於四季之首，則總釋季名與季時，附於《月令章句》之後。總釋季名多引《禮》《春秋》《尚書》《釋名》等書，總釋季時則稱引《皇覽·逸禮》、諸緯書、史部和子部等相關文獻。次則「逺及衆説」，在此部分中，杜臺卿對文獻的安排次第分明，基本是按照經、史、子、集的方式排列材料的，而經部中則按照《詩》《尚書》《周官》《春秋》《爾雅》等順序來安排材料。若有不同説法，則以「今案」的形式加以説明。次正説，主要是訂正前聞疑誤，並援引相關文獻加以辨析。由於文獻記載和民俗實踐的不同，後代出現了一些違反本義的歲時習俗，杜臺卿均引説加以糾正。次附説，以廣異聞，其文多雜載古今瑣事，頗涉閭巷習俗，有不少是他書未載的時令、

[一]　《歲時習俗資料彙編》本《玉燭寶典》。

民俗文獻。在此部分中，杜臺卿將每月中的節日一一加以解釋，並引證相關文獻，以明其源流演變。書末附以「終篇」，以明朔閏之説。據上，杜臺卿撰修《玉燭寶典》，不是簡單地撮鈔文獻，既引證文獻以明其源流，又駁斥謬説異聞。也就是説，杜臺卿在撰寫此書時，不僅有明確的指導思想，且具備嚴格的編纂體例。

《隋書·經籍志》《舊唐書·經籍志》著録《玉燭寶典》於子部雜家類，《新唐書·藝文志》《宋史·藝文志》則著録於子部農家類，而《直齋書録解題》著録於史部時令類。元、明間，陶宗儀摘編一卷，輯入《説郛》[一]。嗣後，該書尚見於明末陳第《世善堂書目》。島田翰在《古文舊書考》指出，「蓋自宋初，如存如亡，不甚顯於世，故《太平御覽》《事類賦》《海録碎事》等諸類書所引用亦已少矣。」[二]其殘文剩義偶見徵引於宋、明諸書中，如宋蕭贊元《錦繡萬花谷》、羅璧《識遺》、趙與旹《賓退録》，明方以智《通雅》、李時珍《本草綱目》等書，其中每書所引少則一條，多不過三條，内容又大多相同，皆輾轉引自唐宋類書。據上，則《玉燭寶典》亡於

[一]《説郛三種》，上海古籍出版社，1988年10月。
[二] 杜澤遜、王曉娟點校，島田翰《古文舊書考》，第94頁，上海古籍出版社，2017年1月。

宋，具體時代不能確指。清初，朱彝尊曾搜討此書，言「論者遂以《修文殿御覽》爲古今類書之首，今亦亡之。惟隋著作郎杜臺卿所撰《玉燭寶典》十二卷見於連江陳氏《世善堂書目》，予嘗入閩訪陳後人，已不復可得」[一]，遂無果而終。張東舒曾據民國《定縣志》《定州市地方志》，查得清人胡振春撰有《玉燭寶典校補》（十二卷）[二]，但亦未見傳本。

記載日本十九世紀中期諸家漢籍善本的《經籍訪古志》，將《玉燭寶典》著録於子部類書類，據其中版本著録及書志所載，該本即下文所言「圖書寮鈔本」。清光緒年間，楊守敬在日本發現《玉燭寶典》鈔校本十一卷（缺卷九），黎庶昌影刻輯入《古逸叢書》，立即引起國内學者的注意。光緒十二年（1886），李慈銘（1830—1895）在日記中寫道：「其書先引《月令》，坿以蔡邕《章句》，其後引《逸周書》《夏小正》《易緯通卦驗》等，及諸經典，而崔寔《四民月令》蓋全書

[一]《曝書亭集》卷三十五《杜氏編珠補》序，《四部叢刊》本。

[二] 張東舒《〈玉燭寶典〉的文獻學研究》，第9—10頁，雲南大學碩士論文，2014年5月。

具在[一]。其所引諸緯書，可資補輯者亦多。」[二]清末，曾樸作《補後漢藝文志並考》十卷，其中「劉歆《爾雅注》」條轉引《玉燭寶典》所載文獻，其卷二「蔡邕《月令章句》」條按語云：「日本國卷子本《玉燭寶典》於每月之下，《月令》之後，詳載此書，諸搜輯家皆未之見。好古者若能一一輯出，合以《原本玉篇》、慧琳《一切經音義》所引，則中郎此書，雖亡而未亡也。」[三]清趙在翰輯校《七緯》三十七種，《玉燭寶典》所引緯書文獻多可補其闕。此後，清人孫詒讓以校《易緯通卦驗鄭康成注》，任兆麟、王謨、嚴可均以校《四民月令》[四]，葉德輝以輯佚《月

[一] 關於此書輯佚情況，可參石聲漢《試論崔寔和四民月令》，收入石聲漢《四民月令校注》，第79—108頁，中華書局，1965年3月。

[二] 李慈銘《越縵堂日記・荀學齋日記》，第11139頁，廣陵書社，2004年。

[三] 曾樸《補後漢藝文志並考》十卷，光緒二十一年（1895）家刻本。

[四] 參見任兆麟《心齋十種》，清乾隆四十六至五十三年（1781—1788）刻本。王謨《漢魏遺書鈔》，清嘉慶三年（1798）刻本。嚴可均《全上古三代秦漢三國六朝文》，中華書局，1965年3月。其中，需要注意的是，嚴可均明確指出，王謨輯本誤以《齊人月令》爲《四民月令》，此爲尚需注意者。

令章句》[一]，羅振玉以校《毛詩鳥獸草木蟲魚疏》[二]，多能補傳世本之未備。

近代以來，劉培譽以輯校其中緯文[三]，魯迅以輯志怪小説[四]，日人安居香山、中村璋八以輯緯書[五]，向宗魯以《玉燭寶典》校《淮南子》[六]，石濱純太郎以校《舜典》孔傳[七]，王叔岷以校《莊子》[八]，周祖謨以校《方言》[九]，繆啟愉、唐鴻學、石聲漢以校《四民月令》[一〇]，

[一] 葉德輝所輯《月令章句》多有誤輯，參見李道和《民俗文學與民俗文獻研究》，巴蜀書社，2008年12月，第233頁。

[二] 羅振玉《毛詩鳥獸草木蟲魚疏新校正》，《羅振玉學術論著集》第四集，上海古籍出版社，2010年12月。

[三] 劉培譽《玉燭寶典引緯文》，《勵學》第一卷第三、四期，1935年。

[四] 魯迅《古小説鉤沉》，齊魯書社，1997年11月。

[五] 安居香山、中村璋八《重修緯書集成》，日本文部省助成出版，1981年。又，河北人民出版社，1994年12月。

[六] 參見何寧《淮南子集釋》，中華書局，1998年10月。

[七] 石濱純太郎《玉燭寶典の舜典孔傳》，《支那學論考》，全國書房，1943年7月。

[八] 王叔岷《莊子校詮》，中華書局，2007年6月。

[九] 周祖謨《方言校箋》，中華書局，1993年2月。

[一〇] 參見繆啟愉《四民月令輯釋》，農業出版社，1981年5月。石聲漢《四民月令校注》，中華書局，1965年3月。

江世榮以輯《莊子》佚文[一]，逯欽立以輯詩[二]，邱奎以校《十三經注疏》本《禮記·月令》[三]，郭萬青以校《國語》[四]，張東舒以校語言文獻及引書[五]，姜彦稚以校《荊楚歲時記》[六]，野村卓美以輯佚《清淨法行經》[七]，寇志强以補《隋書·經籍志》著録之缺[八]，姜復寧、張樹錚以校其中小學類典籍[九]，皆取得了較好的輯校成績。尤其是繆啟愉、唐鴻學、石聲漢在輯佚、

[一] 江世榮《〈莊子〉佚文舉例——〈莊子〉輯佚工作中的一些問題》，《文史》第十三輯，中華書局，1982年。

[二] 逯欽立《先秦漢魏晋南北朝詩》，中華書局，1983年9月。

[三] 邱奎《阮刻〈十三經注疏〉本〈禮記·月令〉校讀札記》，《大學圖書情報學刊》，2010年10月，第28卷第5期。

[四] 郭萬青《古逸叢書本〈玉燭寶典〉引〈國語〉校證》，《中國俗文化研究》第八輯，第6—28頁，2014年。

[五] 張東舒《〈玉燭寶典〉的文獻學研究》，雲南大學碩士論文，2014年5月。

[六] 姜彦稚輯校《荊楚歲時記》，中華書局，2018年8月。

[七] 野村卓美《中日對〈清淨法行經〉的受容異同考—以〈玉燭寶典〉爲中心的考察》，《域外漢籍研究集刊》（第十四輯）2016年，第317—334頁。

[八] 寇志强《〈玉燭寶典〉所引〈隋書·經籍志〉未著録書考》，《古籍整理研究學刊》2017年第4期。

[九] 姜復寧、張樹錚《〈玉燭寶典〉引散佚小學類書籍彙考》，第170—183頁，《古籍研究》2019年下卷（總第70卷）

校注《四民月令》時，皆以《玉燭寶典》爲主要依據。[一]

近十年來，學界對《玉燭寶典》的文獻學研究已經引起關注。如黃麗明《〈玉燭寶典〉研究》[二]、李培培《〈玉燭寶典〉卷一異體字研究》[三]、張東舒《〈玉燭寶典〉的文獻學研究》[四]等，從典籍性質、異體字研究、俗字研究、引書考證等方面作了比較有建設性的研究。其中，以張東舒的研究較爲深入，對《玉燭寶典》的目録學分類、文本訛誤類型、徵引語言文獻與典籍等做了比較扎實的文獻考證。此外，尚有從寫本學的角度研究《玉燭寶典》，如今江廣道《前田本玉燭寶典紙背文書とその研究》[五]。上述校勘輯佚工作對推動《玉燭寶典》研究做出了有益的探究，但尚缺乏整體性校勘與系統性輯佚。其他一些有關《玉燭寶典》版本及文獻價值的研究不得要領或認識有誤者，不再贅述。

[一] 參唐鴻學《輯四民月令題記及札記小序》，收入石聲漢《四民月令校注》，第114—115頁，中華書局，1965年3月。

[二] 上海師範大學碩士論文，2010年5月。該文對句讀和文本認識尚有較大的提升空間。

[三] 北京師範大學碩士論文，2010年5月。

[四] 雲南大學碩士論文，2014年5月。

[五] 今江廣道《前田本玉燭寶典紙背文書とその研究》，續群書類從完成會，第139—148頁，2002年2月。

二、《玉燭寶典》版本系統

日本寬平三年（公元891年，唐昭宗大順二年），朝臣藤原佐世奉敕編《本朝見在書目録》（今通稱《日本國見在書目録》），雜家類著録「《玉燭寶典》十二，隋著作郎松臺卿撰」（「松」爲「杜」之訛）。筆者目力所及，至少有《玉燭寶典》鈔校本五種：

（一）日本1096年至1345年寫本，十一卷（缺卷九），卷軸裝（六軸），此即所謂「日本舊鈔卷子本」，舊藏於日本舊加賀藩前田侯尊經閣文庫，現藏日本國立國會圖書館。卷五寫於嘉保三年（1096），卷六、八寫於貞和四、五年（1344—1345），此後寫本皆轉寫自該本。每卷前後有紙背文書，據今江廣道研究，紙背文書識語中的「面山叟」應是足利直義的近臣二階堂道本。1943年，東京侯爵前田家育德財團用尊經閣文庫藏舊鈔卷子本影印行世，即《尊經閣叢刊》本，删除了卷中和《玉燭寶典》無關的紙背文書，並附吉川幸次郎（1904—1980）撰《玉燭寶典解題》。1970年12月，臺北藝文印書館用日本前田家舊鈔卷子本影印出版，附林文月所譯吉川幸次郎所撰《玉燭寶典解題》，此即《歲時習俗資料彙編》本。

（二）日本圖書寮鈔本，十一卷（缺卷九），册葉裝，爲江户時代毛利高翰（1795—1852）

命工影鈔加賀藩主前田家所藏貞和四年（1344）寫本，又稱毛利高翰影鈔本，現藏於日本國立公文書館。日本東北大學準貴狩野文庫藏該本殘本，存八卷。該本即著録於《經籍訪古志》所謂「貞和四年鈔本，楓山官庫藏」。卷前鈐「日本政府圖書」、「淺草文庫」朱印，每卷末鈐「昌平坂學問所」印記。卷一末有朱文「文化乙丑」，當公元1805年。相其字體，該本爲不同抄手抄寫而成。天頭有朱墨校語，據卷二末「山田直温、野村温、依田利和、猪飼傑、横山樵同校畢，三月五日」跋語，當爲山田直温、野村温、依田利和、猪飼傑、横山樵五人共同鈔校本。卷八末有「貞和四年十月十六日校合了，面山叟」識語，據今江廣道考證，面山叟應是足利直義（1306—1352）的近臣二階堂道本，受足利之命抄寫。[一] 在此基礎上，張東舒又確定二階堂道本爲天龍寺僧人[二]。又，據卷一天頭墨筆校語「利用按」云云，則此本墨筆校語當出自依田利用之手，可以看作依田利用撰寫《玉燭寶典考證》之始。

（三）森立之、森約之父子鈔校本，此本系據毛利高翰影鈔本傳鈔。據森氏跋文，「唯存其字，

[一] 今江廣道《前田本玉燭寶典紙背文書とその研究》，續群書類從完成會，第139—148頁，2002年2月。

[二] 張東舒《〈玉燭寶典〉的文獻學研究》，雲南大學碩士論文，2014年5月。

不存其體耳」，非影鈔也。十一卷（缺卷九），凡四册[二]。據森約之題記，自孝明天皇嘉永甲寅（公元1854年）至慶應二年（公元1866年），森氏父子合校完畢。森氏本今藏日本專修大學圖書館，鈐「森氏」、「東京溜池靈南街第六號讀杜草堂寺田盛業印記」、「天下無雙」、「專修大學圖書館之印」諸印記。「東京溜池靈南街第六號讀杜草堂寺田盛業印記」、「天下無雙」爲日本著名藏書家寺田望南的藏書印，由是知森氏本曾經著名藏書家寺田望南（1849—1929）收藏，最後歸於專修大學圖書館。

（四）依田利用（1782—1851）《玉燭寶典考證》十一卷（缺卷九），裝訂四册。此本先鈔寫《玉燭寶典》正文、舊注（大字），次考證。細字分行，或書於眉端，内容屬校讎類。依田利用初名依田利和，原是江户時代末期毛利高翰命工影鈔前田家所藏十一至十四世紀寫本《玉燭寶典》的參加者，是其中的五名鈔校者之一。此本《例言》稱卷子本「末卷往往用武后制字，其所流傳，

[二] 案此本卷二與卷三有兩處大段錯簡。第三十二頁至第四十四頁卷二「降山陵不收」至卷末「此言不經，未足可采」爲卷三季春之語，當置於第四十七頁卷三「人多疾疫，時雨不」下。卷三「玄鳥至，至之日」至卷末「或當以此受名也」爲卷二仲春之語，當置於卷二小注「治獄貴知」下。

唐時本無疑也」[一]，則《考證》所載《玉燭寶典》正文、舊注，當出自前田家藏本（今尊經閣文庫本），且與藤原佐世《本朝見在書目録》著録之唐寫本一脈相承。依田氏此本，先後經島田重禮（1838—1895）、島田翰（1877—1915）父子收藏，1909年5月入日本東京帝國圖書館（即現在的日本國立國會圖書館），今藏於國會圖書館古籍資料室。東洋文庫亦有藏[二]。需要指出的是，依田利用的校勘成果，没有被後來的《古逸叢書》本所吸納，殊爲可惜。

（五）《古逸叢書》本，十一卷（缺卷九）。賈二强先生通過覈按《古逸叢書》本《玉燭寶典》闕卷、跋語與森立之在《經籍訪古志》卷五所載，指出《古逸叢書》本《玉燭寶典》應出自森立之鈔校本[三]，但並未詳論。筆者在《〈古逸叢書〉本〈玉燭寶典〉底本辨析》（崔富章、朱新林撰，《文獻》2009年第3期，參見附録[四]）一文中，已經證明黎庶昌、楊守敬影刻《玉燭寶典》之底本實非其牌記標識的「影舊鈔卷子本玉燭寶典」，乃是虛應故事，實際底本是森立之、森約之

[一] 依田利用《玉燭寶典考證》，日本國立國會圖書館藏本。

[二] 可參見新美寬《玉燭寶典について》，東方學報（京都），1943年6月。

[三] 賈二强《〈古逸叢書〉考》，陝西師範大學古籍所碩士論文，1986年5月。

[四] 該文刊佈後，有不少研究者對文中引用《玉燭寶典》的相關文獻輾轉使用，如朱彝尊、李慈銘對《玉燭寶典》之評述。

父子的傳鈔合校本。此後《叢書集成初編》《續修四庫全書》《叢書集成新編》諸書所印均源出《古逸叢書》本。楊氏刊刻板片目前收藏於揚州中國雕版印刷博物館，存97片。[一]

需要特别指出的是，依田利用曾聽聞有全本，但未曾得見[二]。島田翰曾在《古文舊書考》中稱别有一本，有卷九，唯卷七殘缺。並注云：「卷第九長，不録，收在《群書點勘》中。」[三]但《群書點勘》一書不知下落，未見稿本，亦未見刊刻傳本。又小林市郎曾説，近衛華陽明文庫藏有全本[四]，但經守屋美都雄校核[五]，實即上文所講的圖書寮鈔本，即毛利高翰影鈔本。日

[一] 蔣鵬翔《〈古逸叢書〉編刊考》，復旦大學博士論文，2011年。又張東舒認爲，《古逸叢書》本《玉燭寶典》底本爲楓山官庫藏本，從祖本而言，楓山官庫本（即毛利高翰影鈔本）是森立之、森約之父子傳鈔祖本，這是可以肯定的。但需要指出的是，這個觀點忽略了森立之、森約之父子傳抄合校本這一中間環節。準確地説，《古逸叢書》本遠紹楓山官庫本（即毛利高翰影鈔本），底本是森立之、森約之父子傳鈔合校本。

[二] 依田利用《玉燭寶典考證·例言》。

[三] 杜澤遜、王曉娟點校，島田翰《古文舊書考》，第95—96頁，上海古籍出版社，2017年1月。

[四] 小林市郎《七夕與摩睺羅考》，《支那佛教史學》四之三，1940年11月。

[五] 守屋美都雄《中國古歲時記の研究》，帝國書院，1963年3月。

本秋田大學石川三佐男教授曾作追蹤，但亦無果，[一]不知是否尚存天壤？也就是説，我們現在能夠見到的所有的《玉燭寶典》版本，均缺卷九。

上揭諸版本（除《玉燭寶典考證》）訛脱衍誤情況比較嚴重，「舛誤多不可讀」[二]。在對《玉燭寶典》深入研究之前，一個可讀的可靠文本則顯得尤爲迫切。1988年，日本秋田大學石川三佐男整理《玉燭寶典》，收入中國古典新書續編第八册，對《玉燭寶典》之版本搜羅與董理有草創之功。但遺憾的是，此書問題尚多，如石川氏删除《玉燭寶典》中雙行小注，改變了古籍原貌；標點錯誤較多，有時甚或難以卒讀。學界亦有呼聲[三]，2011年12月，本人受浙江大學《中華禮藏》課題組竇懷永先生邀請，負責點校《玉燭寶典》，2012年9月交稿。2016年9月，浙江大學出版社付梓印行，收入《中華禮藏·禮俗卷》第一册。但受《中華禮藏》整理體例限制，

[一] 石川三佐男《古逸叢書の白眉玉燭寶典について—近年の學術情報、卷九の行方など》，秋田中國學會，2005年5月。

[二] 由雲龍輯，李慈銘《越縵堂讀書記》，第549頁，上海辭書出版社，2000年6月。

[三] 范蕊《〈玉燭寶典〉的再度整理》，《國際中國文學研究叢刊》第四集，第170—171頁，2016年。遺憾的是，該文對《玉燭寶典》一些版本的認識尚有偏差。

不少校記和參考資料無法收入。加之期間國外訪學，時間倉促，校書如掃塵，旋掃旋生，點校質量仍有不少提升空間。有鑒於此，今重加董理。因舊鈔卷子本爲諸寫本之祖本，故今以日本國立國會圖書館藏前田家舊鈔卷子本爲底本，同時校以毛利高翰影鈔本，森立之、森約之父子鈔校本、《古逸叢書》本諸傳鈔及經史子集諸文獻徵引，並吸收依田利用《玉燭寶典考證》和時賢的部分校勘成果，是全面調查諸版本基礎上的校勘與董理。

三、《玉燭寶典》文獻價值

就《玉燭寶典》之文獻價值而言，至少有三端：

其一，《玉燭寶典》對於校勘傳世本文獻以及輯佚具有重要研究價值。《玉燭寶典》中稱引諸多古籍，其中所引典籍，或今日十不存一二，或存者與今本有諸多異同，或存古籍古本面貌，故其可供校勘、輯佚的資料極爲豐富。清人李慈銘説：「其所引諸緯書，可資補輯者亦多。」[一] 島田翰在《古文舊書考》指出：「是書所引用諸書，如《月令章句》蔡云所輯、馬國翰所集，捃摭詳贍無遺，而猶且不及見也。其他《皇覽》《孝子傳》《漢雜事》、緯書、《倉頡》《字林》

[一] 李慈銘《越縵堂日記·荀學齋日記》，第 11139 頁，廣陵書社，2004 年。

之屬，皆佚亡不傳，又有漢魏人遺说，僅藉此以存。所謂吉光片羽，所宜寶重也。」[一]比如今本《禮記·月令》孟春之月云：「東風解凍，蟄蟲始振，魚上冰。」《玉燭寶典》引《禮記·月令》「魚上冰」作「魚上負氷」。今案《逸周書·時則解》無「負」字，《夏小正》及《淮南子·時則》俱有「負」字。阮元《禮記正義》校勘記云：「毛本同、石經同、岳本同、嘉靖本同、衛氏《集説》同。閩、監本『冰』作『氷』，注疏放此。[二]」足利本無「負」字[三]。然《毛詩·邶風·匏有苦葉》正義正作「魚上負冰」，與《玉燭寶典》所引合。

再如今本《爾雅》「鮥鮛鮪」郭璞注云：「今宜都郡，自京門以上，江中通出鱣鱏之魚。」[四]周祖謨《爾雅校箋》云：「《禮記·月令》正義亦引此，與杜所引相近。杜引『鮛鮪』作『尗鮪』，與《釋文》相合。注文『京門』作『荊門』，《御覽》卷九百三十六引同，今本作『京門』誤。」[五]

[一] 杜澤遜、王曉娟點校，島田翰《古文舊書考》，第94頁，上海古籍出版社，2017年1月。

[二] 《十三經注疏》，第1359頁，上海古籍出版社，1997年7月。

[三] 《影印南宋越刊八行本禮記正義》，第473頁，北京大學出版社，2014年6月。

[四] 周祖謨《爾雅校箋》，第141頁，雲南人民出版社，2004年11月。

[五] 周祖謨《爾雅校箋》，第283頁，雲南人民出版社，2004年11月。

今案周氏指出作「京門」誤，然未明致誤之由。但從《玉燭寶典》諸本所引此文，可推知此處訛誤由來。《古逸叢書》本《玉燭寶典》所引郭璞注云：「今宜都郡，自荊門以上，江中通出鱣鱏之魚。」尊經閣本「門」作「洲」，專修大學本、依田利用本作「州」。又案宜都屬漢夷道縣，屬南郡，而荊門亦爲南郡地。據《讀史方輿紀要》卷七七，荊門爲州，故稱爲荊門州。據此，「荊門」、「荊洲」、「荊州」原皆作「荊門州」，此後轉寫訛脱，或脱「門」字，或脱「州」字。在這裏，《玉燭寶典》爲我們校勘今本提供了一條相當有價值的綫索。

再如《玉燭寶典》仲春三月引《淮南子・天文》云：「季春三月，豐隆乃出，以將猛其雨。」傳世本《淮南子》俱無「猛」字，則古本《淮南子》一本很可能有「猛」字。

其二，《玉燭寶典》對日本歲時文化的建立具有重要影響，在中日文化交流中佔有重要地位。日本孝謙天皇天平勝寶三年（751）編纂的日本第一部書面漢詩集《懷風藻》中的藤原不比等《元日應詔》，曾引用《玉燭寶典》的典故[二]。據藤原佐世《本朝見在書目録》（891），《玉燭寶典》至遲在八世紀中葉已經傳入日本。在稍後成書的惟宗公方《本朝月令》一書中，便已有多處

[一] 孫猛《日本國見在書目録詳考》，第1120頁，上海古籍出版社，2015年9月。又嚴紹璗《日藏漢籍善本書録》，第974頁，中華書局，2007年3月。

稱引（亦稱引了《荊楚歲時記》）。《本朝月令》是日本學者記載當時歲時習俗的專門著作，其稱引《玉燭寶典》，説明當時的日本將《玉燭寶典》亦視作歲時習俗的典範之一，加以學習仿效。此後，日本歲時典籍如《年中行事秘抄》《年中行事抄》《師光年中行事》《明文抄》《釋日本紀》等書稱引多依傍《玉燭寶典》。此外，源順《和名類聚抄》引有此書。[一]

其三，前人在研究魏晉向隋唐時期歲時文化演變軌跡時，往往多重視宗懔《荊楚歲時記》與杜公瞻《荊楚歲時記注》，忽視了《玉燭寶典》的作用。杜公瞻爲杜臺卿之侄，《玉燭寶典》是他撰寫《荊楚歲時記注》的主要參考資料。要談《玉燭寶典》的時令文化價值，則要從宗懔的《荊楚歲時記》傳入日本説起。目前，學術界一般認爲《荊楚歲時記》在八世紀中葉後便已傳入日本[二]。大約成書於十世紀的惟宗公方《本朝月令》，在其僅存的四月至六月部分中，曾多處引用到《荊楚歲時記》，這表明此書對日本時令文化的建立產生了廣泛影響。基於這樣一種事實，學術界普遍强調的是《荊楚歲時記》對日本時令風俗的廣泛影響。但他們往往忽略了這樣一個事實，即我們現在通稱的《荊楚歲時記》包括杜公瞻的注，而杜公瞻爲杜臺卿之侄，公瞻爲《荊楚歲時記》

[一] 孫猛《日本國見在書目録詳考》，第 1120 頁，上海古籍出版社，2015 年 9 月。

[二] 參劉曉峰《荊楚歲時記在日本》，《民間文化論壇》，2006 年第 1 期。

作注的主要依據便是《玉燭寶典》。公瞻作注時，有意識地將《荆楚歲時記》所記南方風俗與北方風俗加以比較，從而使南北朝後期中國南北方的歲時風俗得以融合起來，這對中國歲時文化的傳播和發展産生了重要影響。正如吉川幸次郎所説：「蓋中國上世之俗，《禮記·月令篇》書之，宋以後近世之俗可徵之於《歲時廣記》以下諸方志。獨魏晋南北朝之俗，上承秦漢，下啟宋元，舍此書無由求之，此其所以尤爲貴。」[一]

附記：二零零三年九月，我入山東大學文史哲研究院（今儒學高等研究院）攻讀碩士學位，彼時修杜澤遜老師所授《文獻學》，課堂充實而有光輝，課間我曾向杜老師請益《玉燭寶典》典籍性質以及《古文苑》真僞問題，亦即我與《玉燭寶典》結緣之時。此後，我曾關注此書，並撰文論考。我一直打算整理一部可讀可用的單行整理本，然期間諸事蹉跎，性又疏懶，延宕至今。這次校理，算是對我以前關注這部書的一個初步總結，希冀爲學界提供一個可供使用的可讀版本，

[一] 吉川幸次郎《玉燭寶典解題》。

亦可廣爲流通，並爲將來撰寫《玉燭寶典校注》打下基礎。但由於底本訛脱衍倒情況比較嚴重，異體、俗體、日本漢字釋讀任務繁重，書中徵引文獻廣泛，校勘不易。本書校勘過程中，我的科研助理温澤華、唐寧二位同學做了不少工作，謹此誌謝。限於學識和水平，此次校理肯定還存在不少問題，懇請海内外學者不吝賜正，有以教我。

辛丑陽月既望東昌府武水朱新林謹識於山東大學威海校區文化傳播學院

校理凡例

（一）本書以日本國立國會圖書館藏前田家舊鈔卷子本《玉燭寶典》爲底本，紙背文書不録，以日本國立公文書館藏毛利高翰影鈔本，日本國立國會圖書館藏依田利用《玉燭寶典考證》，日本專修大學藏森立之、森約之父子合校本，《古逸叢書》本爲校本。

（二）本書非爲匯校，底本無誤，一般不出校。但校本、他書所引有校勘價值者，則酌情出校。有異文、佚文或反映古本面貌者，亦酌情出校，或列異同，或斷是非。底本引用文獻往往爲節引，今不改動。

（三）因底本爲鈔本，文字多有訛脱，有時無法卒讀，此類情況據傳世本校正。

（四）底本俗字或類化，或簡省，或增繁[一]，如「縑帛」作「縑綿」、「臘」作「臈」、「瓜」作「苽」、「休」作「烋」，今仍其舊，以見鈔本面貌。正文繁體，採用新字形。

（五）底本日本漢字、俗字較多，如「扌」、「木」，「艹」、「⺮」，「亻」、「彳」偏旁混用，

［一］關於此三種類型之命名，參見張涌泉《漢語俗字研究》（增訂本）第三章《俗字的類型》，第63—92頁，商務印書館，2010年1月。

徑改爲通行字，不出校。日本漢字若「冰」作「氷」、「柄」作「枋」等，亦保留原貌，以見寫本之舊。底本原缺字，均以「□」表示。其中重文符號，改爲所重之字。重文符號釋讀有疑處，於校記中説明。

（六）文中避諱字，今予以保留，並於校記中簡要説明。如韋昭，或作「韋照」，或作「韋曜」，「堅」作「勁」或「固」，「旦」作「且」，「世」作「代」、「民」作「人」。其中卷十二多武則天造字，如𠀑、埊、囝、圀、〇、𠦚之類，今統一改爲通行字。

（七）文中有增加語辭之普遍現象，如「者」字後有「之也」二字，楊守敬在《日本訪書志》中即已指出，日本古鈔本，經注多虛字，此即其例。或重複若干「也」、「之」等語氣詞，或爲補白，或與講經語氣有關，今仍其舊。

（八）《尊經閣叢刊》本附吉川幸次郎之解題，今亦移録，或備參閲。爲廣異聞，并附相關研究資料，以供參稽。書末所附論文保持原貌，不再改動。

（九）爲便閲讀，校理者根據本書編纂體例與個人理解，對正文酌情分段。

《玉燭寶典》序 [一]

《易・繫辭》云：「庖羲氏之天下也[二]，仰則觀象於天，俯則觀法於地。」《書・堯典》云：「歷象日月星辰，敬授民時。」此明自古帝皇皆以節候爲重，故《春秋》每年書「春王正月」，言王者上奉天時，下布政於十二月也。横被四表，奄有万方，品物嘉榮，率土照潤。昔因典掌餘暇，考校藝文，《禮記・月令》最爲備悉，遂分諸月，各各冠篇首[三]。先引正經，

[一] 森立之云：「《見在書目録》曰：『《玉燭寶典》十二，隋著作郎松（杜）臺卿撰。』《隋志》作杜臺卿。《廣韻》首陸法言《切韻》自序曰『杜臺卿《韻略》』。」又，《序》前有紙背文書。

[二] 「天」上，森立之父子校本、《古逸叢書》本《玉燭寶典》（以下簡稱《古逸叢書》本）有「王」字。毛利高翰影鈔本天頭朱筆云：「『之』下恐脱王字。」

[三] 下「各」字原作重文符號，森立之父子校本、《古逸叢書》本作「以」。

遠及衆説[一]，續書月別之下，增廣其流。史傳百家，時亦兼采。詞賦綺靡，動過其意。除非顯著，一無所取。載土風者，體民生而積習。論俗誤者，冀勉之以知方。始自孟陬，終於大呂，以中央戊己，附季夏之末，合十二卷，總爲一部。

至如雷雲霜雨，减降參差，鳥獸魚虫，鳴躍前後，春生夏長，草榮樹實，孟仲之際，晏早不同者，或叙其發初，或録其尤盛，或據在周雒，或旁施邊表。縱令小舛，差可弘通。若乃鄭俗秦聲，楚言越服，須觀同異，的辯華戎，並存舊命，無所改創。其單名平出[二]，即文不審，則注稱「今案」以明之。若事涉疑殆，理容河漢，則别起「正説」以釋之。世俗所行節者，雖無故實，伯叔之諺，載於經史，亦觸類援引，名爲「附説」。又有「序説」、「終篇」，括其首尾。

案《爾雅》「四氣和爲玉燭」，《周書》「武王説周公，推道德以爲《寶典》」。玉貴精，自壽長寶，則神靈滋液，將令此作義衆美，以「玉燭寶典」爲名焉。

[一]「遠」，毛利高翰影鈔本、《玉燭寶典考證》同。森立之父子校本、《古逸叢書》本作「逯」。

[二]案因俗寫，此句當有錯訛。張東舒《〈玉燭寶典〉的文獻學研究》以「平」字似「乎」，疑「乎」當爲「奇」之俗寫，並疑此句當作「一物而異名」，可備一説。

昔商湯左相稱日新而獻善，姬穆右史陳朔望以官箴。降在嬴劉，迄于曹馬，多歷年所，代有著述，幸以石扉鑽仰，金府味思，覽其事要，撮其精旨，上極玄靈，下苞赤縣。雖冕旒統纘，天宗帝籍之宜；吒耕饁畂，條桑剗草之務。森罪區別〔一〕，咸集於兹矣。世外討論，緬踰積載，唐老歌戲绝笔時〔二〕，未墜在人，傳聞竟爽，知音好事，無或廢言。

〔一〕 毛利高翰影鈔本天頭朱筆云：「『罪』恐『羅』字。」依田利用云：「森，恐當作罹。」

〔二〕 依田利用云：「時上疑脱字。」森立之云：「時上恐有脱字。」

序說曰[一]：先儒所說《月令》，互有不同。鄭玄以孟夏「命太尉」，周無此官，季秋爲來歲受朔日，隨秦十月爲歲首，遂云作《禮記》者取《呂氏春秋》[二]。蔡雍以爲《月令》自周時典籍，《周書》有《月令》第五十三。《呂氏春秋》取周之《月令》，其或與秦相似者，是其時所改定也。束皙又云：「案《月令》四時之月，皆夏數也，殆夏時之書，而後人治益。」略檢三家，並疑不盡。何者？

案《春秋運斗樞》「舜以太尉受号，即位爲天子」，然則堯時已有此職。其十月歲首，王肅難云：「始皇十二年，呂不韋死。廿六年，秦并天下，然後以十月爲歲首。不韋已死十五年，便成乖謬。」蔡云周典籍者，案《周書·序》「周公制十二月賦政之法，作《月令》」，自《周書·月令》耳。且《論語》注云：「《周書·月令》有更火之文。」今《月令》聊無此語，明當是異。束云「四時皆夏數」者，孔子云行夏之時，以夏數得天，後王宜其遵用，非必依夏正朔，即爲夏

[一] 案「序說」以下原接續上文。據杜臺卿序文所云「又有『序說』、『終篇』，括其首尾」，則「序說」以下非序文，乃開篇之語，故今別起一頁，以清眉目。

[二] 「云」原誤作「去」，形近而訛。《玉燭寶典考證》、森立之父子校本、《古逸叢書》本皆作「云」。毛利高翰影鈔本天頭朱筆：「『去』恐『云』字。」

典。其夏時書者，《小正》見存，文字多古，與此叙事亦别。唯《皇覽》所引《逸禮》髣髴相應，當是七十弟子之徒及其時學者雜爲記録，無以知其姓者，吕氏取爲篇目，或因治改，遂令二本俱行於世，恐猶有拘執，故辨明焉。

玉燭寶典卷第一[一]

正月孟春第一

杜預曰：「凡人君即位，欲其體元以居正，故不言一年一月。」

《禮·月令》：「孟春之月，日在營室，昏參中，旦尾中。鄭玄曰：「孟，長也。日月之行一歲十二月會，觀斗所建，命其四時，此云孟春者，日月會於陬訾，而斗建寅之辰也。凡記昏明中星者，爲人君南面而聽天下，觀時候以授民事。」其日甲乙，乙之言乾時万物，皆解孚甲，自抽軋而出者也。其帝太皞，其神句芒，此倉精之君，木官之臣，自古以來著德立功者也。太皞，宓戲氏也。句芒，少皞氏之子，曰重，爲木官者之也[二]。其蟲鱗，象物

[一]「玉燭寶典卷第一」七字原無，除十二月標「玉燭寶典卷第十二」外，其他各月均無標目，今準其例，統一增補。

[二]今本無「之」字。案「之也」語助連用，本書多見，爲古鈔本之原貌。島田翰《古文舊書考》卷一「春秋經傳集解三十卷」條云：「其書愈古者，其語辭極多；其語辭益鮮者，其書愈下。蓋先儒注體，每於句絶處，廼用語辭以明意義之深淺輕重，漢魏傳疏莫不皆然。而淺人不察焉，視爲繁蕪，廼擅刪落，加之及刻書漸行，務略語辭以省其工，并不可無者而皆刪之，於是蕩然無復古意矣。」羅振玉云：「諸卷傳箋中，句末多有語助，校以山井鼎所撰《七經孟子考》文中所載古本，十合八九。」王利器云：「六朝、唐人鈔本古書，多有虛字。」伏俊璉云：「我的體會，這些語助詞，多與句意無涉，還恐怕與『講經』時之聲氣有關。」本書又有「之者」等語辭連用，此類現象，顏之推在《顏氏家訓·書證》中便已指出：「『也』是語已及助句之辭，文籍備有之矣。河北經傳，悉略此字。」

孚甲將解，龍蚍之屬。其音角，謂樂器之聲也。三分[一]，則益一以生角，角數六十四。屬木者，以其清濁中，民之象之也。律中大蔟。音倉豆反。律，候氣之官也[二]，以銅爲之。中，猶應也。孟春氣至，則大蔟之律應。謂吹灰[三]。高誘曰：「萬物動生，蔟地而出。」今案《春秋元命苞》曰：「律之爲言率也，所以術氣令達。」宋均注云：「術，猶遵也。」其數八。數者，五行佐天地生萬物之次也。木生數三，成八，但八者[四]，舉其成數。其味酸，其臭羶，其祀户，祭先脾。春，陽氣出，祀之於户，内陽也。祀先祭脾者，爲陽中，於藏值脾，爲尊也[五]。

東風解凍，蟄蟲始震，魚上負冰[六]，獺祭魚，鴻鴈來。此時魚肥美，獺將食之，先以祭也。鴈自南方來，將北反其居。高誘曰：「是月之時，鯉應陽而動，上負冰也。」今案《莊子》曰：「潛鯁春日毀滴而蓋衢者，鯉也。」司馬彪注云：「潛，水中也。鯁，澁。滴，池。蓋，辭。衢，道也，言冬日氷鯁澁不通，春日微温，毀池氷而爲道者也。鯉，魚也，是則鯉魚亦負而出。祭鯉，蓋取其尤好者。」又《淮南子》曰：「獺知水之高下。」高誘注云：「高下，猶深

[一]「分」下，阮元校勘十三經注疏本《禮記正義》（以下簡稱《禮記正義》）有「羽」字，是。

[二]「官」《禮記正義》作「管」。

[三]《禮記正義》「謂」上有「應」字。

[四]「但」下，《禮記正義》有「言」字。

[五]「爲」上，《禮記正義》有「脾」字。

[六]今本《禮記》均無「負」字，作「魚上氷」，然《毛詩・邶風・匏有苦葉》正義所引有「負」字。

淺。」蕭廣濟《孝子傳》曰[一]：「獺，水獸也，似狗而痺脚，青黑色。立春則群捕魚，聚其所獲，陳列於地，一縱一横，對之而伏也。」

天子居青陽左个，乘鸞輅，駕倉龍，載青旂，衣青衣，服倉玉，食麥與羊，其器疏以達。皆所以慎時氣也。青陽左个，大寢，東堂北偏也。鸞輅，有虞氏之車也，有鸞和之節，而餝之以青，取其名耳。麥實有孚甲，屬木。羊，畜也，時尚寒，食之以安性也。器疏者，刻鏤之象物，當貫土而出也[二]。高誘曰：「東向堂，故曰青陽。北頭室，故曰左个。个，猶隔也。」今案《禮・曲禮》下曰[三]：「君天下曰天子。」鄭玄注云：「天下，謂外及四海也。今漢於蠻夷稱天子，於王侯稱皇帝。」《周書・太子晋篇》曰：「善至於四海、四夷、四荒，其表又曰四荒，皆至莫有恐呰，乃登爲帝。」注云：「呰，歎恨也。舍五等之尊卑，更論事義，以爲之名。」《孝經援神契》曰：「天覆地載謂之天子。」《易乾鑿度》曰：「天子，爵号也。天子者繼天理物，改正統一，各得其宜，父母天地[四]，以養民，至尊之号也。」

[一]「傳」原誤作「將」，今改。毛利高翰影鈔本天頭朱筆云：「『將』恐『傳』。」是。

[二]「土」原誤作「士」，據《禮記正義》改。

[三]「曲禮下曰」原作「禮下曹」。依田利用云：「按『禮下曹』當作『曲禮下曰』四字。」今從其説改。

[四]依田利用云：「舊『一統』作『統一』，『天母』作『母天』，今據《初學記》引《乾鑿度》乙正改删。」

是月也，以立春。先立春三日，大史謁之天子曰：『某日春[一]，盛德在木。』天子乃齊。立春之日，天子親帥三公、九卿、諸侯、大夫以迎春於東郊，還反，賞公、卿、諸侯、大夫於朝。迎春，祭倉帝靈威仰於東郊之兆也[二]。《王居明堂禮》曰：出十五里迎歲，蓋殷禮也[三]。周迎郊五十里。命相布德和令[四]，行慶施惠，下及兆民。相，謂三公相王之事。慶賜遂行，毋有不當。乃命太史守典奉法，司天日月星辰之行，宿離不忒，無失經紀，以初爲常。典，六典。法，八法。「離」讀如「儷偶」之「儷」，謂其屬馮相氏、保章氏，掌天文者也。其相與宿偶，當審候司，不得過差。今案《春秋説題辭》曰：「天之爲言鎮也，居高理下，爲人君陽精也。合爲太一，分爲殊名，故立字一大爲天。」《説文》曰：「天，巔也。至高无上，從一大也。」《釋名》曰：「天[五]，顯也。青、徐以舌頭言之文理也。然高遠也，又謂之玄縣也，如懸物如上也。」《白虎通》曰：「天者，身也，鎮也，男女總名爲人。天地無總名，何天員地方不相類也。」楊泉《物理論》曰：「天者，旋也。積陽純剛，

[一]「春」上，《禮記正義》有「立」字。

[二]「兆」原作「非」，當爲俗體寫法，據《禮記正義》改。下「兆」字同。

[三]「蓋」「禮」二字原脱，據《禮記正義》補。

[四]「布」原誤作「而」，據《禮記正義》改。

[五]依田利用云：「舊無『一大』至『曰天』七字，今按文補入。」今從其説補。

其體四旋而洞達，其德清明而車均[一]，群生之所天仰，故稱之曰天。」《正曆》曰：「天者，遠不可極，望之雰然，以玄爲色。其大無不苞裹[二]，其動靡有休息，謂之天者，一大之名也。」《禮統》曰：「天之爲言鎮也，神也，陳也，珍也，施生爲物本，運轉精神，功效布陳，其道可珍重謂也。」

天子乃以元日祈穀于上帝。謂以上辛郊祭天也。乃擇元辰，天子親載耒音慮猥反。秬[三]，措之于參保介之間，帥三公[四]、九卿、諸侯、大夫，躬耕帝藉。天子三推，勑雷反。三公五推，卿、諸侯九推。元辰，蓋郊後吉辰也。耒，耜之上曲也[五]。保介，車右也[六]。人君之車，必使勇士衣甲居右而參乘，備非常也。保介猶衣也。介，甲也。帝藉，爲天神借民力所治之田也。反，乃執爵于太寢，三公、九卿、諸侯、大夫皆御，命曰『勞酒』。既耕而燕飲，以勞群臣。

[一]「均」，依田利用以爲當作「平」。
[二]「其」下原衍「人」，據依田利用《玉燭寶典考證》刪。
[三]「秬」《禮記正義》引作「耜」，是。
[四]「帥」原誤作「師」，據《禮記正義》改。
[五]原文誤作「未耕之上典者也」，據《禮記正義》改正。
[六]「右」原誤作「在」，據《禮記正義》改。

天氣下降，地氣上騰，天地和同，草木萌動[一]。此陽氣蒸達，可耕之候也。《農書》曰：「土長冒振，陳根可拔，耕者急發。」今案《春秋元命苞》曰：「地者，易也，言養物懷任，交易變化，合吐應節[二]，故其立字吐力之物一者爲地。」宋均注云：「地加土以力者，言地變化成物功著也。加一者，奉太一也。」《釋名》曰：「地，應也。其地平載万物也，亦言諦也，立所生莫不審諦也。亦謂坤，坤，順也，言順乾之者也。」王命布農事：命田舍東郊，皆脩封疆，審端徑、術[三]，田，謂田畯，主農之官也。封疆，田首之職分也[四]。術，《周禮》作「遂」，小溝也。步道曰徑。今《蒼頡篇》曰：「術，邑中道也。」蓋相丘陵、阪險[五]、原隰土地所宜，五穀所殖，以教導民，必躬之親。相，視之也。田事既飭，先定准直，農乃不或。准直，謂封壇徑遂也。命樂正入學習舞。乃修祭典，命祀山林川澤，犧牲毋用牝。爲傷任生之類。禁止伐木。威德所在之也。

[一]「草」原誤作「車」，據《禮記正義》改。

[二]毛利高翰影鈔本天頭朱筆云：「『合』恐『含』。」森立之父子校本、《古逸叢書》本作「含」。

[三]「徑」《十三經注疏》本作「經」，邱奎《〈十三經注疏〉本〈禮記月令〉校讀札記》據阮元校勘記及鄭注，以鄭玄、孔穎達所據本當作「徑」。又，足利本亦作「徑」。

[四]「職分」，《禮記正義》作「分職」。

[五]「阪」字原脱，據《禮記正義》補。毛利高翰影鈔本天頭朱筆云：「『陵』下脱『阪』字。」

毋覆巢，煞孩者[一]朝來反也。蟲、胎夭[二]、音爲老反。飛鳥，毋麛，毋卵。爲傷萌幼之類者。高誘曰：「麋子曰夭[三]，鹿子曰麑。」今案《爾雅》曰：「麋子，麌，音惡拏反。」郭璞云：「江東亦呼鹿子爲麌。」《國語·魯語》曰：「獸長麑麌。」唐固注亦云[四]：「麋子曰麌。」又《禮·誥志》云[五]：「蜂蠆不螫嬰兒，䖟蝱不食夭駒[六]。」然則駒例似稱夭[七]。夭、麌，麛、麑字並兩通也。毋聚大衆，毋置城郭。爲妨農之始也。掩骼音格。埋胔。在賜反。爲死氣逆生也。骨枯曰骼，肉腐曰胔也[八]。不可以稱兵，必有天殃[九]。逆生氣也。兵戎不起，不可從我始。爲客不利，主人則可。毋變天之道，以陰政犯陽也。毋絶地之理，易剛柔之宜也。毋亂人之紀。仁之時而舉義事。

[一]森立之云：「者，蓋爲細注也。」案「者」字當爲「音」字之訛，注文竄入正文。

[二]「夭」原作「犮」，據《禮記正義》改。「犮」當爲「夭」之俗體。

[三]「夭」原誤作「大」，據何寧《淮南子集釋》改。

[四]「亦云」原互倒，今乙正。

[五]「禮」原誤作「社」，今改。

[六]「駒」下原衍「犢」字，據清咸豐元年（1851）王氏刻本《大戴禮記解詁》（以下簡稱《大戴禮記解詁》）删。

[七]「夭」下原衍「麌」字，據《玉燭寶典考證》删。

[八]「肉」原誤作「内」，據《禮記正義》改。

[九]注疏本「必有」上重「稱兵」二字。《禮記正義》「必」下無「有」字。

孟春行夏令，則雨水不時，巳之氣乘之也。草木蚤落，國時有恐。以火訛相驚也。行秋令，則其民大疫，申之氣乘之[一]。猋風暴雨總至，正月宿直尾、箕，好風[二]，其氣逆也。曲風爲猋[三]。案《爾雅》：「扶搖謂之猋。音方遥反。」李巡曰：「扶搖暴風從下升，故曰猋猋上。」孫炎曰：「四風從下上，故曰猋。」《音義》曰：「《尸子》曰：風爲頹猋。」藜、莠、蓬、蒿並興；行冬令，則水淹爲敗[四]，雪霜大擊[五]，首種不入。」亥之氣乘之也。舊説云，首種謂稷也。高誘曰：「雨霜大擊，傷害五穀。」[六]今案《釋名》曰：「雪，綏也，水下遇寒而歸凝，綏綏然下。」《春秋考異郵》曰：「霜之爲言亡人[七]，物以終。」《釋名》曰：「霜，喪也，其氣慘毒，物喪之也。」

蔡雍孟春章句曰：「孟，長也。庶長稱孟，言天於四時，無所常適，先至者長之，月終則巳，

[一]「申」原誤作「甲」，據《禮記正義》改。

[二]《禮記正義》「好」上重「箕」字。

[三]「曲」《禮記正義》作「回」。

[四]「淹」《禮記正義》作「潦」。

[五]「擊」《禮記正義》《吕氏春秋》並作「摯」。

[六]案此高誘注不見今本《淮南子》高誘注。

[七]依田利用以「人」當作「也」，是。

故以庶長之稱爲名。春，蠢也；蠢，動也：時別名也。『日在營室[一]。』日者，太陽之精，在天者也。在者，行過之辭，言非所常居也。『昏參中，旦尾中。』日入後漏三刻爲昏，日出前漏三刻爲明，星度可見之時也。孟春立春節[二]，日在危十度，昏明星去日八十度，畢五度中而昏，尾七度半中而明。『其日甲乙[三]。』日者，一晝夜之名，言律出於鐘也，乃置之深室，葭莩爲灰，以實其端，某月氣至，則灰飛而管通。『東風解凍』者，少陽之方，木位也。風者，巽氣之動也。風從東來，少陽氣郊也[四]。是月也[五]，斗陽達於地，陽風動於上，故凍得風而解也。『蟄蟲始振。』蟄者，伏也。振者，動[六]。『魚上冰。』魚者，水蟲而鱗，陰中之陽也者。上薄於氷也，感陽而起，氷尚未清[七]，故薄之陰。『獺祭魚。』獺，毛蟲。西方，白虎之屬，

[一]「室」原誤作「至」，據森立之父子校本、《古逸叢書》本改。毛利高翰影鈔本天頭朱筆云：「『至』恐『室』。」

[二]依田利用云：「案『孟』上當有『今曆』二字。」

[三]「其」原誤作「日」。

[四]郊，依田利用云：「恐『效』字。」

[五]「也」原作「十」，森立之以「十」爲「也」之訛，今從其說。

[六]依田利用云：「此下當有『也』字。」

[七]原誤作「水」，據依田利用《玉燭寶典考證》改。又，依田利用云：「『清』當作『消』。」

水居而殺魚者也。春之時，乙以柔配庚剛，故金得潛殺於木，祭者陳之陸地，進而弗食。『鴻鴈來。』鴻鴈，隨陽鳥[一]。今案《尚書·禹貢》曰：「彭蠡既豬，陽鳥攸居[二]。」孔安國注云：「彭蠡，澤名。隨陽之鳥，鴻鴈之屬，冬月所居於此澤。」《埤雅》曰[三]：「去陰就陽謂之陽鳥，鴻之也[四]。」來者，自外之辭也。陰起則南，陽起則北，爲二氣候者也。孟春陽氣達，故從南方來而北過，就陰而產，季冬令鴈北向，知此月從南來也。『天子居青陽左个[五]。』青，木色，陽，木德，故明堂之東面曰青陽。左者，東面以北爲左也。左个[六]，寅上之室，正月位也。『乘鸞輅。』車也[七]。鸞，鳥名也，以金爲鸞鳥，懸鈴其中，施於衡上，以爲遲疾之節[八]，故曰鸞路。『駕蒼龍。』倉，自然之色。

[一] 依田利用云：「舊無『鴻鴈隨』三字，不成義，今案文補入。」據下注，亦當有此三字，今從其說補。

[二] 原脱「攸」字，據《尚書正義》補。毛利高翰影鈔本天頭朱筆云：「按『鳥』下脱『攸』字。」

[三] 「埤」原誤作「卑」。

[四] 「鴻之也」，《孔叢子》《小爾雅》《記纂淵海》均作「鴻雁是也」。

[五] 「个」原誤作「今」，據《玉燭寶典考證》《古逸叢書》本補。

[六] 「个」原誤作「今」，據依田利用說改。

[七] 據注釋體例，「車」上當有「輅」字。

[八] 「疾」《爾雅翼》引作「速」，是。

鳥色之青者曰倉龍。『載青旂。』青，人功之色也。交龍曰旂。孟春以立春爲節，驚蟄爲中，中必在其月，節不必在其月。據孟春而言之，驚蟄在十六日以後，則立春在正月，驚蟄在十五日已前，則立春在往年十二月，故言是月也以立春明。得立春，則孟春之月可以行春令矣。『天子乃齊。』齊者，所以專壹其精，不敢散其志[一]，然後可以交神明者也。『宿離不忒。』宿者，日所在也[二]。離者，月所歷也。白日行一度，故稱宿月。日行十三度有分[三]，或歷三宿，故稱離，非一處之辭也。『元日祈穀于上帝。』元，善也，謂先甲三日，後甲三日，丁與辛也。『反[四]，執爵于大寢。』爵，飲器也。爵飲之，以其尾爲柄而傅翼，大一斗。今案《周禮圖》，爵受一斗，高二寸，尾長六寸，傅二寸，傅假翼，兑下方足，赤爲赤畫，三周其身，大夫餝以赤氣黄畫，諸侯加餝口足以象骨，天子以玉。《明

[一] 依田利用云：「敢與散字形近而誤重。」
[二] 原脱「日」字，據注例及《玉燭寶典考證》補。
[三] 「十三度」下疑有脱文。
[四] 「反」原誤作「蟄」，據《禮記正義》改。

堂位》曰：「爵，夏后氏以琖[一]，殷以斝[二]，周以爵。」斝，謂書以禾稼也。《詩》云[三]：「洗爵奠斝。」此三者，皆爵名也。《韓詩》云：『一斗曰爵。』爵，盡也，足也。命曰勞酒者，耕勞也，爲勞故置酒，故命曰勞酒。『審端徑、術。』端[四]，正也。步，道也。術，車道也。『掩骼埋胔。』露骨曰骼，有肉曰胔。謂畜獸死在田野，春氣尚生，故埋藏死物。首種，謂宿麥也。入，收也。麥以秋種，以春收，故謂之首種。」

右章句爲釋《月令》，故居前。

《禮·鄉飲酒義》曰：「東方者蠢，春之言蠢，産万物者聖。」鄭玄曰：「春，猶蠢也。蠢，動生之皃也[五]。聖之言生之也。」《春秋説題辭》曰：「春，蠢，興也。」《尚書大傳》曰：「東方者，

[一]「琖」原誤作「棧」，據《禮記正義》改。

[二]「斝」原誤作「舜」。下「斝」字同。據《禮記正義》改。

[三]「詩」原誤作「諸」。

[四]原脱「端」字，據蔡邕注釋體例補。

[五]「鄭玄曰」以下原作「蠢猶：動生皃」，據《玉燭寶典考證》補正。

何也[一]？動方也，動方者，物方動也[二]。何以謂之春？春者，出也。出也者，物之出。故曰東方春也。」《釋名》曰：「春，蠢也，蠢動而生也。」

右總釋春名。

《皇覽・逸禮》曰：「天子春則衣倉衣，佩倉玉，乘倉輅，駕倉龍，載青旗，以迎春于東郊。其祭先麥與羊，居明堂左个[三]，廟啟東户。」《詩紀曆樞》曰：「甲，押者也。春則闓，古「開」之也。冬則闔，春下種，秋藏穀，万物權輿出萌。」宋均曰：「押之爲言苞押[四]，言万物苞神也。淵，猶出淵也。下，猶投。」《詩含神霧》曰：「其東倉帝坐，神名靈威仰。」宋均曰：「靈，神也。神之威儀，始仰，起於東方。」《尚書考靈曜》曰：「氣在於春，其紀歲星，是謂大門。禁民無得斬伐有實之木，

[一]「何」原誤作「傳」，據《古逸叢書》本改。

[二]「動方也，動方者，物之動也」原作「動〻方〻也〻物〻方者動」，其中重文符號，張東舒以《尚書大傳》體例復原，今從其說。

[三]原脫「个」字。此條不見諸書徵引。

[四]依田利用云：「上『押』恐當作『甲』。」

是謂伐生。絶氣於其時，諸道皆通，与氣同光。道，徑，路也。《禮》孟春令曰「審徑[一]、術」，季春曰「啟通道路」者之也。佩倉璧，人君佩玉以象德之也。乘倉馬以出遊，衣青之時，而是則歲星得度，五穀滋矣。」《樂稽曜嘉》曰：「用鼓和樂於東郊，爲太皞之氣，勾芒之音，歌《隨行》，出《雲門》，致魂靈，下大一之神。」宋均曰：「《隨行》，樂篇名，言物氣而出也。《雲門》，黄帝樂名。用樂隨氣如是，足以致精魂之靈，下天神也。」《春秋元命苞》曰：「甲乙者[二]，物始莩甲。乙者，物蟠詘，有有萌欲出，陽氣含榮，以一達。」宋均曰：「甲字本刑如此。乙者，一之詰詘者也。曰物從莩甲，一自達，含榮蟠詘，而以日名之也。」《春秋元命苞》曰：「東方，其色青，新去水變，含榮若淺黑之形。宋均曰：「榮，猶主也。變黑更生，故青也。形，形牧也[三]。」其味酸，酸之爲端也。氣始生陽分，專心自端。酸，酢也，取木實味酢也，不言酸義，取以聲，自端正也。食酸則栗然心端，感木氣[四]，自端正使之然。其音角，角者，氣騰躍有殺，精動並萌文出庶。有殺者，凡物萌出，皆未煞小而本大，有似於牛羊之角，就之而成音焉。文，文象也。

[一]「徑」下當脱「端」字，《禮記正義》有。
[二]「乙」字，蓋涉下「乙」字而衍。
[三]「牧」字疑當作「狀」，形近而訛。
[四]「木」，森立之父子校本、《古逸叢書》本皆作「水」字。

物觸地萌動欲出，故精象在天爲角星，庶庶然别居之也。其帝太昊，太昊者，大起言物動擾擾。物擾擾而大起，故因就以名其帝也。其神勾芒者[一]，始萌。亦因物始萌，以名其帝。其精青龍，龍之言萌也。」獸之眇，莫若龍，故就青萌以名之。《山海·海外東經》曰：「東方勾芒，鳥身，人面，乘兩龍。」郭璞曰：「木神也，方面素服。」《墨子》曰[二]：「昔秦穆公有明德，上帝使勾芒賜之壽十九年也。」

《爾雅》曰：「春爲蒼天。」李巡曰：「春，万物揚始生，其色蒼蒼，故曰蒼天。」春爲青陽。孫炎曰：「春氣青而陽暖曰。」「春爲發生。」郭璞曰：「此亦四時之别號。」《音義》曰：「美稱之别名。」《史記·律書》曰：「甲者，言萬物部符甲而出。乙者，言万物生軋軋也。」《鄒子》曰：「春取榆柳之火。」《論語注》云：「《周書·月令》同也。」《前漢書》曰：「春，將出民，里胥平旦孟康曰：「胥，今里吏也。」韋昭：「胥，周官里宰也。音諝也。」坐於右塾，隣長坐於右塾，畢出，然後歸。夕亦如之。入者必持薪樵，輕重相分，班白不提挈。」

《京房占》曰：「春當退貪殘，進柔良，恤幼孤，振不足，求隱士，則万物應節而生，隨氣而長，所謂春令。」《白虎通》曰：「嫁娶以春者，天地交通，万物始生，陰陽交接之時也。」《白虎通》曰：「味

[一] 據上下文體例，當重「勾芒」二字。《玉燭寶典考證》補「勾芒」二字。

[二] 「墨」原誤作「經」，案本文見於《墨子·明鬼下》。

所以酸何[一]？東方者，万物之生酸者，所以趣生，猶五味得酸乃趍生也。其臭羶何？東方者木，万物蟄藏，新出土中，故其臭羶也。」《風俗通》曰：「赤春，俗説赤春從人假貸，家皆自之之時。或説當言斥春，春舊穀已[二]，新穀未登，乃指斥此時相從假貸乎？斥与赤音相似耳。」案《詩》「春日遲遲，卉木萋萋。春日載陽，有鳴倉庚」，《月令》「衣青衣，服倉玉」，《爾雅》云「春日青陽，凡三春時得復云赤也」，今里語曰「相斥觸原」，其所以言：不當觸春從人求索也。

右總釋春時。唯附孟月之末，他皆放此。

《詩・邶風》曰：「士如歸妻，迨冰未泮。」毛傳曰：「泮，散。」鄭箋云：「冰未散，正月中以前之也。」《詩・豳風》曰：「三之日于耜。」毛傳曰：「三之日，夏之正月，豳上晚寒[三]，于耜如滌耒耜[四]。」又曰：「三之日納于凌陰。」孔安國曰：「有二之日鑿冰沖沖，此承上語之也。」《尚書・舜典》曰：「正月上日，受終于文祖。」孔安國曰：「正月上日者，納舜于大麓。明年之正月朔日也，堯以終事授舜。舜受之于文祖者五府

[一]「味」原誤作「昧」，今改。又「味」上當有「木」字。

[二] 此文不見今本《風俗通》。

[三]「上」，《毛詩正義》作「土」。

[四]「耜如滌耒耜」，《毛詩正義》作「耒耜始修」。

名[一]，猶周言明堂也。未改堯正者，明帝堯尊如故，舜登其位，令試其事之者。」[二]《尚書·大禹》曰[三]：「正月朔旦，受命于神宗。」孔安國曰：「受舜終事之命也。神宗，文祖之宗廟，言神尊也[四]。」《尚書·胤征》曰：「每歲孟春，遒人以木鐸徇于路。孔安國曰：「遒人，宣令之官之也[五]。」官師相規，工執藝事以諫。」官，衆官也，更相規，百工各執其所治伎藝，以諫失常也。《周官·天官》上小宰曰[六]：「正歲，帥治官之屬而觀治象之法，徇以木鐸。曰不用法者，國有常刑。」鄭玄曰：「正歲謂夏之正月，得四時之正以出教令者，審也。古者將有新令，必奮木鐸以徼衆，使明聽也。木鐸[七]，木舌也，文事奮木鐸，武事奮金鐸也。」《周

[一] 依田利用云：「『五府』疑當作『文祖廟』。」
[二] 檢《尚書注疏彙校》，孔安國此傳與諸本皆異。
[三] 「禹」下當有「謨」字。
[四] 「也」，據《尚書注疏彙校》，諸本皆作「之」。
[五] 據《尚書注疏彙校》，諸本皆無「之也」。
[六] 「小宰」原誤作「之掌」，形近而訛，據《周禮注疏》改。
[七] 原脱「木鐸」二字，據《周禮注疏》補。

官》上曰[一]：「内宰掌上春，詔王后，帥六宫之人，而生重重稑之種而獻之于王[二]。」鄭玄曰：「六宫之人[三]，夫人已下，分居后之六宫者也。古者使后宫藏種以其種[四]，以其種類番孳之祥也[五]。必生而獻之，示能育之，使不傷敗。且以佐王耕事，以供禘郊之也。」《周官·春官》上曰：「天府上春釁寶鎮及寶器。」鄭玄曰：「上春謂孟春。釁謂煞牲以血之也。」《周官·春官》下曰：「龜人掌上春釁龜，鄭玄曰：「釁者，煞牲以血神之。上春者，夏正建寅之月。」筮人掌上春相筮。」相，謂更選擇其蓍也。《周官·春官》下曰：「眎古「視」字也。祲子鴆反。今案《春秋傳》：「梓慎曰：『吾見其赤黑之祲，非祭祥也。』」注云：「祲，日傍祓祥之氣。」人上注云[六]：「祲，陰氣相侵成祥耳。」掌安宅叙降，鄭玄曰：「宅居降下，人見祓祥則不安，主安其居寢，叙次序，其凶禍所下，謂攘移之也。」正歲則行事。」此正月而行安宅之事。《周官·夏官》下曰：「牧師掌孟春焚牧。」鄭玄曰：「焚牧地以除陳，生新草。」《春秋傳》曰：「凡祀，啟蟄而郊。」服虔曰：

[一]「官」下，毛利高翰影鈔本、森立之父子校本、《古逸叢書》本旁注小字「天官」二字。《玉燭寶典考證》補此二字。

[二]「重重」，《周禮注疏》作「穜」。

[三]宫「原误作」官，據《周禮注疏》改。

[四]「以其種以其種」，今本作「以其有傳」。

[五]「之」原误作「六」，毛利高翰影鈔本於「六」字旁朱筆有「之」字，《古逸叢書》本作「之」，今據改。

[六]「人上」二字疑有訛誤。

「啟蟄者，謂正月。陽氣始達達，發土開蟄，農事始作，故郊祀后稷以配天祈農。」杜預曰：「啟蟄，夏正建寅之月，祀天南郊也。」

《周書·時訓》曰：「立春之日，東風解凍。又五日，蟄始振。又五日，魚上冰。風不解凍[一]，號令不行。蟄虫不振，陰氣姧陽。魚不上氷，甲冑私藏。雨水之日，獺祭魚。又五日，鴻鴈來。又五日，草木萌動。獺不祭魚，國多盜賊。鴻鴈不來，遠人不服。草木不萌[二]，菓苽不熟。」《禮·夏小正》曰：「正月啟蟄，言始發也。鴈北鄉，古「嚮」字也。先言鴈而後言鄉何？見鴈而後數其鄉，一也。鄉者何？鄉其居也，鴈以北方爲居。何以謂之居？生且長焉。」《爾雅》：「震呴。」古「雊」字也。「震者，鳴也。呴者，鼓其翼也。正月必雷，雷不必聞，唯雉必聞之。農約厥耒[三]。約，束也，其耒[四]。囿有見韭，囿也者，園之燕者。時有浚風。浚者[五]，大風，

[一]「風」原誤作「成」，據《玉燭寶典考證》改。

[二]《古逸叢書》本、毛利高翰影鈔本、《玉燭寶典考證》作「草」，是。

[三]「約」，《爾雅注疏》作「緯」。下「約」字同。

[四]《大戴禮記解詁》「其」上有「束」字。

[五]「者」下，《大戴禮記》有「大也」二字。

南風也。何大於南風也？曰合氷必於南風[一]，解氷必於南風；生必於南風，煞必於南[二]：故大之[三]。寒日滌凍塗[四]，滌者，變也，變而煖也。凍塗，凍下而澤上多也。田鼠者，嗛鼠也。今案《爾雅》「鼸鼠」，李巡曰：「鼠從。田中銜穀藏，鼸名也。」郭璞曰：「頰裏藏食。」《音義》云：「或作嗛，兩通。蕈反也[五]。」農率均田，率者，循也。均田，始除田也，言農夫急除田也。獺獻祭者[六]，得多也，善其祭而後食之。農乃雪澤[七]，言雪澤之無高下也。采芸，今案《蒼頡篇》：「芸，蒿似耶，蒿香可食[八]。」《説文》曰：「芸，草也，似目宿，從草芸聲。淮南王説『芸草可以死而復生之也』[九]。」爲廟

[一] 原重「氷」字，據《大戴禮記解詁》刪。

[二] 「煞」今本作「收」。

[三] 「大」原誤作「火」，據《大戴禮記解詁》改。

[四] 原脱「塗」字，據下文及《大戴禮記解詁》補。

[五] 「蕈」上當有脱字。森立之云：「《廣韻》，嗛，苦簟切，據此則蕈上脱苦字。《爾雅》鼸、嗛二字，陸音下簟切。」

[六] 「獻」下，《大戴禮記》有「魚」字。

[七] 「乃」，今本《大戴禮記》作「及」。

[八] 「食」下原有「魂」字，《玉燭寶典考證》據《香譜》《續博物志》引《仓頡篇》無，今據以刪。

[九] 「王」，今本《説文解字》作「子」。

采也。鞠則見鞠者何？星名也，初昏參中，蓋記時也。斗枋古「柄」字也。縣在下，言斗柄者，以著參之中也[一]。柳稊，杜嵇反。稊者，發孚也。今案《易·大過卦》曰：「枯楊生稊。」王輔嗣曰：「稊者，楊之秀。」梅杏杝桃則華，杝桃，山桃也。今案《爾雅》郭璞注：「實如桃而小，小不解核。音斯，一音雌也。」鷄捊粥[二]，古「育」字也。捊也者，相粥之時也。或曰：捊，嫗伏也。粥，養也。」今案《禮·樂記》：「煦嫗覆育万物。」又曰：「羽者嫗伏，毛者孕粥。」注云：「氣曰煦[三]，體曰嫗。孕，任也。粥，生也。」《韓詩外傳》曰：「卵之性鶵[四]，不得良雞[五]，鷄覆伏孚育，積日累久，則不成爲鶵。」《方言》曰：「燕、朝鮮謂伏鷄曰菢。」郭璞注云：「音房奥反。江東呼燕，音房富反。」《淮南子》曰：「羽者嫗伏。」許慎曰：「嫗以氣伏孚卵也。」服虔《通俗文》曰：「莩，返付反。卵化也。」字雖加草，理非别然。則桴及育今古字[六]，並通嫗。伏、菢聲相近，是一義也。

[一]「之中」原互倒，據《大戴禮記解詁》乙正。

[二]「鷄捊粥」上原有「捊也者」，蓋涉下文而誤重，據《大戴禮記解詁》删。

[三]原脱「煦」字，據《禮記正義》補。

[四]「鶵」上，今本《韓詩外傳》有「爲」字。

[五]「良」原誤作「倉」，據清嘉慶二十三年（1818）自刻本陳士珂《韓詩外傳疏證》改删。

[六]「及」，森立之父子校本、《古逸叢書》本作「与」。

《禮・誥志》曰[一]：「日歸于西，起明于東。月歸于東，起朔于西。虞夏之曆正建於孟春，於時氷泮發蟄，百草權輿。」《易乾鑿度》曰[二]：「三主之郊，一用夏正，天氣三微而成一著，而體成[三]。方此之時，天地交而万物通，所以法天地之通道。」鄭玄曰：「三微而一著，自冬至正月中，爲天邦之也[四]。」《易通卦驗》曰：「艮，東北也，主立春[五]。鷄鳴，黄氣出，直艮，此正氣也。出右[六]，万物霜。氣出左，山崩涌水出。」鄭玄曰：「立春之右，大寒之地，左驚蟄之地，万物方生，而艮氣見於大寒之地，故霜艮氣而見於驚蟄之地，山崩之像也，山涌水則出之也。」《易通卦驗》曰：「立春，雨降，條風至。」《樂動聲儀》曰：「大樂与條風，生長德等。」宋均注云：「條風，條達万物之風。」《山海・南山經》曰：「今丘之山無草木分大，其南有谷焉，田中谷條風自出[七]。」郭璞曰：「北風爲條風。」《淮南子》曰：「冬

[一]「誥」原誤作「誌」，涉下「志」字而誤，今改。

[二]「易」原誤作「夏」。

[三]「而」上，《後漢書》注引《易小傳》有「三著」二字。

[四]依田利用云：「『邦』恐當作『郊』，『之』字疑衍。」

[五]「立春」原互倒，據下鄭玄注乙正。

[六]此文與下文相對爲文，「出」上當脱「氣」字。

[七]「出」下，阮氏琅嬛仙館刻本《山海經箋疏》有「是」字。

至卌五日條風至，出輕繫，去稽留[一]。」凡立春等四節，或因餘分置倒有日刦。而節前上入前月末者，但據其本官正位，無宜越在異章。今悉繫當時孟月之中，令以類相次。他皆效此。雉雊，鷄乳，氷解，楊柳稗[二]。鄭玄曰：「降，下也。雊，鳴相呼也。柳，青揚也。稗讀如枯。楊生梯狀，如桑秀然之也。」晷長一丈一寸二分[三]。今案《説文》曰：「晷，日影。」青陽雲出房，如積水。立春於坎直六四，六四，巽爻，得木氣之雲，如積水似設也。雨水[四]，氷澤[五]，猛風至。獺祭魚，鶬鴳鳴，蝙蝠出。猛風，動揺樹木有聲也。倉鴳，蒼狀也。蝙蝠，服翼。今案《爾雅》曰「雇鴳」，犍爲舍人注云：「趣民牧麥，令不得晏起也。」李巡云[六]：「鴳，一名鳫，鳫，雀也。」郭璞云：「今鴳雀。」《國語・晉語》曰：「平公射鴳。」韋照注：「鴳雇[七]，小鳥也。」又《莊子》曰：「斥鴳咲之。」郭象注云：「斥，小澤。鴳，鴳雀。」阮氏《義疏》曰：「鴳，小雀。」《春秋傳》曰：「青鳥

[一]「留」原誤作「死」，涉上「去」字而誤，據何寧《淮南子集釋》改。

[二]「稗」原误作「俾」，爲俗寫轉音字，据下注文改。

[三]案《漢書・律曆志》注「二」作「六」。

[四]「水」下，趙在翰《七緯》輯本有「凍」字。

[五]「澤」當爲「釋」之誤，趙在翰《七緯》輯本作「釋」，是。

[六]「李」原作「季」，或爲避諱。

[七]「雇」，《國語》注作「扈」，通假字。

氏司啟。」杜預注云：「青鳥，倉鴳也。立春鳴，立秋去。」《字林》曰：「雇鴳，農桑候焉[一]。」《廣志》曰：「鴳常晨鳴如鷄，道路賈車以爲行節。出西方，今山東亦有此鳥。鸗時早鳴，黑色，長尾，俗呼鶡雀。但倉黑既異，鴳字與鶡字不同，或當有二種耳。雀、鳸字两通。」《方言》曰：「蝙蝠，關東謂之服翼。北燕謂之蠟蠌[二]。蠟[三]，匹比反[四]。蠌音默。」郭璞《爾雅注》云：「齊人呼爲蠟蠌。」《孝經援神契》曰：「蝙蝠伏匿，故夜食。」注云：「大陰之物，性伏隱，故夜乃食。」《内典·伏藏經》：「譬如蝙蝠，欲捕鳥時[五]，則飛空爲鳥之[六]。」晷長九尺一寸六分，黄陽雲出亢，南黄，北黑。雨水於坎值九五，九五辰在申，得巛氣，爲南黄，猶坎也，故北黑之也。又曰：「正月初生黑。」《詩推度灾》曰：「《四牡》[七]，草木萌生，發春近氣，役動下民。」

[一]「焉」，《春秋左傳正義》引作「鳥」。

[二] 原無「北燕謂之蠟蠌」五字，據《微波榭叢書》本《方言疏證》補。

[三]「蠟」原作「蝁」，據《微波榭叢書》本《方言疏證》改。

[四]「匹」原誤作「近」，據《微波榭叢書》本《方言疏證》改。

[五]「鳥時」下，《法苑珠林》《佛藏經》引有「則入穴爲獸欲捕鼠時」九字。

[六]「空」上原有「室」字，蓋涉「空」字而衍。據《法苑珠林》引《佛藏經》删。

[七]「牡」原誤作「杜」。注同。

宋均曰：「大夫乘四時牡行役[一]，倦不得已，亦如正月，物動不止，故以篇繫此時也。[二]《詩紀歷樞》曰：「寅者，移也。陽氣動，從内戲，嗇民執功[三]，天兵脩。」宋均曰：「嗇民執其農功之事，天兵脩。」《尚書考靈曜》曰：「元紀己巳，允起旃蒙攝提挌之歲，畢娵之月，正月己巳，朔旦立春，日、月、五星皆起營室五度[四]。」鄭玄曰：「歲在寅曰攝提也。」《樂稽曜嘉》曰：「夏以十三月爲正，《息》卦受《泰》，法物之始，其色尚黑，以平旦爲朔。」宋均曰：「陽用事，月息。息，敏息也。始，始出於地之也。」《樂叶圖徵》[五]：「自艮立春，雷動百里。」宋均曰：「雷震百里，天之分也。」《春秋元命苞》曰：「正朔三而改，夏，白帝之子，金精，法正，故以十三月爲正。物見色黑。」宋均曰：「法正，所法以爲正朔也。見色黑，初見，出見日而黑之也。」《春秋元命苞》曰：「陽道左，故少陽見於寅。寅者，演。宋均曰：「陽氣出池，見於寅，謂泰卦乾一體也成。演，猶生也。」大蔟者，湊未出。」

[一]　「時」當衍，蓋涉下「時」字而衍。
[二]　此條爲《詩推度災》佚文。
[三]　「嗇」，毛利高翰影鈔本、《玉燭寶典考證》《古逸叢書》本轉寫作「𥁕」，誤。
[四]　下「五」字原誤作「至」，據《玉燭寶典考證》改。
[五]　「圖」原誤作「圓」。

物始生於黃泉，陽隨上湊地[一]，盡出未達也。《春秋考異郵》曰：「獺祭魚，候鴈翔。」宋均曰：「言陽上達，司耕之候[二]。」《春秋潛潭巴》曰：「倉帝始起，斗指寅[三]。」宋均曰：「指寅者者，受倉帝使，始王天下也。」精靈威仰。」《孝經鉤命讖・政事》曰[四]：「先立春七日，敕獄吏決辭訟[五]，有罪當入，無罪當出。」《國語》曰：「農祥晨正[六]，唐固曰：「農祥，房星也。晨正[七]，晨見南方，謂立春之日也。」日月底乎天庿[八]，底，至也。天庿，營室。孟春之月，日月合宿乎營室一度，故曰底也。先土乃脈發。脈，理也，

[一]「上」，《玉燭寶典考證》作「土」，是。

[二]依田利用云：「『司』疑『可』字之訛。」

[三]「指」原誤作「酒」，據《玉燭寶典考證》改。

[四]《事類賦》引「讖」作「訣」，「讖」下無「政事」二字。依田利用據之刪改。

[五]「敕」下原有「賊」字，抄手塗去。

[六]「祥」原誤作「耕」，據下注文改。

[七]「晨」原誤作「農」，蓋涉上「農」字而誤，下「晨」字同。據《國語》改。

[八]「乎」今本作「于」。注文「乎」字同。「庿」原誤作「廣」，爲「庿」之訛寫。注文「庿」字同。

發也[一]。《農書》曰：「春土冒撅，陳根可拔，耕者急發也。」先時九日，先立春九日也[二]。大史告稷曰：『自今至乎初吉[三]，初吉謂二月朔日，日在奎，春分中。陽氣俱蒸，土膏其動。』蒸，升也。膏，美也。言土氣美而上升，當發動而耕。稷以告。以大史之辭告於王。王曰：『史帥陽官以奉我司事[四]。』史，大史也。陽官，春官也。司事，主農事。曰：『距今九日，土其俱動。』距，至也，至立春日也。先時五日，瞽告有協風至[五]，先時五日，先耕五日也。協風，融風，至則萬物生[六]，得艮之氣也。是日也，瞽師音官以風土[七]。」是日，耕日也。瞽，大師也。音官，樂官也。風土，謂大師帥樂官以六律調八風[八]，風和則土氣養。

[一] 今本《國語》無「發也」二字。

[二] 據注文體例及今本《國語》，當重「先」字。

[三] 今本《國語》「乎」作「于」。「吉」原誤作「告」，蓋涉下「稷以告」之「告」而誤，據《國語》改。注文「吉」字同。

[四] 「帥」原誤作「師」，據《國語》改。

[五] 「瞽」原誤作「鼓」，據下文及毛利高翰影鈔本改。

[六] 據注文例及《國語》韋昭注，「至」上當有「也融風」三字。

[七] 依田利用以爲「風」上當有「省」字。注文同。

[八] 「帥」原誤作「師」，據《國語》改。

《國語·魯語》曰：「古者大寒降，土蟄發，孔晁注云曰[一]：「大寒下，夏之十二月，蟄虫發，夏之正月之也。」水虞於是乎講罛罶[二]，水虞[三]，掌川澤禁令之官也。講，儀[四]。罛罶[五]，皆將以取魚也[六]。取名魚，登川禽，而嘗之庿[七]。名魚，春獻鮪。川禽，蜃蠯之屬也。行諸國，助宣氣。」言國人皆行此令，所以宣時氣之也。

《爾雅》曰：「正月爲陬。」音騶。李巡曰：「正月，萬物萌牙，陬隅欲出，日陬陬出之也。」[八]《楚辭·騷經》曰：「攝提貞于孟陬。」王逸曰：「太歲在寅曰攝提。孟，始也。貞，正也。于，於也。正月爲陬也。」《尚書大傳》曰：「古者帝王躬率有司百執事，而以正月朝迎日于東郊，所以爲萬物先，而尊事天也。」

[一]「曰」字，蓋涉正文「曰」字而衍。

[二]「虞」原誤作「寒」，原脱「罛」字，據《國語》改補。

[三]原脱「水」字，據正文補。

[四]韋昭注云：「講，習也。」

[五]「罛罶」原誤作「畏留」，據正文改。

[六]「皆」原誤作「骨」，「魚」原誤作「魯」，據《玉燭寶典考證》改。

[七]今本《國語》「庿」上有「寢」字，王引之以有「寢」字者非，是書所引與王説正合。

[八]此條爲李巡《爾雅》注逸文，不見文獻徵引。後半句訛脱難讀，姑且存疑。

禮上帝于南郊[一]，所以報天德也。迎日之辭曰：『維某月上日[二]，明光于上下，勤施于四方，旁作穆穆，維予一人。』某敬拜，迎日于東郊。」鄭玄曰：「《堯典》曰『寅賓出日也』，此謂也。」《尚書大傳》曰：「夏以孟春爲正，殷以季冬爲正，周以仲冬爲正。孟春爲正，其貴刑也。」《史記·律書》曰：「大蔟者，言萬物蔟生也。」

《史記·樂書》曰：「漢家常以正月上辛祠太一甘泉，以昏時夜祠，到明而常有流星徑祠壇上[三]。」《史記·天官書》曰：「正月旦決八風，從南方來，大旱。西南，小旱。西方，有兵。西北，戎菽爲。孟康曰：「戎菽，胡豆。爲，猶成。」小雨，趣兵。北方，中歲[四]。東方[五]，爲上歲。韋照曰：「歲大穰。」東方，大水。東南，民有疾疫，歲惡。」《史記·天官書》曰：「正月上甲，

[一]　禮，《四部叢刊》本《尚書大傳》（以下簡稱《尚書大傳》）作「祀」。

[二]　「維」原誤作「雖」，下「維」字同。「某」原誤作「其」，下「某」字同。據《尚書大傳》改。又，今本《尚書大傳》「月」上有「年」字。

[三]　《史記》「而」下有「終」字，「祠」下有「於」字。

[四]　據下「爲上歲」，「中」上當有「爲」字，《史記》有。

[五]　《史記》「方」作「北」。

風從東方，宜蠶。」《列子》曰：「邯鄲之民以正月之旦獻鳩於簡子，簡子大愧[一]，厚賞。問其故，簡子曰：『正旦放生，示有恩也。』答曰：『民知君欲放之，故竟而捕之。竟而捕之[二]，死有衆矣。君知若欲生之[三]，不若禁民勿捕，捕而放之，恩過不相補矣。』簡子曰：『善。』」《史記·天官書》曰：「正月上甲，風從東方[四]，宜蠶。[五]」《淮南子·時則》曰：「孟春之日，招揺指寅。高誘曰：「招揺，斗建也。」服八風水，爨萁燧火[六]，取銅路盤中路水服之[七]，八方風所吹也。

[一] 今本《列子》「愧」作「悦」，以簡子答語逆之，「愧」字爲勝。

[二] 今本《列子》不重「競而捕之」四字。

[三] 「知」字，蓋涉上文「民知君欲放之」之「知」字而衍。今本《列子》「若」作「如」，誤。

[四] 「甲」原誤作「申」，據《史記》改。

[五] 今案此條與上引《史記》文重複，當爲衍文。

[六] 原脱「火」字，據下注文，當有「火」字，據注文及何寧《淮南子集釋》補。

[七] 今本《淮南子》高誘注無二「路」字，是。

取箕木燧之火炊之[一]。箕，讀「該備」之「該」。今案《史記·周本紀》曰[二]：「檿弧箕服[三]。」韋照曰：「山桑曰檿。箕，木名。」《國語》一本「箕」作「核」。唐固曰：「核，木名也，出上谷。」《蒼頡篇》曰：「核，木皮篋也，出上谷。姑才反。」《説文》曰：「核，蠻夷以木皮爲篋也，狀如籚尊[四]。從木亥聲。」《字林》曰：「核，木，蠻夷以核皮爲篋，狀如籢。工升反[五]。」核自是木名[六]，如唐固所説，一名箕，其皮可以怗弓，厚者亦任屈爲器篋。今并州、上黨、太原以北諸山尤多此木，常以五月採，故土人語云：「欲剥核，五月來。」諸家因以爲篋名，

[一]「箕」原作「其」，「燧」原作「隧」，據上正文及何寧《淮南子集釋》改。
[二]「曰」原誤作「因」，今徑改。
[三]「弧」原誤作「旅」，據《史記》改。
[四]中華書局影印孫星衍刻本《説文解字》「籚尊」作「籢遵」。
[五]依田利用以「升」當作「才」。
[六]「是」原誤作「旦之」，蓋抄手抄寫時一字分爲二，今改。毛利高翰影鈔本、森立之父子校本、《古逸叢書》本皆作「且之」，亦誤。

失之矣也[一]。東宮御女青色，衣青采，鼓琴瑟，春王東方[二]，故處東宮。琴瑟，木也，春木王[三]，故鼓之也。兵矛[四]，有鋒銳[五]，似万物鑽地而生者也。其畜羊。羊土，木之母也，故畜之也。正月官司空，其樹楊。司空主土[六]，春土受稼穡，故官司空也[七]。《爾雅》曰：「楊，蒲柳。」楊，春木，先春生[八]，故其樹楊。《孔藂》曰：「邯鄲民以正月旦獻爵於趙王[九]，而綴以五采，王大悅。申叔告子順曰：『王何以爲也？』對曰：『正旦放之，求有生也。』子順曰：『此委巷之鄙事，非先王之法，且又不令[一〇]。』申叔曰：

[一]「失之」原誤作「告」，據《玉燭寶典考證》改。

[二] 馬宗霍云：「依書例當作『木王東方』。」

[三]「王」原誤作「生」，據何寧《淮南子集釋》高誘注改。

[四] 據下「其畜羊」，「兵」上當有「其」字，今本《淮南子》有。毛利高翰影鈔本天頭朱筆云：「按『兵』上脫『其』字。」

[五] 據注文例，「有」上當有「矛」字，蓋涉正文「矛」字而奪。

[六] 原脱「土」字，據何寧《淮南子集釋》高誘注補。

[七] 原脱「空」字，據正文補。毛利高翰影鈔本天頭朱筆云：「按『主』下脫『土』字，『司』下脫『空』字。」

[八] 此句何寧《淮南子集釋》高誘注作「楊木春光」，於義不辭，此處所引正可補今本之訛脱。

[九] 今本《孔叢子》「爵」作「雀」，下「雀」字同。「爵」、「雀」，一聲之轉。

[一〇]「又」原誤作「人」，據《孔叢子校釋》改。

『何謂不令。』曰：『夫爵者，取名則宜受之於上，不宜取之於下，人非所得制爵也[一]。今以一國之王受民爵[二]，將何悦哉？』」

《前漢書・禮樂志》曰：「武帝以正月上辛用事甘泉圓丘，童男女七十人俱歌[三]，昏祠至明[四]。夜常有神光如流星，止集于祠壇，天子自竹宫而望拜。韋昭曰：「以竹爲宫，天子居中也。」百官侍祠者數百人[五]，皆肅然動心焉。」《漢官・典職儀》曰：「正月旦，天子幸德陽，臨軒，公、卿、將、大夫、百官，各陪位朝賀，蠻、貊、胡、羌貢畢[六]，見屬郡計吏，皆陛覲。」《白虎通》曰：「正月律謂之大蔟何？大者，大也。蔟者，湊也。萬物大湊地而出[七]。」《漢雜事》

[一] 今本《孔叢子》「人」上有「下」字。

[二] 冢田虎《冢注孔叢子》云「王」當作「主」。

[三] 《史記》「童」上有「使」字。

[四] 「昏」原誤作「民」，據《史記》改。

[五] 「侍」原誤作「時」，據《史記》改。

[六] 《平津館叢書》本《漢官六種》「貢」上有「朝」字。

[七] 「物」下，《白虎通疏證》有「始」字。

曰：「正月，朝賀，三公奉璧上殿，向御坐北面。大常贊曰[一]：『皇帝爲君興。』三公伏，皇帝坐，乃前進璧[二]。古語曰『御坐則起』，此之謂也。」《京房占》曰：「立春，艮王，條風用事，人君當正境界，修田疇，治封壇，在東北。」《京房占》曰：「正月建寅，律大蔟，鷄雉孳孳[三]，招搖生聚，少陽解凍，其氣温柔，逆之則寒。」《續漢書·禮儀志》曰：「立春之日，夜漏未盡五刻，京都百官皆衣青，郡國縣道官下至斗食令史皆服青[四]，立青幡，施土牛耕人于門外，以示兆民[五]，至立夏。唯武官否。」

《續漢書·禮儀志》曰：「立春之日，下寬大書曰：『制詔三公，方春東作，敬始慎微，動作從之。罪非殊死，且勿案驗，皆須麥秋。退貪殘，進柔良，下當用者，如故事[六]。』」《續漢書·禮

[一]《藝文類聚》所引「常」下有「使」字。

[二]「璧」原誤作「辟」，形近而訛，據《藝文類聚》卷四引《漢雜事》改。

[三]下「孳」字作重文符號，《藝文類聚》卷三引《京房占》作「尾」。

[四]「青」下，《後漢書》有「幘」字，是。

[五]「兆」原誤作「非」，俗寫訛字，據《後漢書》改。

[六]「故」原作「上」，據中華書局點校本《後漢書》改。

儀志》曰：「百官賀，正月旦，二千石以上上殿稱萬歲。舉觴御食[一]，司空奉羹，大司農奉飯，奏舉食之樂[二]。」《魏名臣奏》：「司空王朗奏曰：『故事，正月朝賀，殿下設兩百華燈，樹二階之間；端門之內，則設庭燎火炬；端門之外，則設五尺高燈。星曜月照，雖宵猶晝。』」裴玄《新言》曰[三]：「正朝[四]，縣官煞羊，縣其頭於門，又磔鷄以副之，俗說以厭厲氣。玄以問河南伏君，伏君曰[五]：『是月土氣上升，草木萌動，羊齧百草，鷄啄五穀，故煞之以助生氣。』」

崔寔《四民月令》曰：「正月之旦，是謂正日，躬率妻孥，孥，子也。今案《歸藏·鄭母經》云：「昔者起射羿而賊其家[六]，久有其奴。」注：「起，羿臣之名。奴，子也。」《尚書·湯誓》：「予則孥戮汝[七]。」孔注：「父

[一]「食」今本《後漢書》作「坐前」。

[二]原脱「奏」字，據中華書局點校本《後漢書》補。又，今本「舉食」作「食舉」。

[三]「曰」原誤作「月」，形近而訛。

[四]「朝」，《太平御覽》《藝文類聚》引作「桐」。《北堂書鈔》卷一五五引《新言》作「旦」。

[五]「伏君」原作重文符號，但脱一重文符號，今據以補。

[六]「昔」原作「借」，毛利高翰影鈔本天頭朱筆云：「按『借』恐『昔』。」森立之云：「恐『昔』。」今從其説改。

[七]「予」原誤作「号」，《尚書注疏彙校》諸本皆作「予」，今改。

子兄弟，罪不相及，今云『孥戮汝』[一]，權以脅之。」《詩·小雅》：「樂尔妻孥。」毛傳[二]：「孥，子也。」《春秋》文六年傳：「賈季奔狄宣子，使申駢送其孥。」賈逵注云：「子孫曰孥。」鄭衆注：「孥，妻子家眷者也[三]。」絜祀祖禰。祖，祖父。禰，父也。前期三日，家長及執事皆致齊焉。《禮》：將祀，必齊七日[四]，致齊三日，家人苦多務，故俱致齊也。及祀日，進酒降神。畢，乃家室尊卑，無小無大，以次列坐先祖之前，子[五]、婦、孫、曾，子，直謂子。婦，子之妻。各上椒酒於其家長稱觴舉壽，欣如也。謁賀君、師、故將、宗人、父兄、父友、友、親、鄉黨、耆老[六]。是月也，擇元日可以冠子。元，善也。《禮》：年十九，見正而冠也。百卉萌動，蟄蟲啟户，乃以上丁祀祖于門[七]。祖，道神。黄帝之子曰累祖，好遠遊，

[一]「今」原誤作「令」，《尚書注疏彙校》諸本皆作「令」，今改。

[二]「傳」下原重「傳」字，今删。

[三]毛利高翰影鈔本、《玉燭寶典考證》《古逸叢書》本皆作「舊」，誤。又，此條爲《春秋》鄭衆注逸文。

[四]「必」，今本《禮記》作「散」。

[五]「子」原誤作「及」，據注文改。

[六]「耆」原誤作「者」，毛利高翰影鈔本、《玉燭寶典考證》、森立之父子校本皆云「者」當作「耆」，是，今據改。又，此句儘見引於《玉燭寶典》。

[七]「丁」原誤作「下」，據石聲漢《四民月令校注》改。

死道路，故祀以爲道神。正月，草木可遊，蟄蟲將出，因此祭之以求道路之福也。道陽出滯，祈福祥焉。又以上亥祠先穡先穡，謂先農之徒，始造稼穡者之也。及祖、禰，以祈豐年。是日并復祀先祖也。祈，求也。上除若十五日，合諸膏、小草續命丸、法藥及馬舌下散[一]。農事未起，命成童以上謂年十五以上至卅。入大學，學五經，師法求備，勿讀書傳。研凍釋[二]，命幼童謂十歲以上至十四。入小學[三]，學書、篇、章。謂《六甲》《九九》《急就》《三倉》。命紅今案《史記》漢文帝遺詔：「大紅十五日，小紅十四日。」服虔曰：「皆當言大功[四]、小功，布也。」此據工巧之女。古字多假借，義固取[五]。《韓詩外傳》曰：「繭之性爲絲[六]，弗得

[一]「法」原誤作「注」，據《四部叢刊》本《齊民要術》（以下簡稱《齊民要術》）卷三引《四民月令》改。又《齊民要術》「法藥」上有「散」字。

[二]「研凍」，《齊民要術》卷三引《四民月令》作「硯氷」。石聲漢云：「研是硯字的早期寫法，應該保留。氷與凍，雖止是同一件事，但究竟有區別。後面十一月裡，在『研水凍』時，幼童還要『入小學』。十一月凍，正月凍釋，兩個『凍』字相對應，很合適。」

[三]「幼」原誤作「勿」，據《古逸叢書》本、石聲漢《四民月令校注》改。

[四]「皆」原誤作「當」，涉下「當」字而誤重，據《漢書》改。

[五]依田利用云：「疑有脱字。」

[六]「絲」原誤作「絶」，下「絲」字同。據《韓詩外傳集釋》改。

工女燔以沸湯[一]，抽其統理[二]，不成爲絲。」《禮·子張問入官》曰：「工自釋經麻[三]。」即其義也。女趣織布。自朔暨晦，暨，及。可移諸樹：竹、漆、桐、梓、松、栢、雜木，唯有菓實者，及望而止[四]。望，謂十五日也。過十五日菓少實也。雨水中，地氣上騰，土長冒橛，橛，弋也。《農書》曰：「椓二尺橛於地，令地出二寸。正月水解，土墳起，没橛之也。」陳根可拔，此周雒京師之法，其冀州遠郡，各以其寒暑早晏，不拘於此也。急菑今案《尚書·大誥》曰：「厥父菑，厥子乃不肯播，矧肯穫[五]。」王肅注云：「菑，反草也。」又《爾雅》曰：「一歲曰菑。」孫炎注云：「始菑煞其草木。」郭璞云：「今江東呼新耕地反草爲菑也[六]。」强土黑壚今案《説文》曰：「壚，剛土也。從土盧聲。」《字林》曰：「剛黑土之也。」之田[七]。可種春麥蚍豆[八]，今

[一] 原無「燔以湯」三字，據《韓詩外傳集釋》補。

[二] 「抽其統理」原誤作「神識理」，據《韓詩外傳集釋》改。

[三] 今本《大戴禮記》作「工女必自擇絲麻」。

[四] 「止」原誤作「上」，據《齊民要術》卷四引《四民月令》改。

[五] 「矧」原作「殑」，據《尚書注疏彙校》改。

[六] 「草」字原脱，據石聲漢《四民月令校注》補。

[七] 「强土黑壚」四字原作小字，闌入注文，今據《齊民要術》卷一引《四民月令》移入正文。

[八] 「蚍」原作「蜫」，爲俗寫訛字，據《玉燭寶典考證》、石聲漢《四民月令校注》改。《齊民要術》卷二引《四民月令》作「𨂊」，《廣雅》作「蹕」，當是轉寫記音字。

案《倉頡篇》曰：「螕，蝨屬。」《字林》曰：「蜫，嚙牛虫。方迷反。」盡二月止[一]。可種苽、瓠、芥、葵、薤、大小葱、夏葱曰小，冬葱曰大。蓼、蘇、牧宿子及雜蒜、芋，今案《説文》曰：「芋，大葉實根，驚人者也[二]，故謂之芋。從草于聲[三]。」《字林》曰：「芋，莩也。王句反。」《史記》：「卓王孫曰：『岷山之下有沃野[四]。』」注曰[五]：「供有嘉菜，於是日満[六]。」孔晁注云：「嘉，善也。謂藷芋之屬。」「牧宿」或作「苜宿」[七]，亦作「目宿」，今古字並通也。可別韰、芥，糞田疇。疇，麻田也。上辛[八]，掃除韭畦中枯葉。是月盡二月，可拔剶[九]。今案《通俗文》曰：「序各反。去節。」樹木，命典饋，釀春酒，必躬親絜敬，以供

[一]「止」原誤作「上」，據石聲漢《四民月令校注》改。

[二]「人」原誤作「大」，據中華書局影印孫星衍刻本《説文解字》改。

[三]「于」原誤作「芋」，涉上「芋」而誤，據中華書局影印孫星衍刻本《説文解字》改。

[四]「沃」原作「泼」，據《史記》改。《四部叢刊》本《六臣注文選》引作「岷山之下沃野有蹲鴟」。

[五]「注」原訛寫爲「迬」，據毛利高翰影鈔本、《玉燭寶典考證》改正。

[六]案「注云」云云爲《逸周書·糴匡解》正文，非《史記》注文。

[七]「宿」原誤作「曾」，據《玉燭寶典考證》改。

[八]《齊民要術》卷三引《四民月令》有「日」字。

[九]「拔剶」，石聲漢以爲當作「可剝樹枝」，意爲修剪樹枝，杜臺卿爲「剶」字注音，故杜臺卿所見《四民月令》傳本已有訛誤。

夏至至初伏之祀，可作諸醬，上旬䰞今案《倉頡篇》曰：「䰞，熬也。創小反。」王逸《九思》云：「我心兮煎䰞[一]。」《字訓》作㷑[二]，亦云「熬也，側繞反」，兩通之。豆，中庚煮之[三]。以碎豆作末都。至六月之交[四]，分以藏瓜，可以作魚醬、宍醬、清醬。是以終季夏[五]，不可以伐竹木，必生蠹蟲。收白犬，可及肝血[六]，可以合注藥[七]。末都者，醬屬也。

[一]「煎」原誤作「並」，據《玉燭寶典考證》補正。「䰞」今本作「熬」。

[二]依田利用云：「案《隋志》有《常用字訓》一卷，殷仲堪撰。此蓋其書也。」「作」，毛利高翰影鈔本作「仰」，依田利用亦釋讀爲「仰」，但疑作「作」，是。

[三]「庚」，《齊民要術》卷八引《四民月令》作「旬」。

[四]唐鴻學、石聲漢皆以「六」下當有「七」字，是，否則「之交」二字無著落。

[五]《齊民要術》卷八引《四民月令》「是」上有「自」字、下有「月」字，是。

[六]依田利用云：「『可』疑『肉』字之訛。」

[七]依田利用云：「『注』恐當作『法』。」《齊民要術》卷八引《四民月令》作「法」，是。

正説曰[一]：夏殷及周，正朔既別，凡是行事，多據夏時。唯《周官》所云正月之吉者，注爲周正，建子之月，當爲歲首，志在自新，恐誤後學，皆略不取。

獻鳩與雀，乃云放生[二]，《列子》《孔藂》詰而未盡。案《地理記》熒陽有勉井[三]，沛公避項羽於此井，雙鳩集井上，羽以爲無人，得勉，因名。漢朝正旦放鳩，蓋爲此也。若趙時已禁，於漢更行。《風俗通》云：「説高祖敗於京索[四]，遁藂薄中，羽追求之時，鳩正鳴其上，追者以爲必無人，遂得脱。及即位，異此[五]，鳩杖以賜老者。案少皥官五鳩，鳩者，聚，聚民也。《周禮》『羅氏獻鳩養老』，漢無羅氏，故作鳩杖以扶老。」董勛《問禮俗》云：「鳩杖取聚義、安

[一] 據杜臺卿序：「若事涉疑殆，理容河漢，則別起『正説』以釋之。」今別起一頁，以清眉目。下同。

[二] 「放」原誤作「故」，據《孔叢子校釋》改。

[三] 《續漢書·地理志》注引張氏《地理記》，《史記索隱》引張勃《地理記》，蓋此書也。依田利用以爲「勉」當作「免」。

[四] 據《水經注》卷七引《風俗通》，「説」上當脱「俗」字，涉上「俗」字而奪。「索」俗寫作[illegible]，毛利高翰影鈔本、《古逸叢書》本轉寫作「素」。

[五] 「此」下《水經注》卷七引《風俗通》有「鳩」字。

義，言能安聚人民，使至老也。」《續漢書·禮儀》[一]：「三老五更玉杖[二]，八十九十賜玉杖，長尺九，端以鳩爲餝。鳩者，不噎之鳥，欲令老人不噎。」《古樂府》云：「東家公字仲春柱一鳩杖[三]，傶脣。」即其故事。

又雀，爵也，取其嘉名，止云放生，猶其本。董勛《問禮俗》云：「正歲，上爵銘云：『受而放之，禄祚靡已。誠能慈道，尅隆生和，撫物太平之世[四]，天下無爲。』時同擊壤，民稱比屋，便應魚鮪，不同鳥鵲，可窺螺蠕，庶類咸得其所，豈鳩雀小鳥，力能致乎？何待捕獲而更放也！」《万歲歷》云：「晉成帝咸康三年，詔：除正旦，煞鷄与雀。」蓋亦因此縣羊磔鷄，以助生氣。含血之類，重於榖草，害命助生，殊爲殊駮[五]。此並俗誤，不足踵行。

[一]「禮儀」原互倒，今正。即指《續漢書·禮儀志》。

[二]今本「玉」上有「授之以」三字。

[三]「字」疑當作「于」。

[四]「物」下，依田利用云：「『誠能』至此恐有訛脱。」

[五]疑下「殊」字有訛誤。毛利高翰影鈔本、《玉燭寶典考證》皆無下「殊」字。《古逸叢書》本「爲」、「駮」之間，於右側小字補「偏」字。

附説曰[一]：正月者，《古文尚書》云一月也，杜預《春秋傳》注云：「人君即位，欲其體元以居正，故不言一年一月。」《史記》謂爲端月[二]。《漢書》表亦云一月，鷄鳴而起。《春秋傳》曰：「履端於始[三]。」服虔注云：「履，踐。端，極也。謂治歷必踐紀立正於元。始謂太極上元，天統之始。」

其一日爲元日者[四]，供養三德善[五]，合三體之原，三統合爲一元。歲始朝賀之事，諸書論

[一] 據杜臺卿序：「世俗所行節者，雖無故實，伯叔之諺，載於經史，亦觸類援引，名爲『附説』。」今別起一頁，以清眉目。下同。

[二] 「記」原誤作「書」，據《寶顔堂秘笈》本《荊楚歲時記》（以下簡稱《荊楚歲時記》）引《史記》改。

[三] 「履」上原衍「云」字，涉上「曰」字而衍，今刪。

[四] 《初學記》卷四引《玉燭寶典》「者」下有「元者，善之辰也，先王體元以居正。又元者，原也，始也，一也，首也。亦云上日，亦云正朝，亦云三元，歲之元、時之元、月之元。亦云三朔。《尚書大傳》云：夏以平明爲朔，殷以雞鳴爲朔，周以夜半爲朔」云云，可補其闕。其中「元者」至「首也」为注文。「亦云」至「三元」为正文。「岁之」至「月之元」为注文。「亦云三朔」为正文，以下为注文。

[五] 《春秋左傳》云：「供養三德爲善，非此三者弗當。」則「善」下當有「爲」字。

之詳矣，此外雜事猶多。《荊楚記》云：「先於庭前爆音豹。竹[一]，帖畫鷄[二]，或尌斲鏤五采及土鷄於户上。」《莊子》云：「斲鷄於户，懸葦炭於其上，插桃其旁，連灰其下而鬼畏之。」《括地圖》云：「桃都山有大桃[三]，槃屈三千里，上金雞[四]，《玄中記》云天鷄。日照此木[五]，雞則鳴，於此是農鷄悉鳴[六]。下有二神，一名欝，一名壘[七]，《玄中記》云：「左名隆，右名窔之也。」並執葦索，以伺不祥之鬼，得而煞之。」《玄中記》云：「今人正朝作兩桃人立門旁[八]，

[一]「竹」下，《初學記》引《荊楚歲時記》有「辟山臊惡鬼」五字。

[二]「帖畫」原誤作「祜畫」，據毛利高翰影鈔本、《玉燭寶典考證》、森立之父子鈔校本、《古逸叢書》本改正。

[三]《初學記》引《括地圖》「桃」下有「樹」字，是。

[四]《初學記》引《括地圖》「上」下有「有」字，是。

[五]「此木」原誤作「八此」，據《齊民要術》卷六引《玄中記》改。又，「日照八此」《齊民要術》卷六引《玄中記》作「日初出光照此木」。

[六]據《齊民要術》卷六引《玄中記》，「此」字，蓋涉上「此」而衍。「農」，毛利高翰影鈔本天頭朱筆校正爲「晨」，《古逸叢書》本作「晨」。《玉燭寶典考證》據《藝文類聚》引《玄中記》改作「群」，是。

[七]「壘」原誤作「疊」。

[八]「朝」，依田利用以爲當作「朔」。

以雄雞置索中[一]。」又此像也。《風俗通》云：「有桃梗葦茭畫虎[二]。」案《黃帝書》：上古之時，有荼与鬱壘昆弟二人，性能執鬼，度朔山上桃樹上下[三]，簡閱百鬼。鬼無理，妄爲人禍，荼与鬱壘執以食虎。懸官常以臈、除夕飾桃人[四]，垂葦茭，畫虎於門。皆追效前事，畏獸之聲，有如爆竹。」《神異經》云：「西方深山中有人焉，名曰山膖，其長尺餘，性不畏人，

[一]《四部叢刊》影宋本《太平御覽》（以下簡稱《太平御覽》）引《玄中記》「雞」下有「毛」字。

[二]「梗」原誤作「便」，「畫」原誤作「盡」，毛利高翰影鈔本天頭朱筆改作「畫」，《古逸叢書》本作「畫」，今從之。《事類賦》卷二十引《風俗通》「便」作「梗」、「盡」作「畫」。又《事類賦》卷二十引《風俗通》「虎」下有「設門者」三字，是。

[三]「度」上《荊楚歲時記注》有「住」字，《玉燭寶典考證》從之。

[四]原無「桃人」二字，據《藝文類聚》卷八十六引《風俗通》補。

犯之則令人寒熱[一]，以著竹火中[二]，⿰火卦卦音[三]。熚[四]，必音[五]。而山膄敬憚[六]。」《玄黃經》謂之爲鬼是也。

又進椒栢酒[七]，飲桃湯，服却鬼丸。董勛《問禮俗》則云：「歲首用椒酒，又松栢燸火[八]。」《白澤圖》云：「鬼桃湯栢葉，故以桃爲湯，栢爲符，爲酒也。」崔寔《月令》云：「各上椒酒。」成公綏《正旦柳花銘》則云：「正月元日，厥味惟新，蠲除百疾。」劉臻妻陳氏

[一]「令」原誤作「含」，據《荊楚歲時記注》改。

[二]「著竹」，《荊楚歲時記注》引作「竹著」。

[三]「卦音」當互倒。

[四]「熚」下，《荊楚歲時記注》引有「有聲」二字，是。

[五]「必音」當互倒。

[六]「敬」，《荊楚歲時記注》引作「驚」。

[七]「酒」原作「燸」，當爲「酒」之俗寫。毛利高翰影鈔本作「須」，天頭朱筆校改爲「酒」字，今從之。依田利用亦以作「酒」是。

[八]依田利用云：「燸疑當作焫。」

《正旦獻椒花頌》云[一]：「旋穹周迴，三朝肇建。青陽散暉[二]，澄景載焕。美兹靈葩，爰採獻爰[三]。聖客映之，永壽於万。」《典術》云：「桃者，五行之精，厭伏邪氣，制百鬼，故作桃板著户[四]，謂之仙木。」《風土記》云：「月正元日，百禮兼，崇毆魃，宿或[五]，奉始送終，乃有鷄子五薰[六]，練刑祈表[七]。」注云：「歲名毆魃[八]，厲之鬼。嚴潔宿，爲戒明朝新旦也。此旦皆當生吞雞子，謂之練刑。又當迎晨啖五辛菜，以助發五藏氣而求福之中。」《莊子》

[一] 原無「氏」字，毛利高翰影鈔本依田利用墨筆於「陳」字下補「氏」字，今從之。

[二] 「暉」原作「暐」，當爲「暉」之俗寫，據《太平御覽》引《椒花頌》改。又「散」，例之下文「澄景載焕」，當作「載」。《玉燭寶典考證》作「載」，是。

[三] 毛利高翰影鈔本天頭朱筆云：「獻爰恐倒。」是。

[四] 「著」原誤作「暑」，據《初學記》卷四引《玉燭寶典》改。

[五] 依田利用云：「『或』疑『戒』字之訛。」

[六] 「薰」原作「董」，據《太平御覽》引《風土記》改。

[七] 「邢」當作「刑」。下「刑」字同。

[八] 依田利用云：「『歲名』疑有訛脱。」

云：「游鳥問雄黄曰〔一〕：『今逐疫出魅〔二〕，擊鼓呼噪，何也？』曰：『昔黔首多疾，黄氏立巫咸〔三〕，教黔首，使之沐浴齋戒，以通九竅。鳴鼓振鐸，以動其心，勞形趍步，以發陰陽之氣。春月毗巷〔四〕，飲酒茹葱，以通五藏。夫擊鼓呼噪，非以逐疫出魅〔五〕，黔首不知，以爲魅祟也。』」逐疫事在往年十二月。爲茹葱，相連列也。《大醫方》序云：「有姓劉者，見鬼以正旦至市，見一書生入市，衆鬼悉避。劉謂書生有何術以至於此，書生云：『出山之日，家師以一丸藥，絳囊裹之，令以繫臂，防惡氣耳。』於是借此藥，至見鬼處，諸鬼悉走，所以世俗行之。」

此月俗忌器破。案《漢書》「哀帝時，正旦日食」，鮑宣云：「今日食三朝之始〔六〕，小民

〔一〕「鳥」《四部叢刊三編》本《困學紀聞》（以下簡稱《困學紀聞》）卷十引《莊子》逸文引作「梟」。

〔二〕「疫」原誤作「度」，據《困學紀聞》卷十引《莊子》逸文改。下二「疫」字同。

〔三〕「黄」下，《困學紀聞》卷十引《莊子》逸文有「帝」字。

〔四〕案《困學紀聞》引《莊子》無此四字，可補今本之缺。

〔五〕「逐」原誤作「遂」，據上文「逐疫」改。下「逐」字同。

〔六〕「朝」《藝文類聚》卷四引《漢書》作「陽」。

正月朔日尚惡敗器物[一]，況日有虧缺乎[二]？」

立春多在此月之物。亦有入往年十二月者，今據從春位也。俗間悉剪綵爲鷰子[三]，置之簷楹以戴，帖「宜春」之字。傅咸《鷰賦》云：「四氣代王，敬逆其始。彼應運而方臻，乃設像以迎上[四]。翬輕翼之岐岐，若將飛而未起。何夫人之工巧，信儀刑之有似。銜書青以請時，著宜春之嘉礼[五]。因厥祥以爲餝，並金雀而烈峙[六]。尠有新之不貴，獨擅價於朝市。」劉臻妻陳《立春獻春書頌》云[七]：「玄陸降坎，青逵升震。陰祇送冬，陽靈迎春。熙哉万類，欣和樂辰。順

[一]「日」《藝文類聚》卷四引《漢書》作「旦」。

[二]「日有虧缺」，毛利高翰影鈔本天頭朱筆作「日虧缺始」。

[三]「間」原俗寫作「同」，據毛利高翰影鈔本、《玉燭寶典考證》、《古逸叢書》本改。

[四]「上」《荊楚歲時記注》引作「止」。

[五]「礼」《荊楚歲時記》引傅咸《燕賦》作「祉」。

[六]「烈」，毛利高翰影鈔本天頭朱筆作「列」。

[七]「陳」下當有「氏」字。

介福祥，我聖仁[一]。綵鷰春書，便有舊事[二]。」

《風俗通》云：「俗説，正月長子解浣衣被，令人死亡。」謹案《論語》：「死生有命，富貴在天。」補更小事，何乃成灾？源其所以，正月之時，天甫凄栗。里語：「大暑在七，大寒在一。」一謂正月也，人家不能羸袍異裳[三]，脱著身之衣，便爲風寒所中，以生疹疾，疹疾不瘳，死亡必矣。或説：正月臣存其君，子朝其父，九族州閭，禮貢當周，長子務於告虔，故未以解浣也。諺曰：「正月樹，二月初，自憘妃女煞丈夫，不著潔衣[四]。」爾後大有俗節戲咲[五]。

七日名爲人日，家家剪綵，或鏤金薄爲人，以帖屏風，亦戴之頭鬢，今世多刻爲花勝，像瑞圖金勝之刑[六]。《釋名》云：「花象草木花也，言人刑容政等，著之則勝。」賈充李夫人《典誡》

[一] 此句疑有脱文。

[二] 案此條諸書不見徵引，當爲逸文。

[三] 「人」避「民」字諱。

[四] 依田利用云：「此句恐有訛脱。」

[五] 依田利用云：「『大』恐作『又』。」是。

[六] 「刑」《荊楚歲時記》引《典戒》作「形」。下「刑」字亦當作「形」。

云：「每見時人月旦問信到户，至花勝交相遺与，爲之煩心勞倦者，即是其稱人日者。」董勛《問禮俗》云：「正月一日爲雞，二日爲狗，三日爲猪，四日爲羊，五日爲馬，六日爲人。」未之聞也，似億語耳[一]，經傳無依據。

其登高，則經史不載，唯《老子》云「登春臺」[二]，既無定月，豈拘早晚，或可初春。郭璞詩云：「青陽暢和氣，谷風和以温。高臺臨迅流，四座列王孫。」江文通詩云[三]：「通渠運春流，幽谷涣泮氷[四]。邉穢出新泉，遊望登重陵。」此猶言氷，似是孟月。桓温參軍張望則指注《正月七日登高作詩》[五]，内云：「玄陰斂夕煞，青陽舒朝愌。熙哉陵崖娱，眺眄肆迴目。」後代《安

[一]「億」當爲「臆」之俗寫轉音字。
[二]「老」原誤作「孝」，今徑改。
[三]原脱「文」字，今補。
[四]原脱「泮」字，據《中國古典文學基本叢書》本《江文通集彙注》補。
[五]「則指注」三字《荊楚歲時記》作「亦有」，是。

仁峯銘》云[一]：「正月元七，厥日惟人。策我良駟[二]，陟彼安民。」王廙《春可樂》云[三]：「春可樂兮，樂孟月之初陽。」下云「蔥蒨以發蒼」[四]，亦有登臨之義，頗似承籍，非爲創爾。

其月十五日，則作膏糜以祠門户。《續齊諧記》云：「《莊子》云：「齊諧者，志怪也。」注云：「人姓名。」」疏音曰：黄帝時史也。吴縣张成夜起，見一婦人立宅東南角，招成曰：『此地是君蠶室，我即地神。明日[五]，正月半，宜作白粥泛膏於上祭我，必當令君蠶桑日百倍。』言絶，失所在。成如言，爲作膏粥，年年大得蠶。」今人正月作膏糜像此。《荊楚記》云陳氏[六]。案《月令》孟春「其祀户」，或可因而行之，非必爲蠶。其夜則迎紫姑以下。北間云紫女也。劉敬叔《異苑》云：「紫女本人家妾，爲大婦所妬，正月十五日，感激而死，故世人作其刑[七]，於廁迎之。呪云『子胥不在，云是其夫。

[一]「仁」原誤作「民」，據《藝文類聚》卷四引李充《登安仁峰銘》改。又，「代」避「世」字諱。

[二]「良」下原脱「駟」字，據《藝文類聚》卷四引李充《登安仁峰銘》補。

[三]原無「春」字，據《藝文類聚》卷三引《春可樂》補。

[四]「蔥蒨以發蒼」原作「翠債借以登倉」，據《玉燭寶典考證》改。

[五]「日」《荊楚歲時記》《初學記》引作「年」，依田利用從之。

[六]依田利用云：「今本《荊楚歲時記》無，《御覽》引《齊諧記》云『正月半有神降陳氏之宅』云云。」

[七]「刑」當作「形」。

曹夫以行[一]，云是其姑。小姑可出。』南方多名婦人爲姑。仙有麻姑，云東海三爲桑田[二]。《古樂府》云：「黄姑織女遥相見。」吴云：「淑女總角時喚作小姑子。《續齊諧記》有青溪姑。」平昌孟氏常以此日迎之，遂穿屋而去，自示止著以敗衣[三]，蓋爲此也。」《洞覽》云：「帝嚳女之將死，遺言：『我生平好遊樂，正月可以衣見迎[四]。』」又其事也[五]。

俗云廁溷之間，必須清淨，然後能降紫女。《白澤圖》云：「廁神名倚衣[六]。」《雜五行書》云後帝，《異苑》：「陶侃如廁，見人曰自稱後帝[七]，著單衣、平上幘，謂侃曰：『君莫説，

[一]《荆楚歲時記》《太平御覽》引作「夫人」。

[二]「桑田」下原有「古桑田」三字，蓋涉上「桑田」與下「古樂府」而衍，森立之、毛利高翰影鈔本皆以爲衍文。

[三]「示止」，毛利高翰影鈔本、《玉燭寶典考證》轉寫作「示心」，《古逸叢書》本轉寫作「示正」，皆誤。依田利用據《太平御覽》引《異苑》，以二字當作「爾正」。

[四]依田利用以「衣」字爲衍文，是。

[五]「又」原誤作「人」，據《玉燭寶典考證》《古逸叢書》本改。

[六]「倚」，毛利高翰影鈔本轉寫作「停」，森立之父子校本、《古逸叢書》本作「倚」。

[七]《荆楚歲時記》引《異苑》無「曰」字，毛利高翰影鈔本、《古逸叢書》本皆誤作「日」。

貴不可言。』將後帝之靈，憑紫姑見女言也[一]。」

元日至于月晦，民並爲酺食渡水，士女悉湔裳，酹酒於水湄，以爲度厄。今世唯晦日臨河解除，婦女或並禄也[二]。近代，晦日則駕出汎舟，指南車相風豹北次[三]，如在陸路，宴賚乃以爲常。案《禮》孟春無臨汎之事，唯季春天子乘舟，疑因周正建子，以寅爲季，人氷泮满[四]，遂入此月。

玉燭寶典卷第一　一月[五]

[一]「見女」《荊楚歲時記注》引作「而」。

[二]「並禄」《初學記》引作「湔裙」。

[三]依田利用云：「『豹北次』未詳，疑有舛差。《荊楚歲時記》亦云：『元日至於月晦，並爲酺聚飲食，士女泛舟，或臨水宴樂。』」

[四]依田利用云：「此句疑有訛。」案疑「人」爲「入」之訛。森立之父子校本、《古逸叢書》本作「又」，是。

[五]底本卷三、卷四、卷六、卷七、卷十、卷十一卷末均有「玉燭寶典卷第幾　幾月」字樣，其他卷末或缺，今統一增補。

二月仲春第二

《禮・月令》曰：「仲春之月，日在奎，昏弧中，旦建星中。鄭玄曰：「仲，中也。仲春者，日月會於降婁而斗建卯之辰也。弧在輿鬼南，建星在斗上也。」律中夾鐘，仲春氣至，則夾鐘之律應。高誘曰：「是月萬物去陰而生[一]，故竹管音中夾鐘也。」

始雨水，桃始華，倉庚鳴，鷹化爲鳩。倉庚，離黄也。鳩，博穀也。漢始以雨水爲二月節。《吕氏春秋》《淮南子・時則》皆云「桃李華」。今案《爾雅》曰：「尸鳩，鴶鵴。鴶音戛，鵴音菊[二]。」郭璞注云：「今之布穀也，江東呼獲穀。」《方言》曰[三]：「布穀，周、魏謂之擊穀。」《古樂府》曰：「布穀鳴，農人驚，便農者常候，故因名也。」

[一] 此句何寧《淮南子集釋》高誘注「去陰」下有「夾陽聚地」四字。

[二] 「菊」下原衍「華」字，依田利用以「華」字衍，是。

[三] 「方言」二字原重，今删。

天子居青陽太廟[一]，太廟，東堂，當太室者[二]。擇元日，命民社。社，后土也，使民祀焉，神其農業也[三]。祀社日用甲也[四]。命有司省囹圄，去桎梏，毋肆掠[五]，止獄訟。順陽寬也。省，減也。囹圄，所以禁守繫者，如今别獄矣。桎梏，今械也。在手曰梏，在足曰桎[六]。肆謂死刑暴尸也。《周禮》曰：「肆之三日。」掠，謂捶治人。庾蔚之曰：「漢之别獄，即今之光禄外部守繫而已，無鞫掠之事也。」今《風俗通》曰：「三王始有獄，周曰囹圄者，全也。圄，舉也，言人幽閉思僭改惡善原之[七]。今縣官録囚，皆言舉也。」《春秋元命苞》曰：「犬，斗精，以度立法也，不言斗，以犬設其朴，故兩犬夾言爲獄。」宋均曰：「犬斗精，别氣也。作獄字不可以天文，故取其精。犬能别善惡，且卧蟠屈，象斗運，取其質朴，言治獄貴知情而已也。」

[一]「廟」原誤作「府」，據《禮記正義》改。

[二]依田利用云：「注疏本無『者』字，《考文》云古本有『者也』二字，足利本有『者』字。」

[三]「農」原誤作「曲民」，蓋「農」字先誤爲「曲辰」，「辰」字又訛作「民」，據《禮記正義》改。

[四]原脱「社」字，據《禮記正義》補。

[五]「掠」原誤作「諒」，據《禮記正義》改。注文中「掠」字同。

[六]「在足曰桎」，《禮記正義》在「在手曰梏」之上。

[七]「善原之」，依田利用云：「此三字疑有訛脱。」

玄鳥至。至之日，以大牢祠于高禖[一]，天子親往，玄鳥，燕也，燕以施生時來，巢人堂宇而孚乳[二]，嫁娶之象也。媒氏之官以爲候。高辛氏之世，玄鳥遺卵，娀簡吞之生契，後王以爲禖官嘉祥，立其祀。變「媒」言「禖」，神之也。盧植曰：「玄鳥從所蟄來至也，玄鳥至時[三]，陰陽中，萬物生，故於是以三牲請子於高禖之神君明顯之處，故謂之高。因其求子，故曰禖。蓋古者有禖氏之官，仲春令合男女，因以爲神也。」后妃帥九嬪御[四]。御謂從往侍祠[五]，獨言帥九嬪[六]，舉中言之。乃禮天子之所御，帶以弓韣，授以弓矢，于高禖之前。天子所御，謂今有娠者。帶以弓韣，授以弓矢，求男之祥也。《王居明堂禮》曰：「帶以弓韣，禮之媒下，其子必得天杖。」王肅曰：「百二十官皆侍御於天子，以求廣子姓者也，故皆禮之高禖，以求吉祥。玄鳥朞而復來，人道十月而生子，故有子因求男者也。」

[一]「禖」原誤作「祺」，據《禮記正義》改。

[二] 原無「人」字，據《禮記正義》鄭玄注補。

[三] 原無「玄鳥至」三字，「時」下原有「祥」字，據《續漢書·禮儀志》引補刪。

[四]「帥」原誤作「師」，據《禮記正義》改。下「師」字同。傳世本又有作「率」者，阮元校勘記云：「閩、監、毛本『率』作『帥』。」

[五] 原無「侍」字，據《禮記正義》補。

[六]「言」原誤作「玄」，據《禮記正義》改。

日夜分，靁乃發聲，始電，蟄蟲咸動，啟户始出。先靁三日，奮木鐸以令兆民曰[一]：『靁將發聲，有不戒其容止者，生子不備，必有凶灾。』主戒婦人有娠者也。容止，猶動靜也。日夜分，則同度、量，鈞衡、石，角斗、甬，正權、概。尺丈曰度[二]，斗斛曰量。三十斤曰鈞，稱上曰衡，百廿斤曰石。甬，今斛也。稱錘曰權。概，平斗斛也。」

耕者少舍，乃脩闔扇，寢、廟畢備。用木曰闔，用竹葦曰扇。凡廟，前曰廟，後曰寢也。毋作大事，以妨農事[三]。大事，兵役之屬。

毋竭川澤[四]，毋漉陂池，毋焚山林。順陽養物也。蓄水曰陂。穿地通水曰池也。天子乃鮮羔開冰，先薦寢、廟。鮮當爲「獻」聲之誤也。獻羔，謂祭司寒也。祭司寒而出冰。薦於宗廟，乃後賦也。上丁，命樂正習舞釋菜。樂正，樂官之長也。命舞者順萬物，如出地鼓舞也。將舞，必釋菜於先師以禮之。天子乃帥三

[一] 原脱「木」字，據《禮記正義》補。

[二] 「尺丈」，《禮記正義》作「丈尺」。

[三] 「事」上《十三經注疏》本有「之」字，邱奎據王念孫考證及諸書所引，以無「之」字爲是。

[四] 「竭」原誤作「端」，據《禮記正義》改。

公[一]、九卿、諸侯、大夫親往視之。順時達物。仲丁，又命樂正入學習樂[二]。爲季春將大合樂也。習樂者，習歌与八音。祀不用犧牲，用珪璧更皮幣。爲季春將選而合騰之也。更，猶易也。

仲春行秋令，則其國大水，寒氣總至，寇戎來征；酉之氣乘之也。八月宿值昴、畢，畢好雨。金氣動也。畢又爲邊兵也。行冬令，則陽氣不勝，麥乃不熟，民多相掠；子之氣乘之。十一月爲大陰也。陰姦衆也。行夏令，則國乃大旱，煖氣蚤來，午之氣乘之也。蟲螟爲害。」暑氣所生，爲災害也[三]。

蔡雍仲春章句曰：「中，衷也，時三月，故次孟爲衷也。『昬弧中，旦建星中。』弧，南方；建星，北方：皆星名也。《甄燿度》及《魯曆》：二十八宿，南方有狼、弧，無東井、輿鬼[四]；北方有建星，無斗。《天官》：『石氏：距弧星西入斗四度，井、斗度皆長，弧建度短，故以正昬明也。』今歷中春雨水節日在壁八度，昬明中星，皆去日九十七度，井十七度中而昬，斗初中而明，

[一] 「帥」原誤作「師」，據《禮記》改。

[二] 下「樂」字，《十三經注疏》本作「舞」，阮元校勘記云：「閩、監、毛本『舞』作『樂』，岳本同，嘉靖本同，衛氏《集説》同，此本誤。」邱奎又據鄭注、孔疏、《呂氏春秋》征引，古本當作「樂」。又，足利本作「舞」。

[三] 「害」原作「之」，据《禮記》改。

[四] 「輿」原誤作「舉」，今徑改。

始雨水。孟春解凍，則水雪雜下，是月《息》卦爲《大壯》，斗陽至四，雪得雨而消釋[一]，故至此乃始雨水也。『鷹化爲鳩。』鷹，鳥名，鳩屬也。鳩有五種，鷹爲爽鳩，應陽而變喙，必柔，蓋仁而不鷙[二]。《傳》曰[三]：『爽鳩氏，司寇也，明春夏無爲秋冬用事也。』『天子居青陽太廟。』大廟，卯上之堂也。『安萌牙。』萌牙[四]，謂懷任者也。始化曰兆，其次曰萌，其次曰牙萌[五]。孟春無亂人之紀，男女必有施化之端，故至是月而安之也。《漢令》：『二月，家長詣鄉，受胎養穀，所以安之也。』養幼少萌牙，以見安生。而幼少須父母者，又養之也。《漢令》：『民生子復父母勿竿[六]，二歲有産兩子給乳母一[七]，産三子給乳母二，存諸孤特也[八]。』存者，

[一]「得雨」原誤作「两得」，依田利用云：「『两得』恐當作『得雨』。」今從其説改正。

[二]「蓋」原誤作「孟」，依田利用云：「『孟』疑『蓋』字之訛。」今從其説改正。

[三]案《傳》指《春秋傳》，引文爲杜預注，末句不見於今本。

[四]「萌牙」下原重「萌牙」二字，今徑删。

[五]疑「萌」字爲衍文，蓋涉上「萌」字而衍。

[六]依田利用《玉燭寶典考證》作「竿」，云：「『竿』疑當作『筆』。」

[七]「两」原誤作「雨」，今徑改。

[八]依田利用云：「舊不重『孤』字，今以意增。」案下文「取其特立，總謂之孤」云云，則其説誤，今不從。

在也。視有無而賜之也。無妻曰鰥，無夫曰寡，幼無父母曰孤，老無子曰獨，取其特立，總謂之孤。諸者，非一之辭也。《漢令》曰：『方春和時，草木群生之物皆有以樂，而吾百姓鰥寡孤獨窮困之人或阽今案《楚辭・離騷經》曰：「阽余身而危死。」注云：「阽，猶危也。音丁念反。」《説文》曰：「阽，壁危也。從阜占聲。」《字林》同，曰：「壁危。音弋欠反[一]。」又曰：「久毛鎊[二]。音小廉反也。」於死已，而莫之省憂。其議所以振貸之，此之謂也。』『省囹圄，去桎梏。』省，損也，損其守備也。囹，牢也。圄，所以止出入。皆罪人所舍也。去，藏也。手曰桎，足曰梏。官謂之盜械，所以執罪人也。『無肆掠[三]。』肆，陳也，謂暴人於市道也，《論語》曰[四]：『肆諸市朝。』掠，笞也。嫌但止囹圄、桎梏，可以暴掠人於市道，故發禁也。『止獄訟。』獄，爭罪也。訟，爭辭也。他月則當聽不直者罪，是月不刑人，故豫止之。『玄鳥至。』玄鳥[五]，燕也。至者，至人室。人室，屋也。常以春分至，秋分歸，故少昊氏鳥名百官。玄鳥氏，司分也。『至之日，以太牢祀于高禖。』三牲

[一]「欠」原誤作「久」，據陶方琦《字林考逸補本》改正。

[二]「久」字當有訛誤。

[三]「掠」原作「椋」，今徑改。下「掠」字同。

[四]原脱「語」字，今補。

[五]「玄鳥」上原重「玄鳥至」三字，涉正文而衍，今删。

具曰太宰。高禖，祀名。高，猶尊也。禖，媒也，吉事先見之象也。蓋謂之人先所以祈子孫之祀也，玄鳥感陽而至，集人室屋。其來，主爲嬔今案《方言》：「抱嬔，耦也[一]。」注云：「耦亦匹也[二]，互見其義耳[三]，嬔音赴。」《蒼頡篇》曰：「嬔，子出。音妨万反。一音赴。」《通俗文》曰：「匹万一時出也。」《韻集》曰：「嬔，生子齊也。」乳蕃滋，故重至日[四]，因以用事[五]。『后妃率九嬪御。』后者，天子適妻也。妃，合也。嬪，婦也。御，妾也。《周禮》：天子一后、三妃、九嬪、二十七世婦、八十一御妾。今案《月令問答》：「問者曰[六]：『《周禮》八十一御妻[七]，子又曰御妾，何也？』答曰：『妻者，齊也，唯一適人稱妻，其餘皆妾，八十一妾，位最在下，是以知不得言妻也。』」以應外朝公、卿、大夫、士之數也。世

[一]「耦」原誤作「禑」，據《廣雅書局叢書》本《方言箋疏》（以下簡稱《方言箋疏》）改。《方言》盧文弨校本以「耦亦匹也，互見其義耳」當入《方言》「臺敵」條下。

[二]「匹」原誤作「逅」，據《方言箋疏》改。下「匹」字同。

[三]「互」原誤作「廣」，據《方言箋疏》改。

[四]《通典》卷五十五引蔡邕《月令章句》「重」下有「其」字。

[五]「因」原誤作「同」，據《通典》卷五十五引蔡邕《月令章句》改。

[六]原脱「問」字，今補。

[七]「一」下原有「妾」字，涉上《周禮》文而衍，今删。

婦不見，卑者文略，御妾皆行，世婦可知也。『醴天子所御[一]，帶以弓韣。』天子所御，謂后妃以下至御妾，孕任有萌牙者也。韣，弓衣也。祝以高禖之命，飲以醴酒，帶以弓衣，尚使得男也。《禮》：『士、庶人男子生，桑弧蓬矢六，射天地四方。』天子尊，故未生有豫求之禮。『日夜分。』日者，晝也。分者，晝夜漏剋之數等也。其晝漏五十六剋，夜漏四十四剋，考中星昏明者，當見星度，故昏明入夜各三剋，其以平旦日入爲節，則當損晝還夜六剋，則晝夜各五十剋，故日夜分也。『雷乃發聲。』雷者，隆陰，下迎陽陰起，陽氣用事，故上薄之發而爲聲者也。其氣季冬始動於地之中，則雉應而雊。孟春動於地之上，則蟄虫應而振。至此斗而動於天下，其聲發揚[二]。不曰始，言其升有漸漸者，孟春已應，故記發記始也。《易傳》曰：『太陽䨓古「纔」字也。出地上，少陽得並而雷聲徵，謂孟春太陽一二以上自雷。雷聲盛，謂此月及季春也，故曰發聲始電。電與雷同氣發而爲先者也，迅雷風列，孔子必變。』《玉藻》注曰[三]：『迅雷、甚雨，

[一]　「醴」今本《禮記·月令》作「禮」。
[二]　「聲」下原有「登」字，抄手點去。
[三]　「注」原作「記」字，據《禮記正義》改。

則必變[一]，雖夜必興，衣服冠而坐[二]，所以畏天威也。小民不畏天威，懈慢褻黷[三]，或至夫婦交接，君子制法，不可指斥言之[四]，故曰「有不戒其容止」，言於此時夫婦交接，生子枝節，情性必不備，其父母必有凶災。』《玄女房中經》曰：『雷電之子，必病顛狂，晝夜中，則陰陽平，燥濕均，故可以同度、量。』同者，齊也。度者，所以數長短也。量者，所以數多少也。十分爲寸，十寸爲尺，十尺爲丈，十丈爲引，是爲五度。十龠爲合，十合爲升，十升爲斗，十斗爲斛，是爲五量。鈞衡、石鈞亦齊也，爲衡所以平輕重，載斤两之數也。搉與物齊，則衡平矣。石，重名也。二十四銖爲两，十六两爲斤，三十斤爲鈞，今案《春秋傳》曰：「顏高之弓六鈞。」服虔注云：「卅斤爲一鈞，六鈞，百八十斤，是爲弓力一石五斗也。」四鈞爲石，是爲五稱。『捔斗、甬。』捔，挍也。十六斗曰角。『正權、概。』權，錘也，所以起物而平衡也。概，直木也，所以平斗斛也。『寢、廟畢

[一] 原無「則必變」三字，據《禮記正義》補。
[二] 原無「衣服」二字，據《禮記正義》補。
[三] 「黷」，《禮記正義》作「瀆」。
[四] 原無「之」字，據《禮記正義》補。

備〔一〕。』人君之居也，前有朝，後有寢，終則前制廟以象朝，後制寢以象寢。廟以威主四時享祀，寢以象生有衣冠几杖。《詩》云『寢廟弈弈』〔二〕，言相連也。漢承亡秦壞禮之後，廟在邑中，寢在園陵，雖失其處，名號猶在。器械上食之禮，皆象生而制古寢之意也。『無作大事，以妨農事。』以耕者少休，調利闔扇，得爲小事，嫌奢泰之君，因是脩餝宮室，興造大事，以妨農業，故發禁也。『無漏陂池，焚山林。』隄障曰陂。大水旁小水曰池。縱火曰焚。《周禮》：『中春教振旅，遂以搜田。』搜索其不孕任者，以供宗廟之事，嫌人君服樂遊田，因是竭水縱火，以盡生物，故發禁也。『天子乃獻羔啟冰。』獻，進也。羔，穉羊也。『上丁，命樂正習舞，釋菜。』上丁者，上旬之丁日也。釋者，量也。菜者，鬯也。鬱人香草，釀以秬黍。今案《周官》鬱人職鄭玄注：「鬱，金香草，宜以和酒。」下文「和鬱鬯以實尊彝」注云：「采鬱金煮之，以和鬯酒。」鄭司農云：「鬱爲草，若蘭。」鬯人職鄭注云：「鬯，釀秬爲酒，芬香條暢於上下者。」秬如黑黍，一稃二米。萬震《南州異物志》云：「鬱

〔一〕原無「寢、廟畢備」四字，據蔡邕《月令章句》注釋體例補。

〔二〕原文不重「弈」字，今補。

金香，唯罽賓國人種之，先取以上佛寺，積日萎熇[一]，乃輂去之[二]，然後賈人取之。鬱金色正黃而細，与扶容裹披蓮者相似，可以香禮酒[三]。」鬱，花也。後漢朱穆，南陽宛人，《鬱金賦》乃云：「歲朱明之首，月步南園以廻眺，覽草木之紛葩，美斯花之英妙。」韋曜《雲陽賦》云：「草則鬱金、勺藥[四]。」然則南方自有此草，非是爲秬必罽賓。左九嬪《鬱金頌》云：「越自殊城，厥珍來尋。」亦據在遠也。是爲秬鬯，所以禮先聖師也。『祀不用犧牲』者[五]，言是月生養之時，故不用也。圭璧[六]，玉器也。更，代也。以圭璧代之。『民多相掠。』冬爲收藏，其氣貪得，故民心感化，多相掠奪。相者[七]，交辭也，言非獨甲掠乙，乙亦掠甲也。

[一] 原無「萎熇」二字，據《太平御覽》卷九八二引《南州異物志》補。

[二] 輂，《太平御覽》引作「載」。

[三] 「可」原誤作「所」，據《太平御覽》卷九八二引《南州異物志》補。《太平御覽》卷九八二引《南州異物志》無「禮」字。

[四] 「勺」原誤作「夕」，今徑改。

[五] 原無「祀」、「用」二字，據《禮記·月令》補。

[六] 「圭」原誤作「主」，今徑改。下「圭」字同。

[七] 原脱「相」字，據《玉燭寶典考證》補。

『其國大旱[一]。』少陽已壯，復行大陽之政，两陽相兼，以抑陰氣，故大旱也。旱者[二]，乾也，万物傷於乾也。『虫螟爲害。』虫，總名。螟，其別也。食心曰螟，今案《爾雅》犍爲舍人注云：「食苗心者名螟，言冥冥然難知[三]。」李巡曰：「食禾心爲螟，言其姧冥難知。」《音義》曰：「即今子蚄也。」食葉曰螣，今案《爾雅音》[四]：「貸，一音螣。」李巡曰：「食禾葉者，言其假貸無厭，故曰螣。」孫炎曰：「言以假貸爲名，因取之。」《音義》曰：「蝗類。」食節曰賊。今案《爾雅》樊光注云：「言其貪狼急疾。」李巡曰：「食其節，言其貪狼，故曰賊。」孫炎曰：「言其貪酷取之也。」

右章句爲釋《月令》。

《詩·邵南》曰：「厭浥行露，豈不夙夜，謂行多露。」鄭箋云：「夙，早。厭浥然濕，道中始有露，二月之中嫁娶之時，我豈不知？當早夜成婚禮与，謂道中之露太多，故不行也。」《詩·豳風》曰：「四之日舉止。」毛傳曰：「四之日，周之四月，民无不舉足而耕者也。」又曰：「四之日其蚤，古「早」字。獻

[一] 案《禮記·月令》之文，「其」當作「則」。

[二] 原脱「旱」字，據蔡邕《月令章句》注釋體例補。

[三] 「冥冥」原誤作「螟言螟」，「難」作「不」，據郝懿行《爾雅義疏》補正。

[四] 《隋書·經籍志》著録江漼撰《爾雅音》八卷，當是此書。

羔祭韭[一]。」鄭箋云：「古者日在北陸而藏冰西陸，朝覿而出之，祭司寒而藏之[二]，獻羔而啟之。」《月令》仲春：「天子乃獻羔啟冰，先薦寢廟也。」《尚書・堯典》曰：「分命羲仲，宅嵎夷，曰陽谷，孔安國曰：「東表之地稱嵎夷。陽，明也。日出於陽谷而天下明，故稱陽谷。陽谷、嵎夷一也。」平秩東作。秩[三]，序也。歲起於東而始就耕[四]，謂之東作[五]。東方之官也，敬導出日，平均次序東作之事，以務農[六]。日中星鳥，以殷中春。日中，謂春分之日。鳥，南方朱鳥七宿也。春分之昏，鳥星畢見，以正中春之氣也。鳥獸孳字尾[七]。」乳化曰孳，交接曰尾。

《尚書・舜典》曰：「歲二月，東巡守，至于岱宗，柴，孔安國曰：「巡守者，巡行諸侯所守岱宗

[一]「韭」原誤作「菲」，據《毛詩正義》改。

[二]「祭」上原有「而」字，據《毛詩正義》刪。

[三]「秩」原誤作「禄」，據《古逸叢書》本、《玉燭寶典考證》改。

[四]「耕」字原脱，據《尚書正義》補。

[五]「謂之東」原脱，據《尚書正義》補。

[六]「敬導」至「務農」十五字原脱，據《尚書正義》補。

[七]「字」上當有脱誤。

太山。祭山曰柴[一]，積柴加牲其上而燔也。」[二]王肅曰：「守謂諸侯爲天子守土，故時往巡行之也。」望秩于山川，秩者，如其次秩而祭之也。肆覲東后。以次見東方之君也。脩五禮、吉、凶、賓、軍、嘉也。五玉、五等諸侯瑞，圭璧。三帛、玄、纁、黄也，三孤所執。王肅曰：「附庸与諸侯適子、公之孤執皮帛繼子男。或曰孤執玄，諸侯適子執纁，附庸執黄。」二牲、羔、鴈。卿執羔，大夫執鴈。一死贄[三]。」雉也，士之所執。《周官・天官》下曰[四]：「内宰，仲春詔后帥外内，命婦始蠶于北郊，以爲祭服。」《周官・地官》下曰：「媒氏，仲春之月，令會男女。鄭玄曰：「成婚禮也。」於是時也，奔者不禁。」《周官・春官》下曰：「籥章掌仲春，晝擊土[五]，鼓吹豳詩以逆暑。」鄭玄曰：「《豳風・七月》也，吹之者以籥爲之聲也。迎暑，以晝求之陽也。

[一]「柴」原誤作「此」，據《尚書正義》改。
[二]檢《尚書注疏匯校》，此孔傳與諸本有異。
[三]原脱「贄」字，據《周禮注疏》補。
[四]「下」原誤作「不」，今徑改。
[五]「土」原誤作「士」，據《周禮注疏》改。

《周官·夏官》上曰：「大司馬掌仲春教振旅[一]，司馬以旗致民，平列陳，如戰之陳，鄭玄曰：「以旗者立旗[二]，期民於其下也。兵者，守國之備，爲事不可空設，因蒐狩而習之。凡師出曰治兵，入曰振旅，皆習戰也。」辯鼓、鐸、今案《周官》大司馬職「以金鐸通鼓[三]」，鄭注云：「鐸，大鈴也。」鐲、今案《周官》大司馬職「以金鐲節鼓」，鄭注云：「鐲，鉦也，形如小鍾也[四]。」鐃、今案《周官》大司馬職「以金鐃止鼓」，鄭注云：「鐃如鈴，無舌，有二柄[五]，執而鳴之[六]，以止擊鼓。」《蒼頡篇》：「音喧嘵也。」之用。以教坐、作、進、退、疾、徐、疏數之節，遂以蒐田。有司表貉，莫駕反也。誓民，鼓，遂圍焚。火弊，獻禽以祭社。」春田爲蒐。表貉，立表而貉祭也[七]。誓民，誓以犯田法之罰也。火弊，火止也。春田用火，因焚萊陳草也，皆煞而火止。獻，

[一] 原脱「振」字，據《周禮注疏》補。

[二] 下「旗」原誤作「稱」，據《周禮注疏》改。

[三] 「金鐸」下原有「大鈴」二字，蓋涉鄭玄注而衍，據《周禮注疏》改。

[四] 「形」原誤作「刑」，據《周禮注疏》改。

[五] 今本《周禮注疏》無「二」字。

[六] 「鳴」原誤作「鳥」字，蓋「鳴」字脱去「口」字，故有此訛。據《周禮注疏》改。

[七] 原脱「立表而貉」四字，據《周禮注疏》補。

猶致也，屬也[一]。田止，虞人植旌，衆皆獻其所獲禽焉。春田主祭社者，土方施生也[二]。《周官·夏官》上曰：「羅氏仲春羅春鳥[三]，獻鳩以養國老，因行羽物[四]。」鄭玄曰：「春鳥蟄而始出者，若今南郡黄雀之屬。是時鷹化爲鳩，鳩与春鳥變舊爲新，宜以養老助生氣也。」《周官·夏官》下曰：「牧師仲春通淫。」鄭玄曰：「仲春，陰陽交、万物生之時[五]，可以令馬之於牝牡也[六]。」

《周官·秋官》下曰：「司烜氏掌仲春，以木鐸修火禁于國中。」鄭玄曰：「爲季春將出火也。禁，謂用火之處及備風燥[七]。」《禮·王制》曰：「歲二月，東巡守，至于岱宗，鄭玄曰：「岱宗，東嶽。」柴而望祀山川，柴，祭天告至也。覲諸侯。覲，見也。問百年者就見之，就見老人。命大師陳詩，以觀民風。陳詩，謂采其詩而視之也。命市納賈，以觀民之所好惡，志淫好僻。市，典市者也。賈，謂萬物貴賤

[一] 原脱「也」字，據《周禮注疏》補。
[二] 「土」原誤作「士」，據《周禮注疏》改。
[三] 「春鳥」原互倒，據《周禮注疏》乙正。
[四] 《周禮注疏》無「因」字。
[五] 「万」原誤作「方」字，據《周禮注疏》改。
[六] 此句《周禮注疏》作「可以合馬之牝牡也」。
[七] 依田利用云：「舊無『火』字。」此尊經閣本有「火」字，則依田氏校勘底本當別有所本。

厚薄也[一]。質則用物貴，淫則侈物貴。民之志淫邪，則其所好者不正也。命典禮，考時月，定日、同、律、禮、樂、制度、衣服，正之。同陰律也。山川神祇有不舉者爲不敬，不敬者君削以地。舉，猶祭也。宗廟有不順者爲不孝，不孝者君絀以爵。不順者，謂若逆昭穆。變禮易樂者爲不從[二]，不從者君流。流，放也。革制度衣服者爲叛，叛者君討。討，誅也。有功德於民者加地進律。」律，法也。《周書・時訓》曰：「驚蟄之日，桃始華。又五日，倉庚鳴。又五日，鷹化爲鳩。桃不始花是謂陽否[三]，倉庚不鳴[四]，臣不主□[五]。鷹不變化[六]，寇賊數起。春分之日，玄鳥至。又五日，雷乃發聲。又五日，始電。玄鳥不至，婦人不妊[七]。」《禮・夏小正》曰：「二月，初俊羔，助厥母粥。俊者，大羔也。粥者，養也。言大羔能食草木而不食其母也。綏多士女。綏，安也，冠子取婦之時

[一]《周禮注疏》無「萬」字。

[二]「禮」字原無，據《禮記正義》補。

[三] 原脱「陽」字，據《四部叢刊》本《逸周書》補。

[四]「倉庚」原互倒，今乙正。

[五] 今本《逸周書》亦缺此字。

[六]「變化」《四部叢刊》本《逸周書》作「化鳩」。

[七] 原無「不妊」二字，據《玉燭寶典考證》補。

也。丁亥，萬用入學。丁亥者，吉日也。萬者，干戚舞也。入學，太學也。謂今時太舍菜也。祭鮪。鮪之至有時，美物也。今案《爾雅》：「鮥，叔鮪。」孫炎注云：「海濱謂之鮥，河洛謂之鮪。」郭璞云：「今宜都郡自荊州以上，江中通多鱣鱏之魚[一]，有一魚狀似鱣而小，建平人謂之鮥子，即此魚也者。洛，一本云王鮪也，似鱣，口在腹下。」《音義》云：「《周禮》『春獻王鮪』，鱣屬，其大者爲王鮪，小者爲叔鮪[二]。或曰鮪即鱏也，以鮪魚亦長鼻[三]，體無遺連甲[四]。鱏音淫，鮥音格。」《詩魚虫疏》云[五]：「鱣鮪出江海，三月從河下

[一]「多」，《爾雅注疏》作「作」。

[二]原無「叔」字，據《毛詩正義》引陸璣《毛詩草木蟲魚疏》補。

[三]依田利用云：「『鮪』上疑脱『王』字。」

[四]依田利用云：「『遺』字恐衍。」是。

[五]原無「疏」字，此即陸璣《毛詩草木蟲魚疏》。下文二月、六月引陸璣《毛詩草木蟲魚疏》數條，皆作「蟲魚」，唯此處作「魚虫」。

頭來上[一]。鱣身形似龍，鋭頭，口在頷下[二]，背上腹下皆有甲，從廣四寸[三]。今於孟津東石磧上[四]，釣取之大者千餘斤，可蒸爲臛[五]，又可爲鮓[六]，其子可作醬。今鞏縣東渡，沿東北崖上山[七]，腹有大穴，舊説此穴与江湖通，鱣鮪從此穴來，北入河西，上至龍門[八]，故張衡賦云『王鮪岫居』，山穴爲岫，謂此穴也。鮪似鱣而色青黑，頭小

[一] 《毛詩正義》引陸疏「月」下有「中」字。
[二] 「頷」原誤作「頭」，涉上「頭」字而誤，據《毛詩正義》引陸璣《毛詩草木蟲魚疏》改。
[三] 《毛詩正義》引陸疏「四」下有「五」字。
[四] 「今於」原互倒，據《毛詩正義》引陸璣《毛詩草木蟲魚疏》乙正。
[五] 原無「可」、「爲」二字，「臛」又誤作「曜」，據《毛詩正義》引陸璣《毛詩草木蟲魚疏》補正。
[六] 「又」原誤作「人」，「爲」下原有「作」字，涉下「作」字而衍，據《毛詩正義》引陸璣《毛詩草木蟲魚疏》改刪。
[七] 「上山」原互倒，據《毛詩正義》引陸璣《毛詩草木蟲魚疏》乙正。
[八] 《毛詩正義》引陸璣《毛詩草木蟲魚疏》「龍門」下有「入漆沮」三字。

而尖[一]，如鐵兜鍪[二]，口亦在頷下，其甲可以蓰薑[三]，大者不過七八尺，今東萊[四]、遼東謂之蔚魚。或謂仲明者，樂浪尉也，溺死海中，化爲此魚，云亦鮪之形狀，及出本名曰[五]。」誠如所論。但《禮運》云「魚鮪不淰及」，《月令》「薦鮪寢廟」，《詩·周頌》「猗與漆沮，潛有多魚，有鱣有鮪」[六]，有鮪便似餘水亦有此魚，非必江海河洛，備異聞[七]。鮪者，魚之先至者[八]，謹記其時。榮堇、今案《爾雅》：「木之謂花，草謂之榮。」采芑[九]。今案《毛詩草木疏》：「芑，蘧也，葉似苦采，莖青白色[一〇]，擿其葉，白汁出，甘脆可生食[一一]，亦可蒸爲茹。青州

[一]「小而尖」原作「大小」，據《毛詩正義》引陸璣《毛詩草木蟲魚疏》改。

[二]「鍪」原作「牟」，據《毛詩正義》引陸璣《毛詩草木蟲魚疏》改。

[三]「蓰」，《毛詩正義》引陸璣《毛詩草木蟲魚疏》作「磨」。

[四]「萊」原誤作「莞」，據《毛詩正義》引陸璣《毛詩草木蟲魚疏》改。

[五]「及出本名曰」當有訛脱，不見傳世文獻徵引，存疑俟考。

[六]上「有」字原脱，「鱣」又誤作「鮪」，據《毛詩正義》補正。

[七]「備」上當脱「以」字。

[八]「之先」原互倒，今乙正。

[九]「芑」原誤作「芭」。下「芑」字同。

[一〇]原脱「色」字，據《毛詩正義》引陸璣《毛詩草木蟲魚疏》補。

[一一]《毛詩正義》引陸璣《毛詩草木蟲魚疏》「甘脆」作「肥」，當以「甘脆」爲是。

謂之芑，西河、鴈門蘧尤美，胡人戀之，不能出塞[一]。」堇，菜也[二]。繁，由胡。由胡者，繁毋也。繁毋[三]，方勃也。今案《爾雅》：「蘩，皤蒿也[四]。」《詩草木疏》云：「凡艾白色爲皤。今蒿也者始生，及秋香，可生食，又可蒸。一名遊胡。北海人謂之旁悖。方、旁今古字也。」皆豆實也[五]。抵蚳治夷反也，猶推也。蚳，蟻卵也[六]，爲祭醢也。今案《禮・内則》云：「腶脩，蚳醢。」注云：「蚍蜉子也。」《爾雅》：「蚍蜉，大蟻，小者蟻。」《國語・魯語》曰[七]：「虫捨蚳蝝。」唐固：「蚳，蟻子也，可以爲醬也[八]。」取之則必推之。來降燕，乃睇。燕，乙也。今案《爾雅》：「燕，燕乙。」注云：「一名玄鳥，齊人呼乙。」降者，下也。

[一]「塞」原誤作「寒」，據《毛詩正義》引陸璣《毛詩草木蟲魚疏》改。

[二]原脱「堇」、「也」二字，「菜」又誤作「采」，據咸豐元年（1851）王氏刻本《大戴禮記解詁》（以下簡稱《大戴禮記解詁》）補正。

[三]原脱「毋」字，據《大戴禮記解詁》補。

[四]原脱「皤」字，據《爾雅注疏》補。

[五]原重「豆」字，今删。

[六]「蟻」，《大戴禮記解詁》作「螘」。

[七]「魯」原誤作「魚」，今改。

[八]「醬」，《國語集解》作「醢」。

言來者何？莫能見其始出也，故曰來降。言乃睇何？睇者，眄。眄者，視可爲室也。百鳥皆曰橑，突穴蕺今案《禮・保傅篇》曰：「古之爲路車也，蓋圓以像天，廿八橑以象列星。」《説文》曰：「橑也[一]，從木尞聲。」《字林》曰：「橑，椽也。又音力到反。」《韻集》曰：「橑，欂也。」此則並巢穴之義，或可上古别有此名。《通俗文》曰：「蕺音又數反[二]，雞科也。」《字林》曰：「蕺，蓐。又句反。」計與百鳥所居義通也[三]。與之室，何？操泥而就家，入人内也[四]。剥鼉，古「鼉」字。以爲鼓也[五]。今案《詩・大雅》曰：「鼉鼓逢逢。」《魚虫疏》云：「鼉形似水蜥蜴[六]，四足，長尺餘，生卵大如鵞卵，甲如鎧甲，今合藥鼉魚甲皆是也[七]。其皮至厚，宜爲鼓。」又《廣雅》曰：「鼉魚長六七尺，有四足，高尺餘，有尾如蝘蜓而大[八]，或如狗聲，或如牛吼，南方嫁娶，

[一]「橑」原誤作「椽」。

[二]「反」原誤作「又」，涉上「又」字而誤，今改。

[三]依田利用以此句有訛脱。

[四]「入」原誤作「人」，據《大戴禮記解詁》改。

[五]原脱「也」字，據《大戴禮記解詁》補。

[六]「形」原誤作「刑」。

[七]原無「也」字，據《毛詩正義》引陸璣《毛詩草木蟲魚疏》補。

[八]原無「蜓」字，據清嘉慶元年（1796）刻本《廣雅疏證》補。

當必得之也。」有鳴倉庚。食庚，商庚也。商庚者，長股也[一]。今案《爾雅》：「皇[二]，黃鳥[三]。」郭璞注云：「俗呼黃離留，亦名摶黍。」又曰：「倉庚，商庚。」注云：「即鵹黃。」又曰：「鵹黃，楚雀。」注云：「即倉庚。」又曰：「倉庚，鵹黃。」注云：「其色鵹黑而黃，因名云。」《字詁》曰：「鵹，今鸝。」注云：「楚雀也。」《方言》云：「鸝黃，自關而東謂之倉庚[四]，自關而西謂之鸝黃，或謂之黃鳥，或謂之楚雀。」《毛詩鳥獸疏》云：「黃鳥[五]，黃鸝留也[六]。或謂黃栗留，幽州人謂之黃鶯[七]。或謂之黃鳥，一名倉庚，一名商庚，一名鵹黃，一名楚雀。齊人謂之摶黍。關西謂之黃鳥[八]，常椹熟時來，在桑間，故里語曰：『黃栗留者，我麥黃椹熟不[九]』，皆是應節趣

[一] 原無「也」字，據《大戴禮記解詁》補。

[二] 原無「皇」字，據《爾雅注疏》補。

[三] 「黃」原誤作「莫」，據《爾雅注疏》改。

[四] 原脱「而」字，據《微波榭叢書》本《方言疏證》補。

[五] 原無「黃鳥」二字，據《寶顔堂秘笈》本《毛詩草木蟲魚疏》補。

[六] 原無「也」字，據《寶顔堂秘笈》本《毛詩草木蟲魚疏》補。

[七] 「鶯」，《寶顔堂秘笈》本《毛詩草木蟲魚疏》作「鸎」。

[八] 「關西」原誤作「聞而」，據《寶顔堂秘笈》本《毛詩草木蟲魚疏》改。

[九] 「麥」原誤作「妻」，據《毛詩正義》引陸璣《毛詩鳥獸草木蟲魚疏》改。又《毛詩正義》所引無「不」字。

時之鳥也。自此以下，《詩》言黄鳥皆是也，或謂之黄袍。鶩、鸝、麗並通鸝，假借字。」《爾雅》黄鳥、倉庚既别文解釋，且倉、黄二色便是不同。《方言》《詩疏》總爲一鳥，當以其相類也。**榮芸，時有見荑**[一]，今案《詩·鄁風》曰：「自牧歸荑。」毛傳云：「牧，田官。荑，茅之始生也[二]，本之於荑，取其有始有終[三]。」鄭箋云：「茅[四]，潔白之物也[五]。」《衛風》曰：「手如柔荑[六]。」毛傳曰：「如荑之新生也。」《草木疏》：「正月始生，其心似麥，欲秀，其中正白，長數寸，食之甘美，幽州人謂之甘滋[七]。或謂之茹子。比其秀出，謂之白茗也[八]。」**始牧**

[一]「荑」原誤作「第」，據《玉燭寶典考證》改。注文中「荑」字同。
[二]原脱「茅」、「也」二字，據《毛詩正義》補。
[三]原無「有始」二字，據《毛詩正義》補。
[四]「茅」原誤作「第」，據《毛詩正義》改。
[五]「也」原誤作「人」，據《毛詩正義》改。
[六]「柔荑」原誤作「弟第」，據《毛詩正義》改。
[七]「州」原誤作「洲」。
[八]案此條不見於今本陸璣《毛詩鳥獸草木蟲魚疏》，可補其闕。

荑也者[一]，所以爲豆實也。」《禮・虞載德》曰[二]：「天子以歲二月，爲壇于東郊，建五色，設五兵，具五味，陳六律，奏五聲，抗大侯，規鵠，今案《儀禮・大射》：「遂命量人巾車張三侯，大侯之崇見鵠。」鄭玄云：「鵠，所射之主也。鵠之言較，較直射者，所以宜己志也。或曰：鵠，鳥名也，射之難中，中之爲雋[三]，是以所射於侯取名也。」《周官・考工記》云：「皮侯棲鵠。」《天官》下司裘注云：「鄭司農云：『鵠，鵠毛，方十尺曰侯，四尺曰鵠也。』」豎物[四]。九卿佐三公，三公佐天子，天子踐位[五]，諸侯各以其屬就位[六]。執弓挾矢[七]，履物以射。」《易通卦驗》曰：「驚蟄雷電，候鴈北。鄭玄曰：「電

[一]「牧」《大戴禮記解詁》作「收」，莊述祖《夏小正經傳考釋》以今本「收」當作「牧」。「荑」原誤作「苐」，據《大戴禮記解詁》改。

[二]「載」今本作「戴」，依田利用以二字同。

[三]「雋」今本《儀禮》作「俊」。

[四]「豎」原誤作「望」，據《儀禮注疏》改。

[五]原脱「天子」，據《大戴禮記解詁》補。

[六]「屬」原誤作「局」，據《儀禮注疏》改。

[七]「執」《儀禮注疏》作「挾」。

者，雷之光。雷有光而未發聲。」晷長八尺二寸[一]，赤陽雲出翼，南赤北白[二]。驚蟄於坎值上六，上六得巳氣[三]，巳，火也，故南赤。又得巽氣，故北白。春分，明庶風至，雷雨行，桃始華[四]，日月同道。明庶，昭達庶物之風。雷雨，所以解釋孚甲。日月一分，則同道也。晷長七尺二寸四分，正陽雲出張，如積白鵠[五]。」春分於震值初九，初九辰在子[六]，震爻也，如積鵠之象也[七]。《易通卦驗》曰：「震，東方也，主春分，日出青氣，出直震，此正氣也。氣出右，萬物半死。氣出左，蛟龍出。」鄭玄曰：「春分之右，雨水之地。左[八]，清明之地。雨水之時，物未可盡生，故半死。辰爲龍，震氣前，故見蛟龍之類矣[九]。」

[一]「晷」原誤作「略」，據《周禮注疏》引《易通卦驗》改。下「晷」字同。

[二]原脱「白」字，據趙在翰《七緯》輯本補。

[三]原不重「上六」二字，據趙在翰《七緯》輯本補。

[四]原無「始」字，據趙在翰《七緯》輯本補。

[五]「積」下原有「如」字，涉上「如」字而衍，據趙在翰《七緯》輯本删。

[六]「初九辰在子」原誤作「初在辰」，據趙在翰《七緯》輯本補正。

[七]「象也」原誤作「震邑」，據趙在翰《七緯》輯本改。

[八]「左」原誤作「在」，據趙在翰《七緯》輯本改。

[九]原無「之」字，「矣」作「者」，據趙在翰《七緯》輯本補正。

《詩紀歷樞》曰：「卯者，質也，陰質陽。」《詩推度灾》曰：「節分於天保，微陽改刑。」宋均：「節分，謂春分也。揄莢落，故曰改刑也。」

《尚書考靈曜》曰：「以仲春、仲秋晝夜分之時，光條照四極，周經凡八十二萬七千里，日光接，故曰分寸之晷，代天氣生。」鄭玄曰：「晷以分寸增減陰陽修而消息生萬物也。」《尚書考靈曜》曰：「仲春一日，日出於卯，入於酉，柳星一度中而昏，斗星十三度中而明。」

《春秋元命苞》曰：「壯於卯，卯者，茂也。宋均曰：「至卯益壯茂也。」夾鍾者始俠，謂遊俠之俠，言壯健之也。」《春秋元命苞》曰：「木生火，火爲子，子爲父侯，故《書》曰：『日中星鳥，以殷仲春。』宋均曰：「鳥，朱鳥也，火宿也，火爲木子，主候時，故木用事而朱鳥昏中也。殷猶當也。仲春，春分之月。」木之爲言觸也，氣動躍，故其立字八，推十者爲木，八者陰[一]，合十者，陽數足，言陰含陽起十之法。」含，猶備也，極也，故風八而周。陽起於一至十而五行陰陽成，故曰足。既備人足，故能觸土出物，共成木用事之法也。《春秋説題辭》曰：「禾者生於仲春，以八月成嘉禾[二]，得陰陽

[一]「陰」下原有「之」字，據趙在翰《七緯》輯本删。
[二] 原脱「月」字、「禾」字，據下文宋均注補。

之宜[一]，適三時節和，陽精汁性，得秋之宜。」宋均曰：「春，春分之時，謂二月也。八月，秋分時也。春分種，至秋分而成嘉禾，故曰得陰陽之宜也。三時者，歷夏也。陽斗性[二]，言法陽成於三也，得秋之宜，得收成之氣而成之者也。」《春秋潛潭巴》曰[三]：「鳥星昏中，以殷中春，宋均曰：「時候然也。殷，猶當也。」精靈威仰。」

《春秋佐助期》曰：「恒星者，列星也。周四月，夏二月也。昏鳥星中，夏宿注張，位爲春候。」宋均曰：「爲春候，故仲春而鳥星中也。」

《孝經援神契》曰：「春分，榮華出。」宋均曰：「木謂之華，草謂之榮。」《孝經援神契》曰：「斗指卯，鳥星中，春分序，趣種禾，事墾黍。」宋均曰：「鳥星，注張也。序，序列用事也。黍生於夏春，豫墾和其田。」

《爾雅》曰：「二月爲如。」李巡曰：「二月，万物載甲負莩，其性自如也，故曰如。」孫炎曰：「万

[一]　原脱「之」字，據下文宋均注補。

[二]　據正文，此處當作「陽精汁性」，疑有訛脱。

[三]　「潭」原誤作「澤」。

物皆生如其性也。」《尚書大傳》曰：「元祀岱太山，貢兩伯之樂焉[一]。鄭玄曰：「元，始也。歲二月，東巡狩，始祭岱，柴於太山。東稱岱，《書》曰：『至於岱宗，柴。』」東嶽[二]，陽伯之樂，舞《株離》[三]，其歌聲比余謠，名曰《晳陽》[四]。陽伯，猶言春伯，春官秩宗也，伯夷掌之。《株離》，舞曲名也，言象物生離根株也。徒歌謂之謠[五]，其聲清濁比余謠，然後應律。晳當爲析[六]，春厥民析。晳陽[七]，樂正所定名也[八]。儀伯之樂，舞《鼚刃張反也。哉》[九]，其歌聲比大謡[一〇]，名曰《南陽》。」儀當爲

[一]「兩伯」原誤作「雨佰」，據《尚書大傳》（以下簡稱《尚書大傳》）改。下二「伯」字同。

[二]《尚書大傳》無此二字。

[三]「株」原誤作「林」，據《尚書大傳》及注文改。

[四]「晳」原誤作「哲」，據《尚書大傳》改。下「晳」字同。

[五]「徒」原誤作「從」，據《尚書大傳》改。

[六]「析」原誤作「折」，據《尚書大傳》改。下「析」字同。

[七]原脱「晳」字，「陽」又誤作「楊」，據《尚書大傳》補正。

[八]原無「名」字，據《尚書大傳》補。

[九]原無「舞」字，依上文「舞株離」例之，當有「舞」字，今據以補。

[一〇]「大」原誤作「夫」，據《尚書大傳》改。

羲伯[一]、羲仲之後。虁，動貌也[二]。哉，始也，言象應雷而動，始出南任也[三]。《史記・律書》曰：「夾鍾，言陰陽相夾廁。」《淮南子・時則》曰：「仲春之月，招摇指卯。二月官倉，其樹杏。」高誘曰：「二月興農播穀，故官倉也。杏有竅在中，象陰在内、陽在外也，是月陽氣布散在上[四]，故樹杏。《淮南子》曰：「二月之夕女夷鼓歌[五]，高誘曰：「女夷，天帝之女，下司時知春陽嘉樂[六]，故鼓樂。以司天和，以長百穀、禽獸[七]、草木。」《淮南子・主術》曰：「先王之制[八]，四海之雲至而修封壝，高誘曰：「春分

[一]「羲」原誤作「義」，據《尚書大傳》改。下「羲」字同。
[二] 原「貌」誤作「狼」，據《尚書大傳》改。
[三]「任」原誤作「住」，據《尚書大傳》改。
[四]「象陰」至「在上」，今本多有脱誤，作「象陰布散在上」，可補何寧《淮南子集釋》注之訛脱。
[五]「歌」原作「哥」，據何寧《淮南子集釋》改。
[六]「知」字，《太平御覽・時序部》引作「和」。
[七]「禽獸」，何寧《淮南子集釋》作「禽鳥」，《玉燭寶典》所引爲是，王念孫亦云「禽鳥」當作「禽獸」。
[八]「制」何寧《淮南子集釋》作「政」，古二字互用。

之後，四海出雲。」許慎曰：「海雲至二月也。」[一]蝦蟇鳴、鷰降而通路除道矣[二]。」許慎曰：「鷰降二月也。」《白虎通》曰：「二月，律謂之夾鍾何？夾者，孚甲也[三]，言万物孚甲[四]，種類分之也。」

《異物志》曰：「魚高跳躍[五]，則蜥蜴從草中下，稍相依近，便共浮水上而相合，事竟，魚還水底，蜥蜴還草中。常以二月共合。食魚昭則煞人[六]，稟蜥蜴之氣。」[七]今案《爾雅》蜥蜴在《釋魚篇》，當以其種類交合也。

崔寔《四民月令》曰：「二月祠太社之日，薦韭、卵于祖禰[八]。前期齊饌掃滌，如正祀焉。

[一] 案此條爲《淮南子》許慎注逸文。

[二] 「通」，何寧《淮南子集釋》作「達」。

[三] 原脱「孚甲也」三字，據光緒元年(1875)淮南書局刻本陳立《白虎通疏證》補。

[四] 原脱「言」、「甲」二字，據光緒元年(1875)淮南書局刻本陳立《白虎通疏證》補。

[五] 依田利用云：「此句上似有闕文。」

[六] 依田利用云：「『昭』疑『腸』字之訛。」

[七] 案此條爲《異物志》逸文。

[八] 「禰」原作「禴」，據《初學記》卷三引《四民月令》改。

其夕又案冢簿[一]，饌祠具。厥明，於冢上薦之。其非冢良日[二]，若有君命他急，茲釋冢祀日。是月也，擇元日[三]，可結婚。順陽習射，以備不虞。虞，度也，度猶意，以備寇賊不意之變。陰凍畢澤，可菑美田、緩土及河渚小處[四]，勸農使者氾勝之法。可種植禾、大豆、苴麻。麻之有實者爲苴也。胡麻。春分中，雷且發聲；先後各五日，寢別外內。《月令》曰：「雷且發聲，有不戒其容止者，生子不備。」蠶事未起，命縫人浣冬衣，徹復爲袷。今案《字林》曰：「袷，衣無絮色。工洽反。」其有贏帛，遂爲秋製[五]。是月也，揄莢成，及青收，乾以爲旨蓄。旨，美也[六]。蓄，積也。司部收青莢小蒸之，

[一]「冢簿」原誤作「家簿」，據石聲漢《四民月令校注》改正。

[二]「冢」字原誤作「家」，據石聲漢《四民月令校注》改正。下「冢」字同。

[三]「擇」原誤作「掃」。

[四]「土」原誤作「士」，據《齊民要術》卷一引《四民月令》改。

[五]「遂爲秋製」，《齊民要術》卷三引《四民月令》作「遂供秋服」。注云：「凡浣故帛，用灰汁，則色黃而且脆。擣小豆爲末，下絹簁，投湯中以洗之，潔白而柔肕勝皂莢矣。」

[六]原脱「也」字，據注文例補。

曝之[一]，至冬至以釀羹，滑香宜養老。色變白將落[二]，可收爲䔩音牟。醬[三]、酳音須。醬，皆榆醬者。隨節早晏，勿失其適。自是月盡三月，可掩樹枝[四]，埋樹根枝土中[五]，令生；二歲以上，可移種之。可種地黄，及采桃花、茜，及括樓土瓜根[六]。其濱山可采烏頭、天雄、天門冬。可糴粟、黍、大小豆、麻、麥子。收薪炭。玄鳥巢，刻塗墻。」茜，染絳草也。音倩。

[一]「曝之」原誤作「異去」，據《齊民要術》卷五、《藝文類聚》卷八十八引《四民月令》改。

[二]「白」原誤作「自」，據《齊民要術》卷五、《藝文類聚》卷八十八引《四民月令》《古逸叢書》本改。

[三]「䔩」原誤作「䔩」，據《齊民要術》卷五引《四民月令》改。

[四]「自」原誤作「因」，「三」原誤作「二」，原重「樹」字，據《齊民要術》卷四引《四民月令》改删。

[五]「埋」原誤作「理」，據石聲漢《四民月令校注》改正。

[六]「土」原誤作「士」，據《玉燭寶典考證》改正。

正說曰：案《爾雅》：「榮螈，蜥蜴。蝘蜓，守宮。」《音義》云：「螈音原，或作蚖，兩通。蝘音焉典反。蜓音弥。」犍爲舍人注「螈」字下長加一「黿」字，釋云：「榮螈名黿，蜥蜴。蜥蜴，又名蝘蜓。蝘蜓，又名守宮也。」李巡云：「榮蚖一名蜥蜴，蜥蜴一名蝘蜓，蝘蜓一名守宮，皆分別一物二名也。」唯轉螈爲蚖。孫炎云：「別四名。」一本云：「轉相解博異語。」《史記》：「龍漦夏庭[一]，卜藏於櫝，周厲王發而觀之，化爲玄黿。」《史記》《國語》皆作「黿」字，計黿鼈之黿，非入宮之物，常以爲疑。唯韋昭所注《國語》一本云「化爲玄蚖」，昭解云：「蜥蜴類。」楊子《法言》云：「龍蟠于泥，蚖其肆矣。」即是此虫。李軌《同異志》云：「或作黿。」黿、蚖音義無異，復似兩通。《詩·小雅》：「哀今之人，胡爲蚖蜴。」毛傳云：「蜴，螈也。」劉歆《爾雅注》「榮螈」下云：「龍漦化爲玄螈。」并引《詩》「胡爲蚖蜴」傳解。既云蜴螈，明有單呼蚖者，便以上字爲虺。劉向《五行論》云：「漦化爲玄螝，入王後宮[二]。漦，

[一] 此四字不見於今本《史記》，《史記》云：「龍亡而漦在櫝而去之，夏亡傳此器殷，殷亡又傳此器周，比三代莫敢發之。至厲王之末，發而觀之，漦流于庭，不可除，厲王使婦人裸而譟之，漦化爲玄黿，以入王後宮。」

[二] 「入」原誤作「人」，據《古逸叢書》本、《玉燭寶典考證》改。

蓋血也[一]。漦及玄蜆似龍虵之孽。」引《詩》「惟蜆惟虵，女子之祥」。案《爾雅》：「蜆，蛹。」犍爲舍人注云：「蜆名蛹，今蠶也。」李巡云：「蠶蛹一名蜆。」郭璞亦云：「蠶蛹，蜆，音鼋，一音潰。」便不相干。《詩》内「虺」字乃無虫旁加鬼，未詳劉氏據何文證歆、向父子舊有異同之論，蜆、蚖二義，莫知所從。且《爾雅》別有「蝮虺」，《詩》本悉作「虺」字，不得强變爲蚖。歆《列女傳・褒姒傳》「化爲玄蚖」[二]，復作「蚖」字，与《五行論》不同，曹大家猶依「黿」字而解。《方言》：「秦、晋、西夏謂之守宫[三]，或謂之蠦蝘[四]，或謂之蜥蜴[五]。在澤中者謂之易蜴[六]，音析。南楚謂之虵醫，東齊謂之螔蜥。」郭注云：「似蜥蜴而大，有鱗，今所在通言虵醫耳。斯侯兩音。」「北燕謂之祝蜓。桂林之中守宫大者能鳴，謂之鴿解。」郭注：「似

[一]「血」，依田利用《玉燭寶典考證》作「盂」。
[二] 原脱「列」字，「褒」原誤作「裒」，「姒」又誤作「似」。
[三] 原脱「西」字，據《微波榭叢書》本《方言疏證》補。
[四]「蠦蝘」，今本《方言》作「蠦蝘」。
[五]「蜥」原誤作「蜊」，據《微波榭叢書》本《方言疏證》改。
[六]「蜴」原在「易」字上，據《微波榭叢書》本《方言疏證》乙正。

蛇醫而短[一]，身有鱗采，屈尾[二]。江東人呼爲蛤蚖，音頭頷[三]，汝穎人直名爲鴿解[四]，音懈[五]，聲誤也。」《考工記》以「匈鳴者，小虫之屬」，鄭注：「匈鳴，榮螈屬。」有似能鳴。《説文》釋「蚖」云：「榮蚖，虵醫，以注鳴者，從虫元聲。釋「蝘蜓」云：「在壁曰蝘蜓，從虫匽聲，從虫延聲。在草曰蜥蜴。」又釋「易」云：「易，蜥易，蟺蜓[六]。蟺蜓，守宮也。象形。凡易之屬，皆從易。」《本草經》：「石龍子，一名蜥蜴，一名山龍子，一名守宮，一名蜴。」《集注》又云：「其類有四種，既以大小形色爲異[七]，故復增多。」雖則淺近，頗有據驗。總

[一] 原脱「似蛇醫而」四字，「短」又誤作「梪」，據《微波榭叢書》本《方言疏證》補正。

[二] 今本《方言》無「屈尾」二字。

[三] 「頷」原誤作「頟」，據《微波榭叢書》本《方言疏證》改。

[四] 原無「名」字，據《微波榭叢書》本《方言疏證》補。

[五] 「鴿解」至「音懈」原作「頷音郭鶉鴿言解」，訛脱難讀，據《微波榭叢書》本《方言疏證》改。

[六] 「蟺」中華書局影印孫星衍刻本《説文解字》作「蝘」。

[七] 「大小形色」至「与鳳義同崔」，《古逸叢書》本大段脱落。

諸家可說[一]，韋昭爲得之。大體實是一類之虫，但在人家及在田野微異，故許慎有壁草之殊。《毛詩魚虫疏》云：「蠪，形似水蜥蜴。」然則又有在水者。《周官》正文以「匈鳴者，榮螈屬」，「以注鳴者，精列屬」。許慎乃形於「蚖」下引「以注鳴」[二]，是其忘誤。今驗此虫在家者身麁而短，走遲，北人呼爲蠍虎，即是守宫。在野者，身細而長，走無疾，南土名爲虵師[三]，即是蜥蜴。東方朔《射覆》云：「非守宫即析蜴。」當據此爲異耳。《淮南萬畢術》云：「取守宫，食以丹，陰乾，傅女身，有陰陽事則脱，故曰守宫。」《爾雅》已有此名，便其來已久。《說文》作「蟺蜓」，又作「蝘蜓」[四]，似與祝蜓相扶[五]，竟無「蜓」字。還案《說文》：「蟺，宛蟺也。從虫亶聲。」《字林》：「蜿蟺，丘蚓也。音善。蚰蜒入耳也。」自是別虫，非關所云蜥蜴。方俗不同，物名平起。

[一] 疑「可」字有誤。

[二] 疑「形」字有誤。

[三] 「土」原誤作「士」，毛利高翰影鈔本天頭朱筆「土」字，《古逸叢書》作「土」本，今據改。

[四] 「蝘」原誤作「蟺」。

[五] 「扶」疑當作「似」。

蜥、析古今雜體[一]，二字並通。檾螈，或宜稱螈，異本作「蚖」。蜥蜴，或宜稱蜴，象形爲易。雖繁省單複不同，其義一也。案虫旁易字兼有兩音，《毛詩》「虺蜴」及《方言》「蜥蜴」下並作「錫」音，《爾雅》「蜥蜴」乃作「易」音。《説文》單易象形，蓋得其大體，後人加之以虫，遂同一字耳。

[一]「析」原作「蜥」。依田利用云：「案『蜥蜥』一當作『析』。」今從其説改。

附說曰：《孔子内備經》云：「震爻動，則知有佛。」《大涅盤》云：「如旃檀林，梅檀圍繞。如師子王，師子圍繞。」又云：「稽首佛足，百千万迎。」今人以此月八日巡城，蓋其遺法矣。魏代踵前，於此尤盛，其七日晚，所司預奏，早開城門，過半夜便内外俱起，遍滿四郛。

《大涅槃》又云：「諸香木上懸五色幡，柔軟微妙[一]，猶如天衣。種種名華，外書「花」字。以散樹間[二]。四方風神，吹諸樹上時，非時華散雙樹間。」《法花經》云：「或以歡憶心，歌唄頌佛德。」又云：「雨旃檀流香，繽紛而亂墜，如鳥飛空下，供養於諸佛。衆寶妙香鑪，燒無價之香。」《華嚴經》云：「雨天衆寶花，而芬芬如雪下。」是日尊儀輦輿並出，香火竟路，幡花引前。寺别僧尼，讚唄隨後。此時花樹未甚開敷，去聖久遠，力非感降其花道，俗唯刻鏤錦綵爲之。漢王符爲《潛夫論》已言花綵之費。晉《范汪集·新野四居别傳》云：「家以剪佛華爲業[三]。」其來蓋久。《荊楚記》云：「謝靈運孫名兹藻者，爲荊府諮議，云今世新花，並其祖靈運所制。」似是花樹之色。南北異俗，或不必同，圍繞乃是常事。

[一]「柔」原誤作「釆」，又脱「軟」字，據《大般涅槃經》補正。

[二]「間」原誤作「開」，據《大般涅槃經》改。

[三]「業」原誤作「葉」。

八日獨行者，當以佛云：「劫後三月，吾當涅盤，將欲滅度。」涅盤時到，戀慕特深。《菩薩處胎經》云「佛以二月八日生」，轉法輪、降魔、涅盤。皆同此日。《過去現在因果經》亦云：「佛以二月八日生。」或復由此。其命民社。案《三禮圖》：「社皆有樹。」《莊子》云：「匠石之齊，至於曲轅[一]，見櫟社樹，其大蔽牛。」《博物志》云：「子路与子貢至一社[二]，其樹有鳥，子路搏而取之，社神牽攣不得去。子貢說之，乃止。」晉世阮宣子云：「若社爲樹，伐樹則社亡。」張華《朽社賦序》曰[三]：「高栢槁南大道旁，有古社槐樹，蓋數百年木也。余少居近之，後行路過之，則已朽株，齊士槁柴棄路，聊爲賦，述盛衰之理[四]。其賦曰：『伊茲槐之挺殖[五]，于京洛之東隅。得託尊于田主，據爽塏以高居。』」王廙《春可樂》云：「吉辰兮上戊明，靈兮

[一] 原無「至於曲轅」四字，據今本《莊子》補。
[二] 「貢」原作「夏」，據《指海》本《博物志》改。「至一社」，《指海》本《博物志》作「過鄭神社」。
[三] 「華」原誤作「花」。
[四] 「株」至「述」，《藝文類聚》卷三十九引《朽社賦》作「意有緬然輒爲之賦因以言」。
[五] 「殖」，《藝文類聚》卷三十九引《朽社賦》作「植」。

惟社[一]。百室兮必集，祈社兮樹下[二]。」並其事也。

此月民並種戒火草於屋上。《白澤圖》云：「火精爲宋無忌。」《春秋》謂之回禄，《黄石記》則曰許咸池。《廣志·會草》有戒火草。四時皆須戒火，獨於此月種草者，《周官》司烜氏仲春「以木鐸循火禁于國中」，注云：「爲季春將出火。」又以種殖之時，今世名慎火草，不須根，唯擿心而種便生，故云生或在垣墉。鷰始來。《小正》云：「降鷰，古字多作燕，不著鳥也。乃睇。」《周書》云：「春分之日，玄鳥不至，婦人不震。」《月令》云：「玄鳥至之日，以大牢祀于高禖[三]。」鄭玄注云：「鷰以施生時來，巢人堂宇而孚乳[四]，嫁娶之像也。媒氏之官，以爲候。高辛氏之世，玄鳥遺卵，娀簡吞之而生契[五]，後王以爲禖官嘉祥，立其祀[六]。」案《吕氏春秋》：「有娀氏有二

[一]「兮」原誤作「子」，據《太平御覽》卷五三二引《春可樂》改。

[二]「兮」原誤作「子」，據《太平御覽》卷五三二引《春可樂》改。

[三]「禖」原誤作「祺」，據《禮記正義》改。下「禖」字同。

[四]原無「人」字，據《禮記正義》補。

[五]原無「而」字，據《禮記正義》補。

[六]「祀」，《禮記正義》作「祠」。

佚女，爲之九成臺，飲食必以鼓。帝令鷰往視之[一]，鳴若嗌嗌[二]，二女愛而爭搏之[三]，覆以玉筐，發而視之，鷰遺二卵，北飛[四]，遂不反。二女作歌一終，曰：『鷰鷰往飛』[五]，實始爲北音。」《列女傳》云：「簡狄者，帝嚳次妃，有娀之女，与姝娣浴於玄丘之水，有玄鳥銜卵而之，五色甚好，相与競取之，簡狄得而吞之，遂生契。」京房《易占》云：「見白鷰于邑，其君宜得貴女[六]。」《荊楚記》云：「婦人以一雙竹著擲之，以爲令人有子[七]。」蓋其遺俗。《古今注》云：「鷰，一名天女。」傅咸《鷰賦》云：「有言鷰今年巢此，明歲後來者，於此其將逝，剪爪識之，其後果至。」盧諶《鷰賦》云：「斗建午而子指，日在戊而後憩。雖羽毛之光澤，匪

[一]「視」原誤作「夜」，又脱「之」字，據《四部叢刊》本《吕氏春秋》補正。

[二]原無「若」字，據《四部叢刊》本《吕氏春秋》補。又「嗌嗌」《四部叢刊》本《吕氏春秋》作「隘隘」。

[三]「搏」，《四部叢刊》本《吕氏春秋》作「摶」。

[四]原無「北」字，據《四部叢刊》本《吕氏春秋》補。

[五]原不重「鷰」字，據《四部叢刊》本《吕氏春秋》補。

[六]「宜」原誤作「且」字，據《事類賦》卷十九引京房《易占》改。

[七]此條爲《荊楚記》逸文。

死用於珍[一]。雖肌膚之絜鮮，匪備味於俎案。虞人見而收羅，鷙鳥覩而斂翰，在於才不才之間，處於用無用之畔，頗亦有異衆鳥。」

其婚，《禮·小正》云「綏多女士」，「冠子取婦之時」，《周官》仲春「令會男女」，鄭玄唯應據此爲義，而《聖證論》云：「鄭氏以二月爲嫁娶之時，謬也。」詳尋其時，古人皆以秋冬。《詩》曰[二]：「東門之楊，其葉牂牂。」毛曰：「男女失時，不逮秋冬也。」孫卿曰：「霜降送女，氷泮殺止。」董仲舒曰：「聖人以男女陰陽其道同類天道，向秋冬而陰氣來，向春夏而陰氣去，故古人霜降而送女，氷泮而煞止，與陰俱近，與陽遠也。」《詩》云：「將子無怒，秋以爲期。」《周官》：「仲春，令會男女之無夫家者。於是時也，奔者不禁。」則婚姻之期盡此月矣，故急期會也。董勛《問禮俗》云：「《周禮》仲春『奔者不禁』，謂不備禮而行，非謂淫泆奔者，如姪娣不娉之例[三]。」《家語》曰：「霜降而婦功成，婚娶者行焉。氷泮而農桑起[四]，婚禮殺於此焉。」

[一] 依田利用疑「珍」字下脱「玩」字，不見傳世文獻徵引，存疑俟考。
[二] 「詩曰」原誤作「時日」。
[三] 依田利用疑「娉」字當作「聘」。
[四] 《毛詩正義》引《家語》「桑」作「事」。

束晳《論婚姻時》云：「鄭氏以爲必以仲春，王氏以爲秋冬。案《春秋》魯女出嫁，夫人來歸，自正月至十二月，悉不以失時爲褒貶，則婚姻通年之事，何限仲春？何繼季秋而各守一隅，以相非哉？《桃夭篇》序蓋謂盛壯之時而非日月之時也，故灼灼其花，喻以革盛。毛、鄭皆用桃夭之月，其次章云『有蕡其實，之子于歸』，此豈復在仲春乎？注曰：『夏之向晚，待冰未泮，正月以前也。草虫喓喓，未秋之時也。《周禮》仲春『會男女』，蓋一切相配之合而非常婚之節也。」

去冬至一百五日，謂爲寒食之節。《荊楚記》云：「疾風甚雨，今亦不必然也。」《魏武明罰令》云：「聞太原、上黨、西河、鴈門冬至後一百有五日，皆絶火寒食，云爲介子推。夫子推，晋之下士，無高世之德；子胥以直亮沉水，吴人未有絶水之事；至於子推獨爲寒食，豈不偏号[一]。云有癈者，乃致雹雪之灾，不復顧，不寒食，鄉亦有之也。漢武時，京師雹如馬頭，寧當坐不寒食乎？且北方沍寒之地[二]，老小羸弱將有不堪之患。令書到，民一不得寒食，若有犯者，家長半歲刑，主吏百日刑，令長奪俸一月。」范曄《後漢書》云：「周舉遷并州刺史，太原一郡，舊俗以介子

[一]「号」疑當作「乎」。

[二]「沍」原誤作「泮」，毛利高翰影鈔本天頭朱筆標「沍」，《古逸叢書》本作「沍」，今據改。

推焚骸，有龍忌之禁，至其亡月[一]，咸言神靈不樂舉火[二]，移書於子推廟，乃言：『冬中寒食一月，老小不堪，今則三日而已。』」今世常於清明節前二日斷火。《琴操》云：「晉重耳与介子綏推、綏，聲相近也。俱遁山野，重耳大有飢色，綏割其腓股以啖重耳。重耳復國，子綏獨無所得，甚怨恨，乃書作《龍蛇》之歌以感之。曰：『有龍矯矯遭天譴怒，惓逃鱗甲來道于下[三]。志願不得与蛇同伍，龍蛇俱行，周遍山野[四]，龍遭飢餓，蛇割腓股。龍行升天，安其房户。蛇獨抑摧沉滯泥土[五]，仰天怨望[六]，惆悵悲苦[七]，非樂龍位，恠不眄顧。』文公驚寤，即遣追求，

[一]「亡」原誤作「正」，據《後漢書》改。
[二]「樂」原誤作「聽」，「火」下原衍「舉」字，涉上「舉」字而衍，據《後漢書》改删。
[三]「惓逃鱗」，《平津館叢書》本《琴操》作「捲排角」。
[四]「周遍山野」，《平津館叢書》本《琴操》作「身辨山墅」。
[五]原無「滯泥土」三字，據《平津館叢書》本《琴操》補。
[六]原脱「仰」字，據《平津館叢書》本《琴操》補。
[七]「惆悵」，《平津館叢書》本《琴操》作「綢繆」。

得於荊山之中，使者奉節迎之[一]，終不肯聽[二]。文公曰：『燔左右，木熱當自出。』乃燔之。子綏遂抱木而燒死，文公流淚交頸，令民五月五日不得發火。」諸書皆言冬至後百有五日，此獨云五月五日，意以爲疑。孫楚《祭子推文公》：「楚即太原人，字子荊。黍飯一槃，或作米飯。醴酪二盂，清泉白水[三]，充君之廚。」陸翽《鄴中記》云：「并州之俗，以冬至後百五日爲介子推斷火冷食三日[四]，作干粥，是今糗也。中國以爲寒食又作醴酪。醴，煮粳米，或大麥作之。酪，擣杏子仁煮作粥[五]。」今世悉作大麥粥，研杏仁爲酪，别煮餳沃之也[六]。《晋太康地記》云[七]：「河東汾陰縣介山在南，介子推匿此山，又号介山也。」案《史記》介子推自隱：「文公嘗從己，推不言禄，

[一]「迎」原誤作「還」，據《平津館叢書》本《琴操》改。

[二]「聽」，《平津館叢書》本《琴操》作「出」。

[三] 依田利用云：「《海録碎事》『白』作『甘』。」

[四]「爲」原誤作「有」，據《武英殿聚珍版叢書》本《鄴中記》改。

[五]「仁煮」原作「人渚」，無「粥」字，據《武英殿聚珍版叢書》本《鄴中記》改。下「人」字同。《初學記》引《鄴中記》此段文字與《玉燭寶典》所引多有不同。

[六]「煮餳」原誤作「者一錫」，據《玉燭寶典考證》改。

[七]「康」原誤作「庚」，今改。

禄亦不及，從者憐之，乃縣書宮門曰：『龍欲上天，五蛇爲輔，龍已升雲，四蛇各入其守，一蛇獨怨，終不見處所知[一]。』文公出，見其書曰：『此介子推也。』吾方憂王室[二]，未圖其功。』使人召之，則亡。遂求所在，聞其入綿上山中。於是環綿上山中而封之，以爲介子推田，號曰介山。」《春秋傳》云：「『且出怨言，不食其食。』其母曰：『亦使知之，若何？』推曰：『言，身之文也。身將隱，焉用文之？』其母曰：『能如是乎？与汝皆隱。』遂隱而死。晉侯求之不得，以綿上爲之田。曰：『以志吾過，且旌善人。』」並無割股被燔之事。《離騷・九章》云：「介子忠而立枯兮[三]，文君寤而追求。」王逸注云：「文公出奔，介子推從行，道乏糧，介子割髀以食文公。後文公得國，賞諸從行者，失忘子推，子推遂逃隱介山[四]。文公覺寤，追而求之，遂

[一] 今諸書所引「所」下無「知」字，當爲衍文。

[二] 「吾」原誤作「五」，森立之父子校本不誤，今據以改。

[三] 「忠」原誤作「正」，又脱「兮」字，據汲古閣本《楚辭補注》改補。

[四] 「隱介山」，《四部叢刊》本《楚辭》王逸注作「介山隱」。

不肯出[一]。文公因燒其山，子推抱樹燒而死[二]，故言立枯也。」又「封介山而爲之禁兮[三]，報大德之優遊。思久故之親身兮，因縞素而哭之。」注云：「文公遂以介山之民封子推，使祭祠之[四]。又禁民不得有言燒死[五]，以報其德，優遊其魂靈[六]。思子推親自割其身[七]，恩義尤篤。因爲變服，悲而哭之。」《七諫》云：「推割宍而食君[八]，德日忘而怨深。」《列仙傳》云：「介推与母入介山，文公遣數千人以玉帛禮之，不出。後世見在東海邊賣扇，復數十年，便似不死。」《異苑》云：「子推不出，文公求之，終抱木燒死。公撫木哀歌，伐而制屐，每懷割股之

[一]《四部叢刊》本《楚辭》王逸注「遂」上有「子推」二字。

[二]原無「燒」字，據《四部叢刊》本《楚辭》補。

[三]原脱「兮」字，據《四部叢刊》本《楚辭》補。下「兮」字同。

[四]「祠」，《四部叢刊》本《楚辭》王逸注作「祀」。

[五]「民」原誤作「正」，據《四部叢刊》本《楚辭》王逸注改。

[六]《四部叢刊》本《楚辭》「魂靈」作「靈魂」。

[七]原無「自」字，據《四部叢刊》本《楚辭》王逸注補。

[八]今本《七諫》「割肉」作「自割」，「食」作「飤」。王逸注云：「一云：推自割而食君兮。」與王説「一云」正合。

恩[一]，輒流涕視屐曰：『悲乎足下。』『悲乎足下』之言將起於此乎？」亦未知所據。

案《禮》春有韭卵之饋，因寒食絁爨，遂供膳著此節。城市尤多鬭鷄卵之戲[二]，《左傳》有季郈鷄鬭[三]，延及魯邦[四]。魏陳思王有《鬭鷄表》，云：「預列鷄塲。」後代文人又有鬭鷄詩賦。古之豪家食稱畫卵[五]，今世猶染藍蒨雜色，仍加雕鏤，遞相餉遺，或置槃俎。《管子》云：「雕橑，然後灼之。雕卵，然後瀹之。所以發積藏散万物。」夏侯湛《梁田賦》云：「熬荼灤卵。」嵇含《鷄賦》云：既春卵之鳸脩。」便是滋味補益。《山海·大荒西經》云：「有沃之國，沃人是處。沃之野，鳳鳥之卵是食。」或當靈異所產。《括地圖》云：「羽民有羽[六]，飛不遠，多

[一] 「每」原誤作「無」，據津逮秘書本《異苑》改。

[二] 「雞」下原有「鬭」字，涉上「鬭」字而衍，據《初學記》卷四引《玉燭寶典》刪。《白氏六帖》《事類賦》《荊楚歲時記注》均無「鬭」字。

[三] 「左傳有」原作「春秋」，據《初學記》卷四引《玉燭寶典》改。

[四] 「延及魯邦」，《初學記》卷四、《太平御覽》卷三十、《荊楚歲時記注》均作「其來遠矣」。

[五] 「家」原誤作「冡」，據《玉燭寶典考證》改正。

[六] 原無「羽民有」三字，據《太平御覽》引卷九一六引《括地圖》補。

鸞鳥，食其卵。」与鳳義同。崔駰《七依》云：「丹山鳳卵。」劉楨《清慮賦》云[一]：「鸙鳳卵。」此非平常可得之物，皆恐作者大言。《韓詩章句》云：「夏如沸羹。夏祭日沸羹，爚麥祭也。」《字訓》云：「淪，熟菜也。弋灼反。」是則煮[二]、孰通有淪名。其字或草下，或水旁，或火旁，皆依書本。其鬬卵，則莫知所出。董仲舒書云：「心如宿卵，爲體内藏，似據其剛[三]。」髣髴鬬理。《淮南萬畢術》云：「二月上壬日，取道中土井華水和涅蠶屋四角，則宜蠶。神名苑窳[四]。」《搜神記》：「舊説太古時有人遠征，家有一女，并馬一匹。女思父，乃戲馬：『爾能爲我迎父，吾將嫁汝。』馬乃絶僵而去，迎父[五]，父乘之而還，女以告父，射煞馬，曝皮於庭，女足蹙之曰：

[一]「楨」原誤作「損」。依田利用云：「按《隋志》『《京口記》二卷，宋太常卿劉損撰』，《唐志》作『劉損之』，《藝文類聚》引作『劉楨』……《文選注》作『劉楨』，此蓋其人也。」今案《北堂書鈔》《太平御覽》引俱作「劉楨清慮賦」。

[二]「煮」原誤作「渚」，據《古逸叢書》本、《玉燭寶典考證》改。

[三]「似」，《荊楚歲時記注》《初學記》卷四并引作「以」。

[四]依田利用以「窳」當重「蠶」字。

[五]依田利用云「『父』上恐當有『迎』字。」今從其説補。

『爾馬而欲人爲婦，自取屠剥，何如言？』未竟，皮起，卷女而行。後大樹枝間得女及皮，盡化爲蠶，績於樹上[一]，世謂蠶爲女兒，古遺語也。」《山海・海外北經》云：「歐絲之野在大踵東，一女子方跪樹歐絲[二]。」郭注云：「噉桑而吐絲，蓋蠶類。」或當因此受名也。

玉燭寶典卷第二　二月[三]

[一]「績」原作「積」，據《齊民要術》卷五引《搜神記》改。

[二]今本《山海經》無「方」字。

[三]毛利高翰影鈔本作「玉燭寶典卷第三」，卷三全闕。

三月季春第三

《禮·月令》曰：「季春之月，日在胃，昏七星中[一]，旦牽牛中。鄭玄曰：「季，少也。季春者，月會於大梁而斗建辰之辰也[二]。」律中沽洗。季春氣至，則沽洗之律應。高誘曰：「沽，故也。冼，新。是月陽氣養生，去故就新。」

桐始華，田鼠化爲鴽，虹始見，蓱始生[三]。鴽，母無也[四]。螮蝀謂之虹。蓱，萍也，其大者曰蘋。

[一] 原脱「星」字，據《禮記正義》補。

[二] 原脱「之」字，據《禮記正義》補。

[三] 「蓱」，阮元校勘記云：「惠棟校宋本『萍』作『蓱』，岳本同，嘉靖本同，衛氏《集説》同，石經同，此本作『萍』，誤。閩、監、毛本同，《釋文》出『萍始』，《石經考文提要》云：按鄭注『蓱萍也』，則經文非萍明甚。宋大字本亦作蓱。」足利本亦作「蓱」，則古本作「蓱」。下「蓱」字同，不俱出校。

[四] 今《禮記正義》「母無」作「鴾母」，山井鼎《七經孟子考文》云古本作「母無」，足利學校藏《禮記正義》正作「母無」。則《玉燭寶典》猶存《禮記》古本面貌。

高誘曰：「荓，水藻也。」今案《詩義問》曰：「虹見有青赤之色[一]，青在上者陰乘陽，故君子知以爲戒。」《文子》曰：「天二氣，即成虹也。」

天子居青陽右个。青陽右个，東堂南偏也[二]。

是月也，天子乃薦鞠衣于先帝。爲將蠶，求福祥之助也。鞠衣，黄桑衣之服也。先帝，大皞之屬。命舟牧覆舟，五覆五反，乃告『舟備具』于天子焉，舟牧，主舟之官也。覆反舟者，備傾漏也。天子始乘舟，薦鮪于寢廟。進時美物。乃爲麥祈實。於含秀求其成。

生氣方盛，陽氣發泄，勾者畢出，萌者盡達，不可以內。時可宣出，不可收斂也。勾，屈生者也。芒而直曰萌。天子布德行惠，命有司發倉稟，賜貧窮，振乏絶；振，猶救也。開府庫，出幣帛，周天下；勉諸侯，聘名士，禮賢。周，謂給不足也。勉，猶勸也。聘，問也。名士，不仕也。

命司空曰：『時雨將降，下水上騰，循行國邑，周視原野，脩利隄坊，導達溝瀆，開通道路，無有鄣塞。廣平曰原。國也，邑也，平野也，溝瀆與道路皆不得不通，所以除水潦也。田獵罝罘[三]、音浮。羅罔、

[一]「有青」原互倒，據《玉燭寶典考證》乙正。

[二]依田利用云：「注疏本無『也』字，《考文》引古本有。」

[三]「田獵」二字原無，「罝」字原脱，據《禮記正義》補。

畢翳、餧於爲反[一]。獸之藥，無出九門。』爲鳥獸方孚乳，傷之逆天時也。獸罔爲罝罘[二]，鳥罔曰羅網。小而柄長謂之畢。翳，射者所以自隱也[三]。謂罔及毒藥禁其出九門，明其常有，有者時不得用耳[四]。天子九門者，路門也，應門也，雉門也，庫門也[五]，臯門也，國門也[六]，近郊門也，遠郊門也，關門也[七]。今《月令》无罘[八]，翳爲弋。

命野虞毋伐桑柘。愛蠶食也[九]。野虞，謂主田及山川之官也[一〇]。鳴鳩拂其羽，戴勝降于桑。蠶

[一]《禮記正義》「爲」作「偽」。

[二]《禮記正義》「罔」作「罟」。下「罔」字同。

[三] 原無「以」字，據《禮記正義》補。

[四]「用」原誤作「困」，據《禮記正義》改。

[五] 原無「雉門也庫門也」六字，據《禮記正義》補。

[六]《禮記正義》「國」作「城」。

[七] 原脱「也」字，據《禮記正義》補。

[八]「今」字原誤作「令」，據《禮記正義》改。

[九]「愛」原誤作「受」，據《禮記正義》改。

[一〇]《禮記正義》「川」作「林」。

將生之候也。鳩鳴飛且翼相擊，趣農急也。戴勝，趣織紝之鳥也[一]，是時恒在桑。言降者，若時始自天來，重之也[二]。高誘曰：「鳴鳩，斑鳩也。是月拂擊其羽，直刺上飛數十丈乃復者是也[三]。」摯虞《槐賦》曰[四]：「春栖教農之[五]。」且、曲、植、除吏反。籧、音舉。筐，皆所以養蠶之器也[六]。曲，薄也。植，槌也。高誘曰：「圓底曰籧，方底曰筐，皆受桑器也。」今案《方言》曰：「薄謂之曲，楚謂之蓬槌。」郭璞注曰：「懸蠶薄柱。音度畏反。齊、部謂之持[七]，音丁革反。籧，古莒字，汾[八]、代之間謂之笤[九]，音弓弢。淇、衛之間謂之牛筐也。」后

[一] 今《禮記正義》無「趣」字，山井鼎《七經孟子考文》云古本有，足利學校藏《禮記正義》有「趣」字，則《玉燭寶典》猶存《禮記》鄭玄注古本面貌。
[二] 原脱「也」字，據《禮記正義》補。
[三] 「直刺」原誤作「宜判」，又脱「也」字，據《吕氏春秋》高誘注改補。
[四] 「摯」原誤作「擊」。
[五] 依田利用云：「『之』字似衍。」案「之」疑爲「兮」字之訛。
[六] 《禮記正義》「皆」作「時」，無「之」字，山井鼎《七經孟子考文》引古本同此。
[七] 「部」疑當作「鄭」。
[八] 今本《方言》郭璞注「汾」作「趙」。
[九] 「笤」原誤作「笛」，據《微波榭叢書》本《方言疏證》改正。

妃齋戒，親東嚮躬桑。禁婦女毋觀。省婦使，以勸蠶事。后妃親採桑[一]，示帥先天下也[二]。東向者，向時氣。婦，謂世婦及諸臣之妻。毋觀，去客飾也。婦使，絳綿組紃之事[三]。《先蠶儀注》曰[四]：「皇后採桑壇在宫西南，惟宫中門之外，外門之内，當所採桑之西，壇高五尺方三丈，爲四出，陛廣八尺，拜人妻有行義者六人爲蠶母，著青衣、青襪襜、青履，給使六人。」《皇后親蠶儀注》曰：「皇后躬桑，始得將一條[五]，執筐受桑，將三條。蠶母尚書跪曰[六]：『可止。』執筐者以桑授蠶母，蠶母以桑適蠶室。」楊泉《蠶賦》曰：「農者，天文之洪業。桑者，地母之盛事。寢則頡口，頭如明珠，玄眉朱目，紅喙素軀。」《東方朔别傳》：「朔爲漢武所使，上天，天帝問朔：『人何衣。』答云：『衣蠶。』帝問其狀，朔云：『色色以人口，駬駬以馬也[七]。』」蠶事既登，分繭稱絲效功，

[一] 原脱「妃」字，據《禮記正義》補。

[二] 「帥」原誤作「師」，據《禮記正義》改。

[三] 《禮記正義》「絳綿」作「縫線」。

[四] 依田利用云：「《初學記》《藝文類聚》引梁《五禮先蠶儀注》，此蓋其書也。」

[五] 依田利用云：「《初學記》《藝文類聚》無『得』字。案得、將字形相近而誤重。」案《太平御覽》引《皇后親蠶儀注》亦無「得」字。《農政全書》卷三一引《後妃親蠶儀》「將」作「捋」，下「將」字同。

[六] 《太平御覽》引卷八二五引《皇后親蠶儀注》《農政全書》卷三一引《後妃親蠶儀》「母」皆作「女」。

[七] 「色色」以下至「馬也」，《藝文類聚》卷八一作「蟲喙頫頫類馬色邠邠類虎」。依田利用云：「此當作『色邠邠似虎，口頫頫似馬』。」

以供郊廟之服，無有敢㥩[一]。登，成。

命工師，令百工，審五庫之量：金、鐵、皮、革、筋、角、齒、羽、箭、幹、脂、膠、丹、漆，無或不良。工師，司空之屬官也。五庫，藏此諸物之舍也。量，謂物善惡之舊法也。幹，器之木也。凡輮幹有當用脂者[二]。良，善也。百工咸理，監工日號：『毋悖于時，毋或作爲淫巧以蕩上心。』咸，皆也。於百工皆治理其事之時，工師則監之，日號令之，戒之以此二事。悖，猶逆也。百工作器物各有時，逆之則功不善。淫巧，謂爲飾不如法者。蕩，謂動之使生奢泰也[三]。

是月之末，擇吉日，大合樂，天子乃帥三公[四]、九卿、諸侯、大夫親往視之。大合樂者，所以必助陽達物[五]，風化天下也。

乃合累牛、騰馬，斿牝于牧。累、騰，皆乘疋之名也。是月所合牛馬，謂繫在廄者也。其牝欲遊，則就牧

[一]「㥩」，「惰」之俗體。

[二]《禮記正義》無「者」字，山井鼎《七經孟子考文》云古本有，足利學校藏《禮記正義》有「者」字，與此正合。

[三]「泰」原誤作「秦」，據《禮記正義》改。

[四]「帥」原誤作「師」，據《禮記正義》改。

[五]依田利用云：「注疏本無『必』字。案『以』『必』字形近而誤重。」

之牡而合之也[一]。犧牲駒犢，舉書其數。已在牧而校數書之[二]，明出時無他故。至秋當録內，且以知生息之多少也。命國難乃何反。九門磔都格反。穰，以畢春氣。此難，難陰氣也。陰氣右行，此月之中，日行歷昴，有大陵積尸之氣[三]。氣失[四]，則厲鬼隨而出行，命方相氏帥百隸索室毆疫以逐之。又磔牲以穰於四方之神[五]，所以畢春氣而止其災也[六]。

季春行冬令，則寒氣時發，草木皆肅，丑之氣乘之也。肅[七]，謂枝葉縮栗之。國有大恐。以水訛相驚。行夏令，則人多疾疫，時雨不降，未之氣乘之也。六月，宿值輿鬼，輿鬼爲天尸[八]，時又有大暑。山陵

[一] 依田利用云：「注疏本『牡』作『牝』，《考文》云古本作『牡』，宋板同。」
[二] 《禮記正義》「已」作「以」，山井鼎《七經孟子考文》云古本作「已」。
[三] 《禮記正義》「有」上重「昴」字。
[四] 《禮記正義》「失」作「佚」。
[五] 「以」原誤作「之」，據《禮記正義》改。
[六] 依田利用云：「注疏本無『春氣』二字，係脱。《考文》云古本作『所以畢春氣而除止其災也』，足利本同此。」
[七] 原脱「肅」字，據《禮記正義》補。
[八] 「輿」原誤作「與」，據《禮記正義》改。

不收[一]。行秋令，則天多沉陰，淫雨蚤降，戊之氣乘之也。九月多陰。淫，霖也[二]，雨三日以上爲霖也。兵革並起。」金氣勝也[三]。

蔡雍季春章句曰：「季，末也。時有三月，至此而盡，故謂之末也。今曆季春清明節，日在胃一度，昏明中星，去日百六度七星四度中而昏，斗二十一度半中而明。『桐始華。』桐，木名，木之後華者也。『田鼠化爲鴽。』田鼠，鼸鼠也。鴽，鳥名，鶉鴿之屬也。氣盖盛蒸變含酉[四]，使毛者爲羽，走者能飛，候之尤著者也。化者，後爲田鼠。『虹始見。』蝃音帶。蝀音董[五]。也。今案《爾雅》：「蝃蝀謂之雩[六]。蝃蝀，虹也。」孫炎曰：「别三名。」郭璞曰：「俗名爲美人也。」陰陽交接之氣著於

[一]「陵」《禮記正義》作「林」，阮元失校，邱奎據孔疏、《吕氏春秋》《淮南子》所引，以「陵」字爲是，則《玉燭寶典》存古本面貌。

[二]「霖」原作「淋」，據《禮記正義》改。

[三]「金」《禮記正義》作「陰」，山井鼎《七經孟子考文》云古本作「金」，與此正合。「勝」原作「賅」，據《禮記正義》改。

[四]「含酉」二字當有訛誤。

[五]「董」原誤作「薫」，據《玉燭寶典考證》改。

[六]「雩」原誤作「丁」，據《爾雅注疏》改。

形色，雄曰虹，雌曰蜺。虹常依陰陽雲而出於日衝[一]，無雲不見。蜺常依濁蒙見於日旁，凡見日旁者，四時常有之。唯雄虹起是月，見，至孟冬乃藏[二]。『蓱始生。』蓱，草名，浮生於水上，今案《詩草木疏》：「蘋，水上浮蓱是也。其粗大者謂之蘋，少者謂之蓱[三]。季春始生，可糝蒸以爲茹[四]，又可用苦酒淹以就酒也[五]。」起是浸多，故曰始也。「天子居青陽右个。」右个，辰上之室。『天子乃薦鞠衣于先帝。』鞠衣，衣名，春服也，蓋菊華之色，其制度未之聞也。今案《周官》內司服職有鞠衣，鄭玄注云：「黄桑服也[六]，色如鞠塵，象桑葉始生也。」進於先帝者，進於廟也。舟牧，典舟官也，乘舟至危[七]，故審之也。必覆五覆以視表，五反以視裏[八]，慎之至也。『天子始乘舟。』陽氣和煖，

[一]《初學記》《藝文類聚》《太平御覽》諸書所引蔡邕《月令章句》皆無「陽」字。

[二] 原無「至孟」二字，據《太平御覽》卷十四引蔡邕《月令章句》補。

[三]「謂」原誤作「爲」，據《寶顏堂秘笈》本《毛詩草木蟲魚疏》改。

[四]「糝」原誤作「燥」，又脱「以」字，據《寶顏堂秘笈》本《毛詩草木蟲魚疏》改補。

[五] 原無「用」字，據《寶顏堂秘笈》本《毛詩草木蟲魚疏》補。

[六] 原脱「黄」字，據《禮記正義》補。

[七]「危」原誤作「色」。

[八]「五反」原重，今删。

鮪魚於是時至也，將取以薦，故因是乘舟，浮於名川。《論語》曰：『暮春者，春服既成，冠者五六人[一]，童子六七人[二]，浴乎沂，風乎舞雩。』古有此禮，今三月上巳祓今案《漢書音義》：「音廢。」於水濱，盖出於此。『薦鮪于寢廟。』鮪，魚名，大於衆魚者也。『句者畢出[三]。』句者，盖也，言凡覆盖者盡出命。『有司發倉稟，賜貧窮，振乏絶。』穀藏曰倉，米藏曰廩，無財曰貧，無親曰窮，暫無曰乏，不繼曰絶[四]。『脩利隄防，導達溝瀆。』水行地上，積土兩旁曰隄，所以障衝曰防。行水地中曰溝瀆。『田獵，罘罝[五]、羅網、畢戈、餧獸之藥無出九門。』天子之城，旁三門，東方，盛德所在，獵者不得出，嫌餘三方得行，故曰無出九門。『鳴鳩拂其羽，戴鵀降於桑。』鳩先是時鳴，故稱鳴鳩。拂，猶搏也，陽氣所感，故搏羽下桑以勸人事也。『合累牛、孕馬[六]，遊牝于牧。』累、重、孕、任，皆懷胎之名也，謂六累。懷胎曰重，田外曰牧。爲牝

[一] 原無「五六人」三字，據今本《論語》補。

[二] 「六七人」三字原無，據今本《論語》補。

[三] 「句」原誤作「區」，據《禮記・月令》改。下「句」字同。

[四] 《禮記正義》「繼」作「續」。

[五] 原脱「罘」字，「罝」又誤作「置」，據《禮記・月令》補正。

[六] 《禮記・月令》正文「孕」作「騰」。

馬牛當重孕，故放之於牧地，就牡以定之。」

右章句爲釋《月令》。

《歸藏易·啟筮經》曰：「有一星出千顯山之野，三月鳥出，必以風雨。」《詩·陳風》曰：「東門之楊，其葉牂牂。」鄭牋云：「陽葉牂牂然，三月之中也。」《周官·夏官》上曰：「司爟工煥反。掌季春出火[一]，人咸從之[二]。」鄭玄曰：「火，所以用陶冶也[三]。鄭司農云：『以三月未時昏心星見辰上，使人出火也。』」《禮·祭義》曰：「古者天子諸侯必有公桑蠶室，近川而爲之，筑宮仞有三尺，棘墻而外閉之。及大昕之朝，君皮弁素積，卜三宮之夫人世婦之吉者，使入蠶於蠶室[四]，奉種浴于川，桑于公桑，風戾以食之。鄭玄曰：「大昕，季春朔日之朝也[五]。諸侯夫人三宮，半王后也[六]。風

[一]「火」原誤作「大」，據《周禮注疏》改。下「火」字同。

[二]《周禮注疏》「人」作「民」，「人」爲避李世民諱。

[三]原無「以」字，據《周禮注疏》補。

[四]原無「於蠶」二字，據《禮記正義》補。

[五]「季春」原互倒，據《禮記正義》乙正。

[六]「后」原誤作「舌」，據《禮記正義》改。

戾之者，及蚤涼脆采之[一]，風戾之[二]，使露氣燥，乃以養蠶，蠶性惡温也。」歲既單矣[三]，世婦卒蠶，奉繭以示于君，遂獻繭于夫人。曰[四]：『此所以爲君服與。』遂副褘而受之[五]，因少牢以禮之。」

歲單，謂三月月盡之後也。言歲者，蠶歲之大功，事畢於此也。

《論語·先進》曰：「暮春者，春服既成，冠者五六人，童子六七人，浴于沂，風于舞雩，詠而饋。」鄭玄曰：「暮春者，季春[六]。所制作衣服，衣服已成[七]，謂雩祭之服。雩者，祀上公祈穀實。四月龍星見而爲之，故季春成其服。五、六[八]、七者，雩祭儛者之數。風晞，儛雩者浴於沂水上自潔清[九]，身晞而衣此服

[一]「脆」原誤作「晩」，據《禮記正義》改。

[二]原脱「戾」字，據《禮記正義》補。

[三]原「單」下有「于」字，據《禮記正義》删。

[四]《禮記正義》「曰」上重「夫人」二字。

[五]「褘」原誤作「禱」，據《禮記正義》改。

[六]依田利用云：「案包咸注此，下有『三月也』三字，此蓋脱。」

[七]「衣服」二字當爲衍文。

[八]依田利用于「六」字下重「六」字。

[九]「於沂」原互倒。

以儛雩，且詠而饋之。禮此禮者[一]，憂人之本，故《論語》作『詠而歸』[二]。包氏曰[三]：『詠先王之道，歸夫子之門也。』」

《韓詩章句》曰：「溱與洧，方洹洹兮[四]，謂三月桃華水下之時，鄭國之俗三月上巳之日，此兩水上招魂續魄，拂除不祥[五]。」《周書·時訓》曰：「清明之日，桐始華。又五日，田鼠化爲鴽[六]。又五日[七]，虹始見。桐不始華，歲有大寒。田鼠不化，國多貪殘。虹不始見，婦人苞亂。穀雨之日，萍始生。又五日，鳴鳩拂有羽。又五日，戴勝降于桑。萍不始生，陰氣憤盈。鳴鳩不拂，羽國不治兵。戴勝不降桑，政教不平。」《禮·夏小正》曰：「三月，參則伏。攝桑。

[一] 依田利用以上「禮」字爲衍文。
[二] 依田利用云：「按『故』當作『古』。陸《釋文》云：『鄭本作饋。饋，酒食也。魯讀饋爲歸。今從古。』」
[三] 「包」原誤作「苞」。
[四] 案《毛詩》「方渙渙兮」，陸德明《經典釋文》云：「渙，《韓詩》作『洹』。」
[五] 案《初學記》《白氏六帖》《通典》《事類賦》諸書所引《韓詩章句》作「拂」作「祓」，二字古音相近。
[六] 「鴽」原誤作「駕」，據《古逸叢書》本、《玉燭寶典考證》改。
[七] 「五」原誤作「必」，據《古逸叢書》本、《玉燭寶典考證》改。

桑攝而記之，急桑也。𦍷音偉。羊。羊有相還之時，其類𦍷𦍷然，記變爾。或曰：𦍷，羝也[一]。

蟄則鳴。蟄，天螻也。今案《尔雅注》云：「天螻，螻蛄也。蟄音斛。」頒冰。頒冰也者[二]，分冰以授大夫。

妾子始蠶。先妾而後子，何也？曰：『事有漸也，言卑事自卑者始[三]。執養宮事。執，操也。養，大也。越有小旱。越，于也。記是時恒有小旱。田鼠化爲鴽[四]。鴽，鵪也。古「鵪」字。今案《爾雅》：「鴽，牟母。」郭璞注云：「鵪也，青州呼牟母。」劉氏曰：「牟鴽，鵪也。」《蒼頡篇》曰：「鵪，鶉屬也[五]。」馬融《上林頌》曰：「鶉鵪如煙。」乃作「鵪」字，高誘《淮南子注》又在鳥旁音[六]。《字詁》云：「鴾，今鵪。」注：「鴽也。」然則鶉、鵪、鴾四字同音一鳥，唯字有今古耳也。拂桐葩。拂者，拂也。桐葩之時也。或曰：言桐葩始生

[一]「羝」原誤作「⿰羊巨」，據《大戴禮記解詁》改。

[二]原無「氷也」二字，據《大戴禮記解詁》補。

[三]原無「自卑」二字，據《大戴禮記解詁》補。

[四]「鴽」原誤作「茹」，又脱下「鴽」字，據《大戴禮記解詁》改補。

[五]「鶉」原誤作「郭」，據《古逸叢書》本、《玉燭寶典考證》改。

[六]疑「音」下有脱文。

貌拂然[一]。鳴鳩。言始相命也[二]。先鳴而後鳩者，何也[三]？鳩者鳴，而後知其鳩也[四]。」

《易通卦驗》曰：「清明，雷鳴雨下。清明風至，玄鳥來。鄭玄曰：「清明，清明清潔之風。玄鳥，陽氣和乃至也。」晷長六尺二寸八分，白陽雲出注，南白北黃。清明於震值六二，六二，辰在酉，得兑氣爲南白。互體有艮，故北黃。穀雨，田鼠化爲鴽。鴽，麋母。《禮》注云[五]：「母無。」《爾雅》云：「牟母。」此云麋母，聲相涉亂也。晷長五尺三寸二分，大陽雲出張，上如車蓋，下如薄。」穀雨於震值六三，六三，辰在亥，得乾氣，形似車蓋，震爲雚葦，故下如薄也。

《詩紀歷樞》曰：「辰者，震也，雷電起而萬物震。」宋均曰：「震，動。」《春秋元命苞》曰：「衰於辰，辰者，震也。宋均曰：「震懼，懼於衰老，形消去也。三月榆莢應此變也。」沽洗者，陳去新來，少陽至辰，氣爍易蒙。」沽，猶槁也，即陽也。蒙，斡也。《春秋元命苞》曰：「至辰，氣礫，季月榆

[一]「貌」原誤作「狠」，據《大戴禮記解詁》改。

[二]原無「始」字，據《大戴禮記解詁》補。

[三]原無「何也」二字，據《大戴禮記解詁》補。下「鳩者」二字同。

[四]原脱「也」字，據《大戴禮記解詁》補。

[五]依田利用云：「疑『禮』上當有『今案』二字。」

消、鍼鍜死。」宋均曰：「礫，消。消，爍也。木行盡，故榆莢落以應節。鍼鍜，未聞也。隆冬凜氷，欵東鍼凍鍜而出華[一]，三月則死，蓋欵東一名鍼鍜乎也。《春秋元命苞》曰：「氣相漸，錯以云糺，故三月榆莢落。」宋均曰：「錯。雜也。云，彌也。糺，轉相。糺纆氣漸雜相入，彌相糺纆，故物或消落，或轉而明也。」《國語·魯語》曰：「鳥獸孕，水虫成，孔晁曰：「孕，懷。成，長。季春時也。」獸虞於是乎禁罝羅，獸虞，掌山林禁。今兔罟曰罝[二]，鳥罟曰羅。矠今案《字林》曰：「矠，矛屬。又曰反也。」魚鱉以爲夏槁，助生阜[三]。」矠，又取之也。槁，腊也。禁罝羅，所以助生阜者也。

《爾雅》曰：「三月爲柄[四]。」李巡曰[五]：「三月陰氣在上，陽氣未壯，万物微弱，故曰病。病，微弱也。本作病。」孫炎曰：「物已絶，地有莖柄也。」《莊子》曰：「槐之生也，入季五日而菟目，十日而鼠耳。」[六]

[一] 「華」字原缺筆，疑此句有錯亂。

[二] 「兔」原誤作「勉」，據《國語》改。

[三] 《國語》「阜」下有「也」字。

[四] 「柄」《爾雅注疏》作「病」。

[五] 「李」原誤作「季」。

[六] 此當爲《莊子》逸文，依田利用亦云。今案《初學記》卷二十八亦引作此，《太平御覽》卷九五五引作：「《淮南子》曰：『槐之生也，入季春五日而兔目，十日而鼠耳。』」

《史記・律書》曰：「沽洗者，言万物洗生也。」《前漢書・文紀》曰[一]：「詔賜民酺《周官》：「音蒲。」五日。」蘇林曰：「陳留俗，三月上巳，水上飲食爲酺之。」[二]《淮南子・時則》曰：「季春之月，招搖指辰。三月官卿，其樹李。」高誘曰：「三月料人户口[三]，故官卿也。李亦有竅[四]，說与杏同[五]。李後杏熟，故三月李也。」《淮南子・天文》曰：「季春三月，豐隆乃出，以將搕其雨[六]。」許慎曰：「豐隆，雷神[七]。」《淮南子・主術》曰：「昏張中，即務樹穀[八]。」許慎曰：「大火昏中，三月也。」《白虎通》曰：「三月律謂之沽洗何？沽者，故也。洗者，鮮也。言万物皆去故就新[九]，莫不鮮明也。」《續漢書・禮

[一]「紀」原作「記」。

[二]今本《漢書》無蘇林此注。

[三]「料」，原誤作「折」，何寧《淮南子集釋》高誘注作「科」，孫詒讓以「科」當作「料」。《國語・周語》云：「乃料民於太原。」韋昭注云：「料，數也。」又何寧《淮南子集釋》高誘注「人」作「民」，避李世民諱。

[四]「亦」原誤作「之」，據何寧《淮南子集釋》高誘注改。

[五]「說」原誤作「言」，蓋「說」字脫落右半。又脫「同」字，據何寧《淮南子集釋》高誘注改補。

[六]今本《淮南子》無「搕」字。「搕」同「扼」。疑古本如此。

[七]「雷神」今本作「雷也」。

[八]何寧《淮南子集釋》「即」作「則」，「樹」作「種」。

[九]清光緒元年淮南書局刻本《白虎通疏證》「新」上有「其」字。

儀志》曰[一]：「三月上巳，官人皆潔於東流水上，自洗濯祓除[二]，去宿垢疢爲大潔[三]。潔者，言陽氣布暢，万物訖出，始潔之也。」《雜五行書》曰：「欲知蠶美惡[四]，常以三月三日，天陰如無日，不見雨，蠶大善。」

崔寔《四人月令》曰[五]：「三月三日，可種瓜。是日以及上除，可采艾、烏韭、瞿麥、柳絮。柳絮，治瘡痛也[六]。清明節，命蠶妾治蠶室，塗隙、穴，具槌、持、薄、籠[七]。節後十日，封生薑。

[一] 原脱「禮」字。

[二] 「自」，今本《後漢書》作「目」。

[三] 原無「疢」字，據《後漢書》補。

[四] 原脱「知」字，據《齊民要術》卷五、《藝文類聚》卷七引《雜五行書》補。又《齊民要術》卷五、《藝文類聚》卷七引《雜五行書》「美」作「善」。

[五] 「人」，避李世民諱。

[六] 「治瘡痛」原誤作「上創穴」，據《齊民要術》卷三、《藝文類聚》卷八十二、《初學記》卷三、《太平御覽》卷九五七引《四民月令》改。又《藝文類聚》卷八九引作「柳絮可以愈瘡」。

[七] 《齊民要術》卷五、《初學記》卷三引《四民月令》「薄」作「箔」，屬後起新字。

至立夏後，蠶大食[一]，牙出[二]，可種之。穀雨中，蠶畢生，乃同婦子，以懃其事。無或務他，以亂本業。有不順命，罰之無疑[三]。是月也，杏華盛，可菑沙、白、輕土之田[四]。氾勝之曰：「杏華如何？可耕白沙也[五]。」時雨降，可種秔稻[六]，今案《蒼頡篇》：「秔，稻之不黏者。音庚也。」及稙禾[七]、苴麻、胡豆、胡麻，別小蔥。昏参夕，桑椹赤[八]，可種大豆也，謂之上時。榆莢落，

[一] 原無「蠶大食」三字，據《齊民要術》卷三引《四民月令》補。

[二] 《齊民要術》卷三引《四民月令》「出」作「生」。

[三] 「穀雨中」至「無疑」，不見諸書徵引，當爲《四民月令》逸文。

[四] 原「菑」字闕壞，「輕」原作「輊」，據《齊民要術》卷一、《藝文類聚》卷八十七、《太平御覽》卷九六八引《四民月令》改。

[五] 原脱「可耕白」三字，據《藝文類聚》卷八七、《太平御覽》卷九六八、《事類賦》卷二六引《氾勝之書》補。

[六] 「秔稻」原互倒，據《初學記》卷二七引《四民月令》乙正。又《齊民要術》卷二引《四民月令》「秔」作「粳」，同「秔」。

[七] 「稙」原誤作「植」，據《太平御覽》卷八三九引《四民月令》改。《齊民要術》卷一作「植」。

[八] 「椹」原誤作「甚」，據石聲漢《四民月令校注》改。

可種藍。是月也，冬穀或盡，椹麥未孰，乃順陽布德，振贍遺乏[一]，務先九族[二]，自親者始。罄家無或蘊財[三]，蘊，積。忍人之窮；無或利名，罄家繼富；罄，謁也。度入爲出[四]，處厥中焉。

農事尚閑，可利溝瀆，葺治墻屋以待雨[五]；繕脩門户，警設守備，以御飢春草竊之寇[六]。自

是月盡夏至[七]，煖氣將盛，日烈暵，暵，燥也。今案《周官·春官》下女巫「旱暵則舞雩」[八]。暵音旱也。

利以染油[九]，作諸日煎藥。可糶黍，買布。」

[一]「贍」原誤作「瞻」，「乏」原誤作「之」，據《齊民要術》卷三引《四民月令》改。

[二]「族」原誤作「挨」，據《齊民要術》卷三引《四民月令》改。又《齊民要術》「先」作「施」。

[三]《齊民要術》卷三引《四民月令》無「罄」字。

[四]「入」原誤作「人」，據《齊民要術》卷三引《四民月令》改。

[五]《齊民要術》卷三引《四民月令》無「以待雨」三字。

[六]「備以」原互倒，據《齊民要術》卷三引《四民月令》乙正。《齊民要術》卷三引《四民月令》「飢春」作「春飢」。

[七]「月」原誤作「日」，據石聲漢《四民月令校注》改正。

[八]原無「巫」字，據《古逸叢書》本、石聲漢《四民月令校注》補。

[九]《齊民要術》卷三引《四民月令》「利以染油」作「利用漆油」。

正説曰：陽和之節，登臨爲美，季月婉晚，良又甚焉。老君古之體道理忘執，著説上、下經，尚云「衆人熙熙，若登春臺而饗太牢」，足驗當騁目[一]，世所忻樂。《詩》云：「春日遲遲，春日載陽。」皆其義也。《論語》云：「春服既成，浴乎沂，詠而饋。」時雖不雨，未爲旱灾[二]，似因候望豫脩牢禮。《周官》：「女巫[三]，掌歲時祓除釁浴[四]。」鄭注：「今三月上巳，如水上之類[五]。」《韓詩章句》云：「三月桃花水下之時[六]，鄭俗上巳溱洧兩水之上，招魂續魄，秉蘭拂除。」是則遠經編録，焕於墳典。

《續齊諧記》：「晉武帝問尚書郎摯仲治[七]：『三日曲水，其義何旨[八]。』答曰：『漢章帝時，

[一]《玉燭寶典考證》「騁」作「觸」，非。
[二]《玉燭寶典考證》「未」作「者」，非。
[三]「巫」下原有「常」字，涉下「掌」字而衍，據《周禮注疏》删。
[四]「祓」原誤作「秋」，「浴」原誤作「俗」，據《周禮注疏》改。
[五]原無「如」字，據《周禮注疏》補。
[六]「水下」原互倒，據《初學記》卷三、《北堂書鈔》卷一五五、《太平御覽》卷十八引《韓詩》乙正。
[七]原無「郎」字，據《説郛》本《續齊諧記》補。
[八]「何旨」原誤作「仁捐」，據《説郛》本《續齊諧記》改。又「旨」又有作「指」者。

平原徐肇以三月初生三女，至三日而俱亡，一村以爲怪，乃相攜之水邊盥洗[一]，遂因流水以濫觴，曲水起此。』帝曰：『若如所談，便非嘉事。』尚書郎束晳曰：『仲治小生[二]，不足以知此，臣請說其始。昔周公卜城洛邑，因流水以汎酒，故《逸詩》云「羽觴隨波流」。又秦昭王三月上巳置酒河曲[三]，有金人自淵而出，奉水心劒，曰[四]：「令君制有西夏。」此乃其處，因立爲曲水。二漢相法，皆爲盛集。』帝曰：『善。』賜金五十斤，左遷仲治爲陽城令。漢高亦以三月祓於灞上。」《字林》云：「祓，除惡祭也。方吠反。」馬融《梁冀西第賦》云：「西北戌亥[五]，玄石承輸。蝦蟇吐寫，庚辛之域。」即曲水之象也[六]。董勛《問禮俗》云：「今三月上巳，於水上祓除洗

[一]《四部叢刊》本《六臣注文選》《藝文類聚》卷四「邊」作「濱」。

[二] 諸書所引「仲治」作「摯虞」。

[三]「月」原誤作「日」，據《藝文類聚》卷四、《初學記》卷四、《北堂書鈔》卷五八、《太平御覽》卷三十引《續齊諧記》改。

[四] 原無「曰」字，據《藝文類聚》卷四、《初學記》卷四、《北堂書鈔》卷五八、《太平御覽》卷三十引《續齊諧記》補。

[五]「戌」原誤作「戒」，據《南齊書·禮志》引《梁冀西第賦》改。

[六] 原無「之象」二字，據《南齊書·禮志》引《梁冀西第賦》補。

浴[一]。」郭緣生《述征記》云：「洛陽城廣陽門北是魏明帝流杯池，猶有處所。」戴延之《西征記》云：「天淵之南有東西溝承御溝水[二]，水之北有積石爲壇，云三月三日御坐流杯處。」一本「魏明帝天淵池南設流杯石溝」[三]。陸機《洛陽記》：「蘂殿，華光殿之西也，流水經其前過，又作積石，瀨禊堂。三月三日，帳幔跨此水御坐處。」[四]溝、瀨、壇、堂小異，曲水流杯義同[五]，便有帝王故事，非唯黎庶而已。

程咸平吴後，三月三日從華林園作詩云：「皇帝升龍舟，待握十二人[六]。天吴奏安流，水伯衛帝津。」陸機《櫂歌行》亦云[七]：「元吉降初巳，濯穢遊黄河。龍舟浮鷁首，羽旗垂藻葩。乘風宣飛景，逍遥戲中波。」此即依古今舟牧「五覆五反，天子始乘舟」之義。李元《春遊賦》云：「老

[一]「水上」原作「上水」，依田利用云：「『上水』疑當乙轉。」今以文意乙正。
[二]《初學記》卷四引《西征記》「淵」作「泉」。原重「溝」字，不重「水」字，據《初學記》卷四引《西征記》刪補。
[三]「杯」原誤作「坏」，據《古逸叢書》本改。
[四]此條爲陸機《洛陽記》逸文，不見諸書徵引。
[五]「曲」原誤作「由」，據上文及《古逸叢書》本改。
[六]依田利用云：「『待握』疑當作『待幄』。」此條爲程咸逸文。
[七]「櫂」原誤作「擢」，據《四部叢刊》本《陸士衡文集》卷八改。

氏發登臺之詠，曾子敘臨沂之歡。府臨滄浪，則可以流滌靈府[一]。仰望蕭條，則可以興寄神氣。」積習稍文，咸以爲常。但止取三日，不復用巳耳。

杜篤《祓禊賦》云[二]：「巫咸之倫[三]，秉火祈福。浮棗絳水，衍散昌礫[四]。」徐幹《齊都賦》云：「傾杯白水，沉者如京。」張協《洛禊賦》云：「布椒醑薦柔嘉[五]，浮素卵以蔽水，灑玄醪於中河。」潘尼《三日洛水詩》云：「羽觴縈波進[六]，素卵隨流歸。」王廙《春可樂》云：「浮盤兮流爵，接飲兮相娛。」此又所用不同，事物增廣矣。蓋車馬弗馳，唐風與刺，百泉斯往，京野作歌，一遊一豫，於是乎在談議之士，俾無尤兮。

[一] 原無「以」字，以下文「仰望蕭條，則可以興寄神氣」例之，當有「以」字。此條爲李元逸文。

[二] 「杜篤祓」原誤作「社篤秡」。

[三] 《續漢書·禮儀志》注引《祓禊賦》「倫」作「徒」。

[四] 《藝文類聚》卷四引杜篤《祓禊賦》曰：「王侯公主，暨乎富商，用事伊雒，帷幔玄黃，於是旨酒嘉肴，方丈盈前，浮棗絳水，酹酒醲川。若乃窈窕淑女，美媵艷姝，戴翡翠，珥明珠……」「衍散昌礫」不見諸書徵引，當爲逸文。

[五] 「醑」原作「精」，據《初學記》卷四、《北堂書鈔》卷一五五引張協《洛禊賦》改。

[六] 《藝文類聚》卷四引潘尼《三日洛水詩》「縈」作「乘」。下「卵」字作「俎」。

《風土記》云：「壽星乘次元巳，首辰袚醜虞之遐穢，濯東朝之清川。」[一]注云：「漢末，郭虞以三月上辰上巳生三女並亡[二]，時俗迨今，以爲大忌。是日皆適東流水上，祈袚潔濯。」《宋》《齊志》引爲故事，此言不經，未足可採。

《玉燭寶典》第三三月

[一] 此條不見諸書徵引，疑爲《風土記》逸文。
[二] 「亡」原誤作「巳」，據《古逸叢書》本改。

四月孟夏第四

《禮·月令》曰：「孟夏之月，日在畢，昏翼中，旦婺女中。鄭玄曰：「孟夏者，日月會於實沉而斗建巳之辰者[一]。」其日丙丁，丙之言炳也，萬物皆炳然著見而强大。其帝炎帝，其神祝融，此赤精之君，火官之臣也。炎帝，天庭氏也[二]。祝融[三]，顓頊氏之子，曰藜，爲火官者也[四]。其蟲羽，象物從風鼓葉，飛鳥之屬。其音徵，三分宫，去一以生徵，徵數五十四。屬火者，以其微清[五]，事之象。律中中呂。孟夏氣至，則中呂之律應。高誘曰：「陽散也在外，陰實在中，所以禳陽成功也[六]，故曰中呂。」其數七，火，生數二[七]，成

[一] 依田利用云：「注疏本無『者』字，《考文》云古本有『也』字。」

[二] 「天」原誤作「大」，據《禮記正義》改正。

[三] 原脱「祝」字，據《禮記正義》補。

[四] 依田利用云：「注疏本無『者也』二字，《考文》引古本有『者也』二字，與此正合。」

[五] 「微」原作「徵」，據《禮記正義》改。

[六] 何寧《淮南子集釋》高誘注「禳」作「旅」。

[七] 「二」原誤作「三」，據《禮記正義》改。

數七。但言七者，亦舉成其者也。其味苦，其臭焦，其祀竈，祭先肺。夏，陽氣盛，熱於外，祀之於竈，從熱類也。祀之先祭肺者，陽位在上[一]，肺亦在上，肺爲尊也。

螻蟈鳴，丘蚓出[二]，王瓜生，苦菜秀。螻蟈，蛙也。王瓜，萆挈也[三]。今《月令》「王萯生」，《夏小正》云「王萯秀」，未聞孰是也。高誘曰：「螻蝛，蝦蟇也。」蔡邕曰：「螻，螻蛄也。蟈，蟲鼃之屬。蚯引，蟲而無足，豸屬也[四]。」今案《周官·秋官》下曰：「蟈氏掌去鼃黽。」鄭玄注云：「齊魯之間謂鼃爲蟈。黽，耿黽也。蟈与耿黽尤怒鳴，爲聒人耳，故云之也。」

天子居明堂左个，乘朱路，駕赤駠，載赤旂，衣朱衣，服赤玉，食菽與雞[五]，其器高以粗。明堂左个，大寢南堂東偏也。菽實有孚甲堅合[六]，屬水。雞，木畜也，時熱食之，亦以安性也。粗，猶大也。器高大者，象物盛長。

[一] 原脱「上」字，據《禮記正義》補。
[二] 「丘」字惠棟校宋本、岳本、足利本同，他本作「蚯」。
[三] 「萆挈」原作「弊挈挈」，據《禮記正義》改。
[四] 「豸」原誤作「象」。
[五] 「菽」原作「叔」，據《禮記正義》改。下「菽」字同。
[六] 「堅」原誤作「豎」，據毛利高翰影鈔本、《古逸叢書》本改。

是月也，以立夏。先立夏三日[一]，大史謁之天子曰：『某日立夏，盛德在火。』天子乃齊。立夏之日，天子親帥三公[二]、九卿、大夫以迎夏於南郊。還反，行賞，封諸侯，慶賜遂行[三]，無不欣説。迎夏，祭赤帝熛怒於南郊之兆[四]。不言帥諸侯而云封諸侯，諸侯或時無在京師者[五]，空其文也。乃命樂師習合禮樂。爲將飲酎。命太尉贊桀俊，遂賢良，舉長太。助長氣也。贊，猶出也。桀俊，能者。遂，進也。三王之官有司馬[六]，無太尉，秦則有太尉。今俗人皆云「周公作《月令》」，未通於古之者也[七]。行爵出禄，必當其位。

繼長增高，謂草木盛蕃廡也。毋有壞隳，爲逆時氣。毋起土功，毋發大衆，爲妨蠶農之事。毋伐大樹。天子始絺。初服暑服。命野虞出行田原，爲天子勞農勸民，毋或失時。命司徒巡行縣、鄙，命

[一] 原脱「先立夏」三字，據《禮記正義》補。
[二] 「帥」原誤作「師」，據《禮記正義》改。下「帥」字同。
[三] 原脱「遂行」二字，據《禮記正義》補。
[四] 《禮記正義》「熛」上有「赤」字。依田利用云：「《考文》引古本無，與此正合。」
[五] 《禮記正義》「或時」作「時或」。
[六] 「三王」原互倒，據《禮記正義》乙正。
[七] 《禮記正義》無「之者也」三字。

農勉作[一]，毋烋于都。急趣農也。縣[二]、鄙，鄉遂之屬，主民者也。《王居明堂禮》曰：「毋宿于國。」《月令》「烋」今「伏」。案《釋名》曰：「縣，懸也，懸於郡也。」毆古「駈」字。獸毋害五穀，毋大田獵。農乃登麥。天子乃以彘今案《孝經援神契》曰：「彘，水伏，故無脈。」注云：「彘，太陰之物，閉藏氣脈不通，故可無脈。以其好水，使以鼻動，象水虫焉[三]。」《方言》曰：「豬，關東西或謂之彘。」《漢書·貨殖傳》曰：「澤中千足彘，与千户侯等。」《爾雅》曰：「豕子[四]，豬。」郭璞注云：「今亦曰彘，江東呼豨，皆通名耳。」《埤雅》曰：「豕，彘也。」《字林》曰：「豕後蹄廢謂之彘。大例反。」嘗麥，先薦寢廟。登，進也。麥之氣尤盛[五]，以彘食之，散其熱也。彘，水畜也。

聚蓄百藥。蕃廡之時[六]，毒氣盛也。靡草死，麥秋至。斷薄刑，決小罪，舊説云：「靡草，薺、亭

[一]「作」原作「位」，據《禮記正義》改。
[二]「縣」下原有「郡」字，據《禮記正義》刪。
[三]「焉」原作「烏」。依田利用云當作「焉」，今從其説改。
[四]原無「子」字，據《爾雅注疏》補。
[五]《禮記正義》「氣」上有「新」字。
[六]「蕃」原誤作「藥」，涉正文「藥」字而訛，據《禮記正義》改。

歷之屬也[一]。」《祭統》曰：「草艾則墨」[二]，謂立秋後也。形無輕於墨者，今以純陽之月斷形決罪，与「毋有壞隳」自相違，似非。《春秋元命苞》曰：「形者，侀也。以刀守井[三]，井飲人，人入井，陷於淵[四]，乃守之，割其情也。」宋均曰：「井飲人，則人樂之。樂不已，則溺自陷於淵。故人加刀謂之刑，欲人畏慎以全節也。」**出繫輕。**

崇寬。**蠶事畢，后妃獻繭。乃收繭稅，以桑爲均，貴賤長幼如一，以給郊廟之服。**后妃獻繭者，內命婦獻繭於后妃也。收繭稅者，牧於外命婦也。外命婦雖就公桑蠶室而蠶，其夫亦當有祭服以助祭，收以近郊之稅也。

天子飲酎，用禮樂。酎之言醇也。謂重釀之酒也。春酒至此始成，与群臣以禮樂飲之於廟，正尊卑[五]。今案《呂氏春秋》此下云：「行之是令，而甘雨至三旬。」高誘曰：「行之是令，行是令也。旬，十日也。十日一雨，三旬三雨也。」《字林》曰：「酎，三重釀酒也。」

[一] 依田利用云：「注疏本『亭歷』作『葶藶』，《考文》云宋板作『亭歷』，足利本同。正與此合。」

[二] 「草艾」原互倒，據《禮記正義》乙正。

[三] 原無「以」字，據《一切經音義》引《春秋元命苞》補。

[四] 「淵」原誤作「揪」，《一切經音義》引《春秋元命苞》引作「泉」，避李淵諱。

[五] 《禮記正義》「卑」下有「也」字。

孟夏行秋令，則苦雨數來，五穀不滋。申之氣乘之也[一]。苦雨，白露之類也。四鄙入保。金氣爲害也。鄙，界上之邑也。小城曰保也。行冬令，則草木蚤枯，長日促也[二]。後乃大水，敗其城郭；亥之氣乘之也。行春令，則蝗蟲爲災，暴風來格，寅之氣乘之也，必以蝗虫爲災。寅，陽也，有啟蟄之氣行於初暑[三]，則當蟄者大出矣。格，至也。秀草不實。」氣更生之，不得成也。蔡邕曰：「春主秀也，夏主實。夏行春令，故草秀不實。秀草，苦菜、薺屬也。」

蔡雍孟夏章句曰：「夏，假也。假，太也。『其虫羽。』南方朱鳥，羽虫之長，故凡羽屬夏也。『祭先肺。』火神祀於電，肺金藏，以金養火，食其所勝也。『螻蟈鳴。』「螻蟈，蛄蜮，虫鼃之屬也」。『蚯蚓出。』蚯蚓[四]，虫而無足[五]，豸屬也。今案《爾雅》：「有足謂之虫，無足謂之豸。」《字林》云：「豸獸長春行曰豸。大爾反。」『王蓓生[六]。』王蓓，草名，生於陵陸，草之後生者也。『苦

[一]「申」原誤作「甲」，據《禮記正義》改。
[二]「促」原作「足」，據《禮記正義》改。
[三]「蟄」原誤作「執」，據《禮記正義》改。
[四] 原脱「蚯蚓」二字，上文引蔡邕曰：「蚯引，蟲而無足，豸屬也。」今據以補。
[五] 原脱「無」字，據上文引蔡邕注補。
[六]「蓓」同「萯」，鄭玄云：今《月令》云「王萯生」。

菜秀。』苦菜，荼也。不榮而實謂之秀。荼與薺麥俱以秋生，少陰之物，成於大陽，故夏而秀。『天子居明堂左个。』明者，陽也，光也。鄉陽受光，故曰明。三面，闕前曰堂。四周有户曰室。左个，明堂之東，巳上之堂。『命大尉讚桀後。』大尉者，鄉官也。讚美桀後，皆材兼人者也。《禮辨名》曰[一]：『千人曰選，倍選曰後，萬人曰桀。』『遂賢良。』遂，成也。材，千人曰英，倍英曰賢。良，善也。《禮辨名》曰：『大尉典爵，故爵禄之事皆命之。』『驅獸無害五穀。』獸，麋鹿之屬，食穀苗穗者也。『畜聚百藥。』藥者，草木之有滋味物力，所以攻百疾者也。是月草木盛，剛柔適，物力盛，故畜聚之也。神農躬嘗，别草木之味，蓋一日七十餘毒，於是得穀以養民，得藥以攻疾。『靡草死。』靡，細也，亭歷、薺芥之屬，以秋生者，得太陽成而死也。百穀各以其初生爲春，熟爲秋，故麥以孟夏爲秋也。「天子飲酎[二]。」酎，酒名也。飲者進之宗廟，而後飲於廟中也。各釀酒，至此而成，故進之四鄙。『入保。』保，小城，在邊野也。『暴風來格。』日出而風曰暴。「秀草不實[三]。」秀草，苦菜、薺屬也。春主秀，夏主實，夏而行春令，故草秀不實。」

[一]「辨」原作「變」。

[二] 原無「天子飲酎」四字，據蔡邕注釋體例補。

[三] 原無「秀草不實」四字，據蔡邕注釋體例補。

右章句爲釋《月令》。

《禮·鄉飲酒義》曰：「南方者夏，夏之爲言假，養之，長之，假之，仁。」鄭玄曰：「假，大也。」《尚書大傳》曰：「南方者何也？任方也。任方也者，物之方任。何以謂之夏？夏者，假也。假也者，吁荼万物而養之外也[一]，故曰南方夏也。」鄭玄曰：「吁荼讀曰嘘舒也。」《釋名》曰：「夏，假也。寬假萬物，使生長也。」

右總釋夏名。

《皇覽·逸禮》曰[二]：「夏則衣赤衣，佩赤玉，乘赤輅，駕赤騮，載赤旗，以迎夏於南郊。其祭先黍與雞[三]。居明堂正廧，啟南户。」《詩紀歷樞》曰：「丙者，柄也。丁者，亭也[四]。」宋均：「亭，猶止。陽氣著止而止也。」《詩含神務》曰：「其南赤帝坐，神名熛怒。」宋均曰：「熛

[一] 原無「外也」二字，據《尚書大傳》補。
[二] 「覽」原誤作「賢」。
[三] 「其」下原有「户」字，據《藝文類聚》卷三、《初學記》卷三、《太平御覽》卷二一引《皇覽·逸禮》刪。
[四] 原無「也」字，據宋均注釋體例補。

怒者，取火性輩揚成怒，以自名也。」《尚書考靈燿》曰：「氣在於初夏[一]，其紀熒惑，是謂發氣之陽，可以毁消金銅，與氣同光[二]。鄭玄曰：「火星出，可用火也[三]。」使民備火，皆盛以甕，天地火俱用事爲熾，故盛之也。是謂敬天之明，必勿行武，與季夏相輔。初夏之時，衣赤，與季夏同期[四]，如是則熒惑順行[五]，甘雨時矣。」

《春秋元命苞》曰：「其日丙丁。丙者，物炳明。丁者，强。宋均曰：「時物炳然且丁强，因以爲日名也。」時爲夏，夏者，物滿縱，夏，大也。大，故滿縱也。位在南方，南方者，任長。任，含任之任也。其帝祝融。祝融者，屬續也。不言其帝炎而言祝融者，義取屬續也。今儒家皆以祝融於古帝顓頊氏之子，曰黎，爲火官者也，此与上帝感五精之帝而生者自相違。今案《元始上真衆仙説記》云[六]：「祝融氏爲赤，治衡、

[一] 原無「初」字，據文淵閣《四庫全書》本《開元占經》（以下簡稱《開元占經》）引《尚書考靈曜》補。

[二] 依田利用云：「舊『與』上有『舉』字，《占經》無。蓋『舉』、『與』字形相近而誤重，今删去。」今從從其説删。

[三] 「也」原誤作「之」，據依田利用説改。

[四] 原無「夏」字，據《開元占經》引《尚書考靈曜》補。

[五] 「如」原作「而」，據《開元占經》引《尚書考靈曜》補。

[六] 今本無「説」字，當爲涉「記」字而誤訛。

霍山。」便同此説之也[一]。其神朱芒，朱芒者，注芒也。升火神爲帝，則芒宜伐，爲神朱赤也。但未知朱芒何家之子耳。注芒者[二]，注春所物産，使生芒。《山海·海外南經》曰：「南方祝融，獸身人面，乘兩龍。」郭璞曰：「火神之也[三]。」其精赤鳥。」赤，朱也。朱鳥，鶉火也。《爾雅》曰：「夏爲昊天，李巡曰：「夏，万物盛壯，其氣昊昊。」孫炎曰：「夏天長物，氣體昊大，故曰昊天。」[四]郭璞曰：「言氣皓旰也。」夏爲朱明，孫炎曰：「夏氣赤而光明也。」夏爲長嬴[五]。」《史記·律書》曰：「丙者，言陽道著明。丁者，言万物之丁壯也[六]。」《白虎通》曰：「其音徵。徵者，止也。陽度極也[七]。」《白虎通》曰：

[一] 森立之父子校本、《玉燭寶典考證》「便同」均誤作「使周」。

[二] 「注」原誤作「住」，據上文改。

[三] 依田利用《玉燭寶典考證》以「之」字爲衍文。

[四] 孫炎注文不見諸書徵引，當爲逸文。

[五] 「嬴」原誤作「羸」，據《爾雅注疏》改。

[六] 原無「言」、「丁」二字，據中華書局點校本《史記》補。

[七] 「陽」原誤作「楊」，「度極」原互倒，據淮南書局本陳立《白虎通疏證》改補。

「火味所以苦何？南方者主長養，苦者所以養育之[一]，猶五味得苦可以養也[二]。其臭焦何？南方者火盛，陽炁動，故其臭焦也。」

右總釋夏時。

《詩·豳風》曰：「四月秀葽。」鄭箋云：「《夏小正》曰：『四月王萯秀葽。』其是乎。」今案《詩草木疏》云：「《夏小正》『四月秀幽』[三]，幽、葽同耳，即今爲葽也。遼東謂葽爲幽葽。又魏文侯曰：『幽葽，秀之生也似禾。』幽爲秀明矣。《小正》既云『葽幽』，又云『王萯秀』，此自二草，而鄭君横引『王萯』爲誤矣。」幽、葽或如《詩疏》所論，但四月葽猶未秀，恐是别草之。《春秋傳》曰：「龍見而雩。」服虔曰：「龍，角、亢也，謂四月昏龍星體畢見也。」《春秋經》庄七年：「夏四月辛卯夜，恒星不見，夜中星隕如雨。」賈逵曰[四]：「恒星，北斗也。一説南方朱鳥星也。」[五]《傳》：「夏，恒星不見，夜明也。服虔曰：「恒，常也。天官

[一] 今本《白虎通》「養育之」作「長養也」。

[二] 今本《白虎通》「得」作「須」。

[三] 原脱「正」字，據《寶顔堂秘笈》本《毛詩草木蟲魚疏》補。

[四] 「逵」原誤作「達」。

[五] 此條不見諸書徵引，爲賈逵注《春秋》逸文。

列宿，常見之星也，言夜明甚，常見大星皆不見也。」「星隕如雨，与雨偕。」星隕，隕星如雨。如，而也。偕，俱也，言隕如雨，与雨俱下也。《春秋公羊傳》：「四月以下与上同。如雨者，非雨。《不脩春秋》曰：『雨星不及地尺而復。』何休曰：「《不脩春秋》謂史記，古者謂史記爲春秋也。」君子脩之曰『星隕如雨』。」明其狀似雨，不當言雨星也。《春秋穀梁傳》曰：「四月辛卯，昔，恒星不見。恒星者，經星。」范寧曰：「經，常，謂常列宿。」日入至於星出，謂之昔。」今案紀瞻《遠遊賦》云：「陽曜促兮[一]，秋昔涼也。」《韓詩章句》曰：「四月秀葽，葽草如出穗。」《周書·時訓》曰：「立夏之日，螻蟈鳴。又五日，丘蚓出。又五日，王瓜生。螻蟈不鳴，水潦淫漫。丘蚓不出，臣奪后命[二]。王苽不生，害于百姓。小満之日，苦菜秀。又五日，靡草死。又五日，小暑至。苦菜不秀，仁人潛伏。靡草不死，國縱盜賊。小暑不至，是謂陰慝。」《周書·嘗麥解》曰：「惟四月王初祈禱于宗，一本云天宗。乃嘗麥于太祖。」《禮·夏小正》曰：「四月，昴則見。初昏，南門正。南門者，星也。歲再見。壹正，

[一]「兮」原誤作「子」。
[二]今本《周書》「后」作「變」。

蓋大正所法也[一]。鳴札[二]。札者，寧懸也。鳴而後知之，故云故先鳴而後札[三]。圂有見杏。圂者，山之燕者也。鳴蜮。蜮也者[四]，或曰屈造之屬也。王萯秀。取荼。荼者，以爲君薦蔣也。秀幽[五]。越有大旱[六]。執陟攻駒。執陟者，始執駒。執駒者，祚之去毋也[七]。執而升之君也，故攻駒者[八]，教之服車數舍之。」《易通卦驗》曰：「立夏，清明風至而暑，鵠鳴聲，博穀蜚。古「飛」字也。雹見早出，龍升天。鄭玄曰：「雹見者，自驚蟄始候，至而著[九]。早出，未聞。龍，心星。《詩》

[一]「大」原誤作「火」，又「蓋」字下原有「取荼荼者以爲君薦蔣也秀幽」十二字，當屬下文「王萯秀」下，今據《大戴禮記解詁》改正。

[二]「札」原誤作「礼」，據《玉燭寶典考證》改正。

[三]《大戴禮記解詁》無「云」字。

[四]「蜮」原誤作「蟣」，據《大戴禮記解詁》改。

[五]「取荼荼者以爲君薦蔣也秀幽」十二字原在上文「壹正蓋」下，據《大戴禮記解詁》改正。

[六]「旱」原誤作「早」，又在「執」字下，據《大戴禮記解詁》乙正。

[七]《大戴禮記解詁》「祚」作「離」。

[八]原脱「攻」字，據《大戴禮記解詁》補。

[九]依田利用疑「至」下脱「蟄」字。

云：『綢繆東薪，三星在天外。』謂此時之也。」晷長四尺三寸六分，常陽雲出觜，紫赤如珠，立夏於震在九四，九四辰在午，爲火互體，故氣相亂。觜紫赤如珠者，如連珠之也。小滿小雨[一]，雀子蜚，螻蛄鳴。於此更言「雀子蜚」者，鳴類已有光大。晷長三尺四寸，上陽雲出七星，赤而饒饒。」小滿於震值六五[二]，辰在卯[三]，与震同位[四]，木可曲直。六五，離爻也，亦有互體坎，坎爲弓輪也[五]。饒饒，言其形紆曲者也[六]。《易通卦驗》曰：「巽，東南也，主立夏，食時青氣出，直巽，此正氣也。氣出右，風橛木。出左，萬物傷，人民疾温[七]。」鄭玄曰：「立夏之右穀雨之地，左小滿之地[八]，有震趹蹘之氣也[九]，而巽氣見焉，

[一] 趙在翰《七緯》輯本無「小雨」二字。

[二] 「六」原誤作「云」，據趙在翰《七緯》輯本改。

[三] 「卯」上原有「震」字，據趙在翰《七緯》輯本删。

[四] 趙在翰《七緯》輯本「震」下有「木」字。

[五] 「輪也」原作「輪輪」，據趙在翰《七緯》輯本改。

[六] 原無「言其」二字，「形」誤作「列」，據趙在翰《七緯》輯本補改。

[七] 趙在翰《七緯》輯本「温」作「濕」。

[八] 「在」原誤作「左」，據趙在翰《七緯》輯本改。

[九] 趙在翰《七緯》輯本「趹蹘」作「趺踝」。

故櫪木。風者，授養萬物，今失其位，故爲傷物之風也。《詩推度災》曰：「立火於嘉魚，万物成文。」宋均曰：「立火立夏，火用事，成文時，物鮮潔有文銙也。」《詩紀歷樞》曰：「巳者，巳也。陽氣已出，陰氣已藏，万物出，成文章。」《春秋元命苞》曰：「大陽見於巳。巳者，物畢起。律中中呂。呂者，大踊。」宋均曰：「中，猶應也[一]。相應而呂出，故曰中者大踊也[二]。」《春秋説題辭》曰：「蠶羽絲有，四月孟夏，戴紝出，以任氣成天律。」宋均曰：「任而戴之[三]，明當趣時急也。珥，猶咋也。律，法也。」《春秋考異郵》曰：「孟夏，戴紝降。」宋均曰：「戴，勝也。孟夏則織紝止以趣蠶，故各因時要物。紝[四]，以明其所爲戴之而已，言不施也。」《國語・魯語》曰：「鳥獸成，水虫孕，孔晁曰：「立夏時也。」水虞於是乎禁罝麗。」罝麗，小魚罟也。《爾雅》曰：「四月爲余[五]。」《史記・律書》曰：「中呂，言万物盡旅而西行也。」又曰：「巳者，

[一] 原脱「應」字，據下文「相應而呂出」補。
[二] 原脱「中」字，據上正文補。
[三] 森立之父子合校本、《玉燭寶典考證》《古逸叢書》本《玉燭寶典》「戴」俱作「載」，二字古通。
[四] 「紝」原誤作「隹」，據上文改。
[五] 原無「爾雅曰四月爲余」七字，據此書體例，先引《詩紀歷樞》《春秋元命苞》諸書釋日名，次「爾雅曰某月爲某」云云，次引《史記・律書》釋律名，今補於此。又，據此書體例，七字下當有李巡、孫炎諸人小注。

言陽氣之已盡也。」《淮南子・時則》曰：「孟夏之月，招搖指巳。爨柘燧火[一]，南宮御女赤色，衣赤采，吹竽笙。高誘曰：「火王南方，故處南宮也。竽笙，空中象陽，故吹之也。」其兵戟[二]。戟有枝幹，象陽布散也。「戟」或作「弩」也。四月官田，其樹桃。」四月勉農事[三]，故官田也[四]。桃説与杏同，後李熟，故四月桃也。《淮南子・天文》曰：「孟夏之月，以熟穀禾，雄鳩長鳴，爲帝候歲。」高誘曰：「雄鳩，蓋布穀。」《淮南子・主術》曰：「大火中，則種黍叔[五]。」許慎曰：「大火昏中，四月也。」《京房占》曰：「立夏，巽王，清明風用事，人君當出幣帛，使諸侯聘賢良，在東南。」《白虎通》曰：「四月律謂之仲呂何[六]？言陽氣將極[七]，故復中，難之也。」

[一] 原脱「火」字，據《淮南子集釋》補。

[二] 「兵」原誤作「丘」，據何寧《淮南子集釋》改。

[三] 「勉」原誤作「免」，據何寧《淮南子集釋》改。

[四] 「田」原誤作「由」，據何寧《淮南子集釋》改。

[五] 「則種」原誤作「即禮」，據何寧《淮南子集釋》改。

[六] 「仲」原作「中」，脱「呂」字，據淮南書局本陳立《白虎通疏證》改補。

[七] 今本《白虎通》「將極」作「極將微」。

《牟子》曰：「或問曰：『佛從何生所出[一]？寧有先祖及國邑，皆何？施狀何類？牟子曰[二]：『臨得佛，將猶天竺，假形王家父名白淨，夫人曰：『妙。』四月八日從母右脇生，娶鄰國之女六年，男字曰羅，云父王珍重太子，甚於日月。到年十九，四月八日夜半，戚若不樂，遂飛而起，頓於王田，休於樹下。明日，王及吏民莫不噓唏，千乘万騎出城而追。日出方盛，光曜弈弈，樹爲低枝，不令身炙。太子入出山入六年，思道不食，皮骨相連，四月八日，遂成佛焉。因四月八日过世，泥洹而去。」[三]

崔寔《四民月令》曰：「立夏節後蠶大食[四]，可種生薑[五]，取鮦子作醬。今案《爾雅》「鱧魚」，郭璞注云：「鮦也。」又曰：「鰹，大鮦[六]。鰹音固。鮦音腸冢反。」劉歆《列女傳》[七]：「臧文仲書曰：『食我

[一] 依田利用以「生」字當作「土」，是。
[二] 「牟」原誤作「平」。
[三] 此處所引《牟子》多有舛誤，存疑俟考。
[四] 「大」原誤作「火」，據《齊民要術》引《四民月令》改。
[五] 《齊民要術》「可」上有「芽生」二字。
[六] 「鮦」原誤作「鰹」，據《爾雅校箋》改。
[七] 原脱「列」字。

以鮦魚。』公及大夫莫能知之，人有言：『臧孫母者，世家子也。』於是召而語之母曰：『鮦魚者，其文錯[一]。錯者，所以治鋸。鋸者，所以治木也。是有木治，繫於獄矣。」曹大家注云：「魚鱗有錯文。」蠶入蔟，時雨降，可種黍禾，謂之上時，及大小豆、胡麻。是月四日，可作醢。簇爾既入[二]，趣繰剖綿，具機杼，敬經絡[三]。收蕪菁及芥、亭歷、冬葵、莨菪子。布穀鳴，收小蒜，草始茂。可燒灰。是月也，可作棗糒，今案《蒼頡篇》：「糒，糇也。音備也。」以御賓客。可糴䵃及大麥，弊絮，别小蔥。」大麥之無皮毛者曰䵃也。

[一]「文」原誤作「父」，據《玉燭寶典考證》改正。

[二]「簇」字原脱，據石聲漢《四民月令校注》補。

[三]「絡」字原無，據石聲漢《四民月令校注》補。

正説曰：夜明星隕，《春秋》上書爲異國讖〔一〕，及言齊侯小白將霸之徵，又云「恒星息曜隕雨，慎于翼，虫禍出」，注云：「當慎羽翼之臣，死後禍成，至於虫流出户。」此則儒家所載，善惡不離齊桓〔二〕。

内典記録，别證佛生之始，廣加推驗，信有由緣。《涅槃經》云：「所有種種異論、咒術、言語、文字，皆是佛説，非外道説。」計儒、玄二教，本無彼此之殊。《華嚴》云：「將下閻浮，先遣衆聖。」應明曰古帝王皆佛之所先遣。《天地經》云：「寶應聲菩薩吉祥，菩薩練七寶，造日月星辰。」應聲號稱伏羲吉祥，即是女媧。《易坤靈圖》云：「至德之萌，五星若連璧。」《是類謀》云提含珠。《尚書考靈曜》云：「日月如合璧，五星若編珠。」《論語陰嬉讖》云〔三〕：「聖人用機之數順七寶。」注云：「七寶，北斗七星。珠璧兼有寶名，得成練寶之義。」《清淨法行經》：「天竺東北真丹，

〔一〕「國」原誤作「圖」，據《古逸叢書》本、《玉燭寶典考證》改正。
〔二〕「桓」原誤作「恒」，據《玉燭寶典考證》改正。
〔三〕「陰嬉讖」原誤作「隆嬉效」，據趙在翰《七緯》輯本改正。

人民多不信敬[一]，造罪者甚衆[二]。吾今先遣弟子三聖，悉是菩薩，往彼示現行化[三]。摩訶迦葉彼稱老子，光淨童子彼名仲尼，明月儒童彼號顔淵[四]。孔顔師諮講論五經、詩傳、禮典、威儀、法則，以漸誘化，然後佛經當往。彼所法没盡經真丹國，老子、闢子、大項、菩薩等皆宣我法。其土人成生煞，好祠迦葉菩薩。載《道德經》化以止路，老子是也。尋古來今，删正同異，孔子是也。幼而穎悟，大項是也。然後佛經乃生信身。」《道元皇曆》云：「吾聞天道，太上正真出於自然，是謂爲佛無爲之君。又竺乾國，竺乾，天竺異名。有古皇先生善泥洹，不始不終，永存綿綿。吾受學於佛，自然得道。」《闢令内傳》：「老子語罽賓國王[五]：『吾師号爲佛，佛學一切民者也。先生教者之稱。』」又云：「『吾師泥洹，即是涅盤。』」兼言得道，還據老君，教迹弟子，彌驗闢孔，語聲訛謬，終是仲尼大項。顔淵非無小舛，俱曰聖童，或可互出。顔氏好學，簞瓢志道，

[一]「不」原誤作「木」，又脱「敬」字，據趙城藏本《歷代法寶記》改補。
[二] 原無「造者甚衆」四字，據趙城藏本《歷代法寶記》補。
[三] 原無「行化」二字，據趙城藏本《歷代法寶記》補。
[四]「明月」原互倒，據趙城藏本《歷代法寶記》乙正。
[五]「賓」原誤作「寶」。

設稱天喪，寔元師諮其大項。唯《史記》甘羅云「大項橐七歲爲孔子師」。《論語》「達巷黨人」者，鄭注：「達巷，黨名。」董仲舒《對册》云：「良玉不琢，無異於大巷黨人，不學而自知。」注云：「大項橐也。」嵇康《高士傳》乃言：「大項橐与孔子俱學於老子，俄而大項爲童子，推蒲車而戲孔子，候之，遇而不識，問大項居何在。曰：『萬流屋是也[一]。』到家而知向是項子也。友之，與之談。」除此，五經家語更無出家，故指陳幼叡以樹其美。

案《宿命本起經》：「四月七日，夫人出遊，過流民樹，衆花開花[二]。明星出時，夫人攀樹枝，便從右脇生，天地大動，三千大千刹土莫不大明，龍王兄弟左雨溫水，右雨泠泉。還宫，天降瑞應，風霽雲除，空中清明，天爲四面細雨澤香，日月星辰皆住不行，沸星下見，侍太子生，其刹土大明，空中清明。」並与《春秋左氏》「夜明」義合。其「泠泉」、「溫水」及「四面澤香」之，又是「星隕而雨，與雨偕也」。凡夫薄福，唯見其雨，安知得溫泠之異？不覺本是澤香。其星出時，即與《穀梁》「日入至於星出」理同。其「沸星下見」文與《公羊》「雨星」相似，梁時特進沉約難

[一] 原無「也」字，據《四部叢刊》本《六臣注文選》引《高士傳》補。

[二] 「花」原誤作「化」，據下文「其『衆花開花』，似當周之四月」改。

言[一]，既不知外國曆法，何用知魯庄之四月是外國之四月？若用周正，則辛卯《長曆》是五日，了非八日。用殷正也，周之四月，殷之三月。用夏正也，周之四月，夏之二月。都不与佛家四月八日同也。杜預《春秋》注云：「辛卯四月五日，月光尚微。」蓋時無雲，日光不以民没。約引《長曆》，即杜所造。至如賈、服所用法，更不同。文元年閏三月非禮襄廿七年十有二月乙卯日蝕[二]，《傳》云：「十一月辰在申[三]，司曆過也[四]，再失閏矣[五]。」《春秋》十二公中史失非一，盈縮動至旬晦，豈直五日、八日之閏？且《菩薩處胎經》「二月八日成佛」，「二月八日轉法輪」，「二月八日降魔」，「二月八日入般涅槃」。《過去現在因果經》：「夫人往毗藍尼園，二月八日，日初出，時見元憂花，舉右手擿，從右脇生。」《佛所行讚經》：「二月八日，時清和，適齊戒，脩淨德，菩薩右脇生。」《灌頂經》云：「十方諸佛皆用：四月八日夜半，明星出時生；四月八

[一]「沉」原誤作「流」，據《玉燭寶典考證》改。沉約即梁代沈約。
[二]「卯」原誤作「亥」，據《春秋左傳正義》改。
[三]「申」原誤作「甲」，據《春秋左傳正義》改。
[四]原無「也」字，據《春秋左傳正義》補。
[五]「失」原誤作「先」，據《春秋左傳正義》改。

日夜半，明星出時出家；四月八日夜半，明星出時得道；四月八日夜半，明星出時般涅槃。」《灌佛經》云：「如來初生，得道泥洹，皆四月八日者何？春夏之際，殃羅悉畢，万物並生，毒氣未行，時節和適。」《善見律》云：「於拘尸那末羅王林，二月十五日入無餘涅槃。」《經》云：「二月十五日，臨涅槃時，後品二月爲破常心世間樂，故十五日日月無虧盈。」諸經自多舛駮，非唯三代而已。其「衆花開花」，似當周之四月。但《經》中自道「百億日月，百億閻浮，此方見半，餘方見滿，亦可百億。辛卯，百億夜明」，神力不可思議，未足徵以文字。

其「尼父立教，多會慈悲」。《論語》云：「子在齊，聞《韶》，三月不知肉味[一]。」《樂動聲儀》云：「《韶》之爲樂，穆穆蕩蕩，温潤以和，似南風之至，万物壯長。」《古文尚書》[二]：「大禹曰：『好生之德，洽於民心。』」此據舜樂生養，故孔忘肉味。鄭玄思之深者[三]，理則未弘。《論語》又云：「釣而不剛，弋不射宿。」《大戴禮》云：「見其生，不食其死。聞其聲，不嘗其肉。遠庖廚，所以長恩，且明有仁也。」雖未及遠，蓋其漸法。

[一]「肉」原誤作「完」，「完」爲「穴」之訛寫，據《論語注疏》改。下一「肉」字同。
[二]「尚書」下原衍「大傳」二字，據孫星衍《尚書今古文注疏》删。
[三]「深」原誤作「染」。依田利用云：「『染』疑當作『深』，此可補《古經解鉤沉》。」今從其説改。

《寺塔記》云：「佛四月八日夜生，爾夕沸星下侍。《春秋》書『恒星不見』，佛出世矣。」三藏道人云：「彼之佛星[一]，此之恒星也。」佛泥洹後，阿育王起八万四千塔，應是周敬王時立。《春秋》昭十七年「有星第於大辰」[二]，服注：「有星，彗星也，其形第第，故曰第。」[三]《易坤靈圖》云：「黄星第于北斗。」是則經中「沸」字即外書之「第」也。大都當後四月辛卯，佛出爲定。但衆生葉力，機感万殊，宜於夏時見者，便言孟夏。宜以君春中見者[四]，便言仲春。若未堪奉持，唯覩光明之相，或已能敬信，即聞微妙之音。後人每二月八日巡城圍繞，四月八日行像供養，並其遺化，無廢两存。

《雜鬼恠志》云：「漢武帝鑿昆明池，悉是灰墨，問東方朔，曰：『非臣所知，可訪西域胡人。』」漢成帝時，劉向删《列仙傳》得一百卌六人[五]，其七十四人已見佛經，餘七十二爲《列

[一]　據上文，「佛」當作「沸」。

[二]　《春秋左傳正義》「第」作「孛」。

[三]　依田利用云：「此亦可以補《古經解鉤沉》。」

[四]　「君」當涉下「春」字而衍。

[五]　依田利用云：「『删』疑字之訛。」案此説誤，「删」字不誤，與班固所云「今删其要，以備篇籍」之「删」同義。

仙傳》。《抱朴子》云：「劉向博學，則究微極妙，經深涉遠[一]。思理則足以清澄真僞[二]，研覈有無。其所撰《列仙傳》仙人七十有餘[三]，誠無其事，其妄造何爲乎？」又云：「向撰《列仙傳》自删，秦大史阮倉書中出之[四]，或所親見，然後記之，非妄造也。」《卌二章經序》云：「漢明帝夢見神人，身體金色，頂有日光[五]，龍在殿前。有通人傅毅而釋夢曰：『天竺有得道者，其名爲佛，輕舉能飛，體真金色，將其神也。』帝即遣至大月支焉。」此《經》，《三秦記》云[六]：「遣使至西域，使還，云天竺有仙。」山謙之《丹陽記》云[七]：「即《山海經》所言北海之隅，天毒國也。初，漢武鑿昆明池極深，悉是灰墨，無土，當時恠惋，以問東方朔。

[一]「涉」原誤作「妙」，涉上「妙」字而誤，據王明《抱朴子内篇校釋》改。

[二] 今本《抱朴子内篇》無「足以」二字。

[三] 原無「列仙傳」三字，據王明《抱朴子内篇校釋》補。

[四] 今本《抱朴子内篇》「史」作「夫」。

[五]「頂」原誤作「項」，據《玉燭寶典考證》改。

[六] 依田利用云：「『等』疑當作『三』。」是，今從其説改。

[七] 原脱「之」字，「陽」又誤作「楊」，今改。

朔曰：『臣不足以知之，可試問西域胡人[一]。』帝以朔且不知，不復覈訪。至是有憶朔語者，以問胡沙門。沙門據經劫燒年答之，乃驗朔言有旨焉。」《牟子》云：「洛陽城西雍門外起白馬寺，壁上作朝廷千乘万騎遶塔。又南宫清涼臺上及開陽門所造陵名顯節，悉於上畫作佛像。」沙門釋法顯所記[二]，考其年，則佛生於殷末，道成於周初[三]，泥洹已來一千五百廿八年，則宜是周成王十二月也[四]。泥洹後三百許年，至平王時，經律始還新頭[五]。新頭河[六]，張騫所不至也。又八百許年，而漢明帝夢見大人，白是一家，但内外無據。若如《法顯傳》師子國繫鼓唱言佛般泥洹以來一千四百九十七年，勘校佛出，乃至殷武乙七年。案《世本》《史記》，武乙生

[一] 原脱「人」字，據上文引《雜鬼怪志》補。
[二] 即《法顯記》。
[三] 「成」原誤作「行」，據《四部叢刊》影宋本《太平御覽》卷六五三引《法顯記》改。
[四] 「月」當作「年」。
[五] 《四部叢刊》影宋本《太平御覽》卷六五三引《法顯記》「還」作「到」。
[六] 《水經注》卷一引釋法顯曰：「下有水，名新頭河，昔人有鑿石通路施旁梯者，凡度七百梯。度已，躡懸絙過河，河兩岸相去減八十步。九驛所絶，漢之張騫、甘英皆不至也。」

太丁[一]，太丁生帝乙，於紂爲曾祖，但懸承彼國之言，推其年歲，更無據引質正，頗所致疑。

或以佛出周時，經教即應流布，踰秦越漢，過爲淹久。蓋佛法興顯始於西域鄰王，及民尚未委審，摩竭稱爲帝。釋莽沙門是何神？須達長者家在舍衛[二]，初聞佛名，身毛皆豎，尋復問言：「何等名佛況王問蔥嶺遠隔華戎，身熱頭痛，載離難險，自非甘露法雨，香山善根，何能廣拔沙塵。」遥示州渚，半月漸開，方期轉深之論，優花難值，終獲圓満之功。《牟子》又云：「佛者，号諡也，猶若三皇五帝就俗而談。」亦有斯理，内經多言稽首佛足，《春秋》知武子云：「天子在而君辱稽首。」佛爲天中之尊。天子，人中之尊[三]，當以至敬無父，同歸化極，染衣振錫，不窺洙泗之典，縫掖函丈，靡聞菴棒之説。道家異學，拘執尤甚，遂使人懷物我，扃向未融。故内外斷簡，總明其要，優而柔之，是知津矣。

[一]「太」原作「父」，據《史記·殷本紀》改。下「太」字同。

[二]「衛」字至「是知津矣」原重出，據毛利高翰影鈔本、《古逸叢書》本删。

[三]「中之」原互倒，依田利用云：「『之中』似當乙轉。」是。

五月仲夏第五

《禮·月令》曰：「仲夏之月，日在東井，昬亢中，旦危中。鄭玄曰：「仲夏者，日月會於鶉首而斗建午之辰[一]。」律中蕤賓[二]。仲夏氣至，則蕤賓之律應。高誘曰：「是月陰氣萎蕤在下，象主人；陽氣在上，象賓客。」

小暑至，堂蜋生，鵙始鳴，反舌無聲[三]。堂蜋，螵蛸母也。鵙，伯勞。反舌，百舌鳥也。高誘曰：「螳蜋，世謂之天馬[四]，一名齕疣，兖、豫謂之臣斧。是月陰作於下，陽散於上[五]，伯勞夏至後應陰而鳴殺虵[六]，磔

[一]「辰」下原重「建午之辰」，涉鄭玄注而衍。其中「建」原爲正文，「午之辰」爲雙行小注。

[二]「律」原誤作「健」，據《禮記正義》改。

[三]「反」原誤作「万」，據《禮記正義》及下注文改。

[四]「馬」原誤作「鳥」，據何寧《淮南子集釋》改。

[五]《呂氏春秋》高誘注「散」作「發」。

[六]「勞」原誤作「謗」，據王利器《呂氏春秋注疏》改。

之棘上而始鳴也。反舌，百舌鳥也[一]，變易其聲，效百鳥之鳴，故謂之百舌也。」

天子居堂大廟，養壯佼。助長氣也。命樂師脩鞀[二]、鞞，鼓，均琴、瑟、管、簫，執干、戚、戈、羽，調竽、笙、箎、簧，飾鐘、磬、柷、敔。爲將大雩帝，習樂也。脩、均、執、調、飾者，治其器物，習其事之言也。今案《蒼頡篇》曰：「鼙，馬上鼓也。」鞞、鼙字而通也。

命有司爲民祈祀山川百源[三]，大雩帝，用盛樂。乃命百縣雩祀百群卿士有益於民者，以祈穀實。陽氣盛而恒旱，山川百源，能興雲雨者也。衆水所始出爲百源[四]。必先祭其本乃雩。雩[五]，吁嗟求雨之祭也[六]。雩帝，謂爲壇南郊之旁[七]，雩五精之帝，配以先帝也。自鞀、鞞至柷、敔皆作[八]，曰盛樂。雩者，天子於上帝，

[一] 原無「鳥」字，據何寧《淮南子集釋》補。

[二] 「鞀」原誤作「靴」，據《禮記正義》改。下「鞀」字同。

[三] 原「司」下有「馬」字，據《禮記正義》删。

[四] 「源」原作「原」，據正文改。

[五] 原不重「雩」字，據《禮記正義》補。

[六] 「吁嗟」原誤作「嘑差」，據《禮記正義》改。

[七] 「郊」原誤作「效」，「旁」誤作「南」，據《禮記正義》改。

[八] 依田利用云舊無「鞞」，尊經閣文庫本有，則依田利用所據爲别本。

諸侯以下於上公[一]。周冬及春夏雖旱[二]，禮有禱無雩也。農乃登黍。登，進也。

是月也，天子乃以雛嘗黍，羞以含桃，先薦寢廟。此嘗雉也[三]。而云以嘗黍，不以牲主穀也。必以黍者，黍，火穀，氣之主也。含桃，今謂之櫻桃[四]。高誘曰：「含桃，鸎桃也。鸎鳥所含食，故言含桃。」顧氏問：「登麥、登穀，皆新熟也。仲夏黍未熟，何以登之乎？若以嘗雛起者，下更言是月，非共言也。櫻桃若是朱櫻，將不太晚。」庾蔚之曰：「蔡邕、王肅皆云仲夏所登，謂之蟬鳴，黍今猶有之。鄭云此當雛，非也。朱櫻，據今櫻桃，殊爲太晚，立氣所産，或不必同。今案《史記》：「漢惠帝春出遊離宮，叔孫生曰：『古者有春嘗菓，方今櫻桃熟，可獻，願陛下出[五]，因取櫻桃獻宗廟。』上許之。」左思《蜀都賦》亦云「朱櫻春熟」[六]，計其初熟者，唯似夏前，但惠

[一]「上公」原互倒，據《禮記正義》乙正。

[二]「周」下原衍「公」字，「春」又誤作「今」，據《禮記正義》删改。

[三]《禮記正義》「雉」作「雛」。

[四]依田利用云：「注疏本無『今謂之』三字，《考文》引古本、足利本有，正與此合。」

[五]原無「陛下出」三字，據《史記》叔孫通本傳補。

[六]「思」原誤作「惠」，今改。「熟」原誤作「就」，據左思《蜀都賦》改。

帝出遊而獻，乃非正禮，此爲雛黍之羞[一]，或以盛，以盛時兼鷹之者也[二]。令民毋艾藍以染，爲傷長氣也。此月藍始可別也。毋燒灰，爲傷火氣也。火之氣於是爲盛，火之滅者爲灰也。毋暴布。不以陰功干太陽之事之者也。門閭無閉，關市無索。順陽敷縱[三]，不難物。挺重囚，益其食。挺，猶寬也。游牝別群，孕姙之類[四]，欲止之也。則執騰駒，爲其牡氣有餘[五]，相蹄齧者也。班馬政。馬政，謂養馬之政教。

日長至，陰陽爭，死生分。爭者，陽方盛，陰欲起。分，猶半也。君子齊戒，處必掩身，無躁，掩，猶隱翳。躁，猶動也。止聲色，毋或進，進，謂御見也[六]。聲，謂樂也。《春秋說》云[七]：「夏至，人主與群

[一] 依田利用云：「舊『雛』作『難』，今改。」尊經閣文庫本作「雛」，則依田利用所據爲別本。

[二] 依田利用《玉燭寶典考證》「兼鷹」誤作「衆廥」。

[三] 原脱「敷」字，據《禮記正義》補。

[四] 「姙」原作「任」，據《禮記正義》改。又依田利用云：「舊『孕姙』作『乃任』。」案此説誤，尊經閣文庫本作「孕」，唯字有闕壞，脱去下半。

[五] 依田利用云：「注疏本『牡』作『牝』，《考文》云古本作『壯』，北宋板、足利本同。『牡』亦當『壯』字之訛。」

[六] 「御」字原闕，據《禮記正義》補。

[七] 依田利用云：「注疏本無『云』字，《考文》引古本、足利本同此。」

臣從八能之士，作樂五日。」今止之，非其道。薄滋味，毋致和，爲其氣暴[一]，此時傷人也。節嗜欲，定心氣。微陰扶精，不可散也。百官靜事無刑，今《月令》「刑」爲「徑」也[二]。以定晏陰之所成。晏，安也。陰稱安。鹿角解，蟬始鳴，半夏生，木堇榮也。又記時候也。半夏，藥草也。木堇，王蒸也。今案《爾雅》「葭，木堇；櫬，木堇」，劉歆注云：「别三名，其樹如字，其華朝生暮落。」《詩草木疏》曰[三]：「舜華一名木堇，一名日及，齊魯謂之王蒸。今朝生暮落者是也[四]，五月始生華，至暮輒落。明日一復生，如此至八月乃爲子。子如葵子大，[五]華可蒸鬻爲茹，滑美如堇，亦可苦酒淹食。麋子《朝華賦》曰『朝華麗木也』，即《詩》所謂舜英者也。《尔雅》曰『木堇』，《月令》中夏『木堇榮』，論時則同此木也[六]。」《尔雅》在《釋草篇》，以此爲疑，樊光以爲與草同氣[七]，故同

[一]《禮記正義》「暴」作「異」。

[二]「今」原誤作「令」，據《禮記正義》改。

[三]原無「木」字，今補。

[四]原無「者」、「也」二字，據《寶顏堂秘笈》本《毛詩草木蟲魚疏》補。

[五]「大」原誤作「太」，今改。

[六]今本《毛詩草木蟲魚疏》無「至暮輒落」至「論時則同此木也」。

[七]原脱「與」字，據《毛詩正義》《爾雅注疏》引樊光《爾雅注》補。

之於釋草[一]。成公綏《日及賦》曰：「礼紀時於木堇，詩詠色於舜英。」且事美而難究，故稱而繁名也[二]。

毋用火南方。陽氣盛，又用火於其方，害微陰也。可以居高明，可以遠望[三]，可以升山陵，可以處臺榭。順陽在上也。高明，謂樓觀也。其有室者謂之臺，有木謂之榭。今案《倉頡篇》曰：「榭，今當堂皇也[四]。」

仲夏行冬令，則雹凍傷穀，子之氣乘之。陽爲雨，陰起脅之，凝爲雹也。道路不通，暴兵來至；盜賊攻劫[五]，亦雹之類。行春令，則五穀晚熟，卯之氣乘之。生日長也[六]。百螣時起，其國乃飢；螣，蝗之屬。言百者[七]，明衆類並爲害也[八]。行秋令，則草木零落，酉之氣乘之。八月宿值昴畢，昴爲天獄，主殺之

[一]《毛詩正義》《爾雅注疏》引樊光《爾雅注》「故同之於釋草」作「故在草中」。

[二] 依田利用云：「『故』下疑有脱字。」

[三]《禮記正義》「望」上有「眺」字。

[四] 皇，《禮記正義》卷十六引作「堭」。

[五]「賊」原誤作「賦」，據《禮記正義》改。

[六]「生」原誤作「主」，據《禮記正義》改。

[七] 原重「言」字，據《禮記正義》删。

[八]「衆類」原互倒，據《禮記正義》乙正。

者[一]。菓實蚤成，生日短也。民殃於疫。」大陵之氣來爲害也。

蔡雍仲夏章句曰：「『小暑至。』暑者，煖氣之著者也，於小季夏之暑[二]。『堂蜋生[三]。』螳蜋，虫名也，食蟬煞虫也。是月陰始升[四]，煞虫應而生也。『鵙始鳴。』鵙，伯勞鳥，一名曰伯趙，應陰而鳴，爲陰候者也。常以夏至鳴，冬至止，故《傳》曰『伯趙氏，司至也』[五]。『反舌無聲。』反舌，虫名，黽之屬也，今謂之蝦蟇[六]，其舌本前著口側而末内鄉[七]，故謂之反舌。『天

[一] 原無「天」字，據《禮記正義》補。

[二] 依田利用云：「『於小』疑當乙轉。」

[三] 原無「堂蜋生」三字，據蔡邕《月令章句》體例補。

[四] 「陰始升」原作「升陰始」，據文意乙正。

[五] 《春秋左傳正義》「至」下有「者」字。

[六] 「今」原誤作「令」，今改。

[七] 依田利用云：「『著』作『者』。」當據别本，非尊經閣文庫本。

子居明堂大廟。』大廟，午上堂。鞀，小鼓，有柄。鞞，大鞞也[一]。『祈祀山川丘源[二]。』源，水首也。雩，遠也，遠求之意。「農乃登黍。」中夏而熟，黍之先成者，謂之蟬鳴黍。『是月也，天子以雛嘗黍。』雛，稺雞也。『遊牝別群，則縶孕駒[三]，頒馬正。』縶，絆。頒，賦。馬正，馬官之長也。季春遊于牧，至此積三月，孕任者足以定，定則別之於群，絆而授馬長，所以全其駒。『日長至。』日，晝也[四]。長者，漏刻之數長也。至者，極也。夏至，五月之中，其晝漏六十五刻，先之四日、後之四日漏六十四刻有分，唯是日及先後各三日獨全五刻，故曰『日長至』。『薄滋味。』薑椒桂蘭之屬曰滋，甘酸魚肉之屬曰味。『節嗜欲，定心氣。』口曰耆，心曰欲。心，四藏之主，氣所以實志。『百官靜事。』無傜役，易也[五]。言諸官皆靜，皆重慎不輕易也。『鹿角解。』鹿，

[一]「鞞」，鄭玄注《詩經》云：「小鼓在大鼓旁，應鞞之屬也。」劉熙《釋名》云：「鞞，裨也，裨助鼓節。」此處疑有訛脫。

[二]《禮記・月令》「丘」作「百」。

[三]《禮記・月令》「孕」作「騰」。

[四]「晝」原誤作「盡」，今改。下「晝」字同。

[五]依田利用云：「『易』字恐衍。」

獸名也。角，兵象也。解[一]，墮也[二]。凡角皆觡而鹿角獨骨，兵象之剛者也。夏日至[三]，陰始微起，氣弱，不可以動兵行武，故天示其象[四]，鹿角應而墮，爲時候。『半夏生。』半夏，藥草名[五]。當夏半而生，因以爲名。」

右章句爲釋《月令》。

《詩·豳風》曰：「五月鳴蜩。」毛傳曰[六]：「蜩，螗也[七]。」又曰：「五月斯螽動股。」斯螽，蚣蝑。《尚書·堯典》曰：「申命羲叔[八]，宅南交。」孔安國曰：「申，重也。南交，言夏与春交也。」王肅注本作『郊』也。」平秩南譌，五和反。譌，化也。掌夏之禮官，平序南方化育之事也。日永星火，以正中夏。永，

[一] 原重「解」字，今據文意刪。

[二] 「墮」原誤作「随」，據《玉燭寶典考證》改。下「墮」字同。

[三] 「夏」原誤作「憂」，據《玉燭寶典考證》改。

[四] 「示」原誤作「不」，據《玉燭寶典考證》改。

[五] 「藥」原在「草名」下，《禮記·月令》鄭玄注云：「半夏，藥草也。」今據以改。

[六] 「傳」原誤作「詩」，據《毛詩正義》改。

[七] 「螗」原誤作「螔」，據《毛詩正義》改。

[八] 「申」原誤作「中」，據《尚書正義》改。

長，謂夏至之日。火，倉龍之中星。舉中則七星見可知也。鳥獸希革。」時毛羽希少改易。革，改也。《尚書・舜典》曰[一]：「五月，南巡守，至于南岳，如岱禮。」孔安國曰：「南岳[二]，衡山之也。」《周官・地官》上曰：「大司徒之職，掌土圭之法，測土深，正日景，求地中。日至之景[三]，尺有五寸，謂之地中。」鄭司農云：「土圭長尺五寸，以夏至日立八尺表，其景適与土圭等，謂之地中。潁川陽城地爲然之者也[四]。」《周官・地官》下曰[五]：「山虞掌仲夏斬陰木[六]。」鄭司農云：「陰木，秋冬生者，松栢之屬。」鄭玄曰：「陰木，生山北[七]。」《春官》下曰：「大司樂以靈鼓、靈鼗[八]，孫竹之管，空桑之琴瑟，

[一]「舜」原誤作「堯」，據《尚書正義》改。

[二]「岳」原誤作「丘」，據《尚書正義》改。

[三] 原無「之」字，據《周禮注疏》補。

[四]「潁」原誤作「類」，又脱「地」字，據《周禮注疏》補。《周禮注疏》無「之」字。

[五] 原無「官」字，今補。

[六]「掌」原誤作「常」，據《周禮注疏》改。

[七]《周禮注疏》「北」下有「者」字。

[八]「鼗」原誤作「兆鼓」，一字而誤分爲二，據《周禮注疏》改。

《咸池》之舞。夏日至，於澤中之方丘奏之，若樂八變[一]，則地祇出，可得而禮。」鄭玄曰：「地祇，主崑崙之神也。靈鼓、靈鼗[二]，六面。孫竹，竹枝根之末生者。空桑，山石。」《周官·春官》下曰：「凡以神仕者，掌以夏日至致地祇物魅。」鄭玄曰：「地、物，陰也，陰氣升而祭地祇，鼓物魅於墠壇，蓋祭天地之明日也[三]。」《周官·夏官》上曰：「大司馬掌中夏，教茇舍，如振旅之陳；群吏撰車徒，讀書契，辨號名之用；百官各象其事，以辨軍之夜事。鄭玄曰：「茇舍，草止也，軍有草止之法。『撰』讀曰『算』，算車徒[四]，謂數擇之[五]。夜事，戒守之事也[六]。草止者慎於夜之[七]。遂以苗田，如蒐之法。車弊，獻禽以享礿。」夏田爲苗，擇取不孕任者。若治苗，去不秀實者。車弊，驅獸之事止。夏田主用車，示所取物希[八]，

[一] 原脱「若樂」二字，據《周禮注疏》補。
[二] 原脱「鼗」，據《周禮注疏》補。
[三] 《周禮注疏》「蓋」下有「用」字。
[四] 原不重「算」字，據《周禮注疏》補。
[五] 「擇」原誤作「釋」，據《周禮注疏》改。
[六] 《周禮注疏》「戒」下有「夜」字。
[七] 「之」當作「也」。
[八] 原脱「物希」二字，據《周禮注疏》補。

皆殺而車止。礿，宗廟之夏祭。冬夏田主祭宗廟者，陰陽始起，象神之在内之[一]。《周官·秋官》下曰：「柞祖格反也。氏掌政草木及林麓[二]，夏日至，令刊陽木而火之。」鄭玄曰：「木生山南，爲陽木也。」《周官·秋官》下曰：「薙遲計反。又聽帝反[三]。氏掌煞草，春始生而萌之，夏日至而夷之。」杜子春云[四]：「謂耕反其萌牙[五]。」鄭玄曰：「萌之者[六]，以兹基斫其生者。夷之，以鉤鐮迫地芟之，若今取茭矣。」《禮·王制》曰：「五月，南巡守，至于南岳，如東巡守之禮。」《韓詩章句》曰：「七月鳴鵙，夏之五月，陰氣始動於下，鳴鵙破物於上，應陰氣而煞也。」《周書·時訓》曰：「芒種之日，螳蜋生。又五日，鵙始鳴。又五日，反舌無聲。螳蜋不生，是謂陰息。鵙不始鳴，號令壅偪[七]。反舌有聲，佞人

[一]「之」字當作「也」。
[二]「柞」原誤作「祚」，據《周禮注疏》改。
[三]原脱「反」字，據《玉燭寶典考證》補。
[四]「杜」原誤作「莊」，據《古逸叢書》本、《玉燭寶典考證》改。
[五]「反」原誤作「及」，據《周禮注疏》改。
[六]「萌」原誤作「前」，據《周禮注疏》改。
[七]「號」原誤作「蹄」，據《四部叢刊》本《逸周書》改。

在側。夏至之日，鹿角解。又五日，蜩始鳴[一]。又五日，半夏生。鹿角不解，兵革不息。蜩不始鳴[二]，貴臣放逸。半夏不生，民多厲疾。」《禮・夏小正》曰：「五月，參則見。浮游有殷。殷，衆也。浮游者，渠略也，朝生而暮死。今案《禮・易本命》曰[三]：「蜉不飲不食。」《淮南子》曰：「蜉蝣不過三日[四]，虫旁字亦通。」時有養日。養，長也，乃瓜[五]。乃者[六]，急瓜之辭[七]，始食瓜也。良蜩鳴。良蜩鳴者，五采具[八]。啟灌藍蓼。啟者，別也，陶而疏之也。灌者，聚生也。鳩爲鷹，

[一] 原脱「又五日蜩始鳴」六字，據《四部叢刊》本《逸周書》補。

[二] 原脱「不」字，據《四部叢刊》本《逸周書》補。

[三] 「案」原作「安」，據《玉燭寶典考證》改。原脱「易」字，「命」又誤作「尔」，據《大戴禮記》補正。

[四] 原脱「蝣」字，「過」字原爲闕文，據何寧《淮南子集釋》補。

[五] 「瓜」原誤作「爪」，據《大戴禮記解詁》改正。下二「食瓜」之「瓜」同。

[六] 「乃」原誤作「爪」，據《大戴禮記解詁》改。

[七] 原脱「瓜」字，據《大戴禮記解詁》補。

[八] 「具」原誤作「其」，據《大戴禮記解詁》改。

唐蜩鳴。唐蜩鳴者，匽也[一]。今案《方言》有「匽蛓」，音偃也。初昏大火中。大火者，心也。心中，種黍菽糜時[二]，今案《倉頡篇》曰：「糜，穄也。」《字林》：「音巳皮反。」煮梅爲豆實[三]，蓄蘭爲沐浴。」

《易通卦驗》曰：「夏日至如冬日至之禮，儛八樂，皆以肅敬爲戒[四]。」鄭玄曰：「八樂，《雲門》[五]、《五英》《六莖》[六]、《大卷》《大韶》[七]、《大夏》《大護》《大武》。」《易通卦驗》曰：「夏日至，成地理。鄭玄曰：「地理者，五土也以虫万物養人民夏至而功定，於是時祭而成之[八]，所以報也。」

[一]『匽』《玉燭寶典考證》作「遷」，依田利用云：「孔廣森《大戴禮記補注》云『者』上宋本衍『鳴』字，然則宋以前有『鳴』字，而郭璞《爾雅注》引作『螗蜩者蝘』則古無『鳴』字可知。今姑仍舊，不敢删去。本書『遷』作『匽』，《爾雅注》亦作『蝘』，則此誤無疑。」

[二]「菽」原誤作「叔」，據《大戴禮記解詁》改。

[三]「煮梅」原誤作「渚悔」，據《大戴禮記解詁》改。

[四]原重「以」字，據趙在翰《七緯》輯本删。

[五]「雲」原誤作「堂」，據趙在翰《七緯》輯本改。

[六]「六」下原有「之」字，據趙在翰《七緯》輯本删。

[七]「大韶」原誤作「六歆」，據趙在翰《七緯》輯本改。

[八]「祭」原誤作「參」，據趙在翰《七緯》輯本改。

鼓用黃牛皮[一]，鼓員徑五尺七寸。瑟用桑木[二]，長五尺七寸。間者以蕭[三]，長尺四寸。」鼓必用黃牛皮者，夏至，離氣也，離爲黃牛。瑟用桑木者[四]，柳，醜條，取其垂象氣下。《易通卦驗》曰：「離，南方也，主夏至日中，赤氣出，直離，此正氣也。氣出右，萬物半死。氣出左，赤地千里。」鄭玄曰：「夏至之右，芒種之地；左，小暑之地也。芒種之時，可稼澤地。離者熯物，而見於芒種之地，則澤稼獨生，陵陸死矣。赤地千里，言旱甚且廣千里[五]，穿井乃得泉也[六]。」《易通卦驗》曰：「芒種，丘蚓出，晷長二尺四寸分，長陽雲出[七]，雜赤如曼曼。鄭玄曰：「芒種於震值上六，上六，辰在巳，又得巽氣，故雜赤不純。巽又爲長，故曼也。」夏至，景風至，暑且濕，蟬始鳴[八]，螳蜋生，鹿角解，木堇榮，景風，長大万物之風。晷

[一] 原脱「黃」字，據下文注語及趙在翰《七緯》輯本補。下「黃牛皮」之「黃」字同。

[二] 原無「木」字，據趙在翰《七緯》輯本補。

[三] 「蕭」下原有「補蕭」二字，墨海金壺本《古微書》、趙在翰《七緯》輯本並無「補蕭」二字，今據以刪。

[四] 原無「木者」二字，據趙在翰《七緯》輯本補。

[五] 「旱」原誤作「早」，據趙在翰《七緯》輯本改正。

[六] 趙在翰《七緯》輯本重「井」字。

[七] 墨海金壺本《古微書》「出」下有「斗」字，下「雜」字作「維」，參鄭玄注，當以「雜」字爲是。

[八] 原脱「始」字，據《初學記》卷三引《易通卦驗》補。

長尺四寸八分，少陰雲出，如水波崇崇。」夏至，離始用事，位值初九，初九，辰在子，故如水波崇崇，微輪轉出也[一]。《詩紀歷樞》曰[二]：「午，仵也，陽氣極於上，陰氣起於下，陰爲政，時有武，故其立字十在人下爲午。」宋均曰：「午，仵也，適也，皆相敵之言也。」《尚書考靈曜》曰：「夏至日，日在東井廿三度有九十六分之九十三。求昏中者，取十二頊加三旁[三]，蠡順除之[四]；求明中者，取十二頊加三旁[五]，蠡却除之[六]。」鄭玄曰：「長日晝行廿四頊[七]，中正而分之[八]，左右十二頊也[九]，通十二頊三旁，得百四十二度有四百分之二百八十三也。此日昏明時上當四表之刻，与正南中相去教也。」《音義》

[一] 原脱「轉」字，據趙在翰《七緯》輯本補。

[二] 「歷樞」原互倒，據《古逸叢書》本、《玉燭寶典考證》乙正。

[三] 「頊」原誤作「須」，據《玉燭寶典考證》改。下一「頊」字同。

[四] 「順」原誤作「頊」，據《四部叢刊》本《六臣注文選》卷五十六引《尚書考靈曜》改。

[五] 原脱「三」字，據《玉燭寶典考證》補。

[六] 「求明中者取十二頊加旁蠡却除之」原爲雙行小注，今據《玉燭寶典考證》移入正文。

[七] 「晝」原誤作「盡」，據《玉燭寶典考證》改。

[八] 「而」原誤作「南」，據《四部叢刊》本《六臣注文選》卷五十六引《尚書考靈曜》改。

[九] 「右」字原脱，《四部叢刊》本《六臣注文選》卷五十六引《尚書考靈曜》云：「中正而分之，左右各六項。」則當補「右」字。又，文中「頊」字，《四部叢刊》本《六臣注文選》卷五十六引作「項」。

曰：「蠡，羅列耳也。」《尚書考靈曜》曰：「仲夏一月[一]，日出於寅，入於戌，心星五度中而昏，營室十度中而明。」《尚書考靈曜》曰：「長日出於寅，行廿四頃，入於戌，行十二頃。」鄭玄曰：「長日，夏至時也。夏至之日，出入天正東西中之北廿四度，天地入北六度於四表，凡卅度也。左右各三頃，并南北十八頃爲二十四頃。日出，晝所行也。其北十二頃日入，夜所行也。」《尚書考靈曜》曰：「主夏者，心星，昏中[二]，可以種黍菽矣[三]。」《春秋元命苞》曰：「夏至百八十日，秋冬相援[四]。」宋均曰：「陰起於夏至，用事如陽月數而終也。或言：爰，丘成相也。」《春秋元命苞》曰：「盛於午。午者，物滿長。宋均曰：「午，五也。五陽所立，故應而謂滿長也。」律中蕤賓。蕤賓者，委賓。」委，猶予也。賓，見歸予也。此陽用事而謂之賓者，時陰在下，爲主尊奉之，故變陽云賓，南方爲礼，万物相見，立賓主以相承事，取此之義[五]。

[一]「夏仲」當互倒，下文複出此條，作「仲夏一日」。。

[二]「昏」下原有「如」字，《禮記正義》《大戴禮記》俱無，今據以刪。

[三]原無「以」字，「黍菽」原作「半夏之叔」，《禮記正義》云：「主夏者，心星，昏中，可以種黍。」今據以改。

[四]《北堂書鈔》卷一五三引《春秋元命苞》「相援」作「成」。

[五]「義之」當互倒。

《春秋考異郵》曰：「日夏至，水泉躍。」宋均曰：「日夏至，陰氣起，故泉水躍以應之，流濕之義。」《春秋漢含孳》曰：「仲夏，陰作綿綿，更起，威盛相。」宋均曰：「作，起也。綿綿，微意爍消也。言陰集，陽有漸升，綿綿微如暑，因時稍起，用事至放。相，消滅也。」《春秋説題辭》曰：「黍者，緒也。若仲夏物並長，故縱酒。人衆聚，厥象也。」宋均曰：「『緒』當作『序』，言使人尊卑有次序，黍稷散布而相牽連，此又衆集會，有次序列居之象也。」《孝經援神契》曰：「夏至，陰始動也[一]。」《孝經援神契》曰：「仲夏，火星中，布穀降，野穫麥鉏穢，別苗秀，蠶任統，戴紝下[二]，繭始出，作婦女。」宋均曰：「戴紝，戴勝也。下，謂伏息。《月令》孟夏『蠶事畢』，今仲夏甫言繭出，舉四仲爲候，以苞一時也。」《尔雅》：「五月爲皋[三]。」李巡曰：「五月，万物盛壯，故曰皋。皋，大也。」孫炎曰：「皋，物長之貌。」《管子》曰：「以春日至始數九十二日[四]，謂之夏至，夏而麥熟，天子祀於大宗，其盛以麥。麥者，穀

[一]《白虎通》引「陰」下有「氣」字。
[二]「紝」原誤作「維」，據《玉燭寶典考證》改。注文「紝」字同。
[三]「皋」原作「睪」，據《爾雅注疏》改。注文「皋」字同。
[四]「以春日」原作「冬」，據黎翔鳳《管子校注》改。

之始也。宗者，族之始也。」《呂氏春秋》曰[一]：「夏至日，行近道，乃參于上，當樞之下無晝夜。」高誘曰：「近道，内道也。乃參倍于上，夏日高也。當施樞之下[二]，不明不冥[三]，嚁統一也[四]，故曰無晝夜也。」《尚書大傳》曰：「中祀大交霍山，貢雨伯之樂焉。鄭玄曰：「中，仲也，古字通[五]。春爲元，夏爲仲，五月南巡，守仲，祭大交之氣於霍山也[六]。南交稱大交[七]，《書》曰『宅南交』也[八]。」夏伯之樂，舞《謾彧》[九]，其歌聲比中謡，名曰《初慮》[一〇]。夏伯，《夏官》司馬棄掌之。謾，猶蔓也。彧，長根。

[一]原「呂氏」與「春秋」互倒，今乙正。
[二]《四部叢刊》本《呂氏春秋》無「施」字，依田利用云疑當作「於」。
[三]《四部叢刊》本《呂氏春秋》「不明不冥」作「分明不寘」。
[四]原無「統」字，據王利器《呂氏春秋注疏》補。
[五]原脱「通」字，據皮錫瑞《尚書大傳疏證》（以下簡稱《尚書大傳》）補。
[六]「祭」原誤作「蔡」，又脱「大」字，據《尚書大傳》正補。
[七]原脱「交」字，據《尚書大傳》補。
[八]「宅」原誤作「度」，據《尚書正義》《尚書大傳》改。
[九]「彧」原誤作「或」，據《尚書大傳》改。注文中「彧」字同。
[一〇]「初慮」原誤作「雷初」，據《尚書大傳》改。

言象物之孳蔓或然。初慮[一]，陽上極陰，始謀之也。羲伯之樂[二]，舞《將陽》，其歌聲比大謠，名曰《朱竿》。」羲伯，羲叔之後。舞《將陽》，言象物之秀實動搖也[三]。竿，大。《尚書大傳》曰：「撞蕤賓之鐘[四]，左五鐘皆應。鄭玄曰：「蕤賓在陰，東五鍾在陽，君將入，故以靜告動，動者則亦皆和也[五]。」蕤賓有聲，狗吠[六]，彘鳴，及倮介之虫皆莫不延頸聽蕤賓[七]。皆守物及陰之類也。在内者皆玉色，在外者皆金聲。」玉色，反其正性也。金聲，其事煞矣也[八]。《史記·律書》曰：「蕤賓者，陰氣幼少，故曰蕤；痿陽不用事，故曰賓；午者，陰陽交，故曰午。」《淮南子·時則》曰：「仲夏之月，招摇指午。五月官相，其樹榆。高誘曰：「是月陽氣長養，故官相佐也。榆，説未聞之也。」《淮南子·天文》曰：

[一]「慮」原誤作「雷」，據《尚書大傳》改。
[二]「羲」原誤作「儀」，據《尚書大傳》改。下一「羲」字同。
[三]「實」原誤作「貢」，據《尚書大傳》改。
[四]「撞」原誤作「種」，據《尚書大傳》改。
[五]原「和」誤作「知」，據《尚書大傳》改。
[六]「狗」原誤作「拘」，據《尚書大傳》改。
[七]「延」原誤作「近」，據《尚書大傳》改。
[八]《尚書大傳》無「矣也」二字。

「夏至則斗南中繩，陽氣極，陰氣萌，故曰夏至爲刑。陽氣極，則南至南極，上至朱天，故不可以夷丘上屋。[一]」許慎曰：「夷，平也。」又曰：「夏至流黄澤，石精出，高誘曰：「流黄，土之精也，陰氣作下，故流澤而出。石精，五石之精。」蟬始鳴，半夏生，与《月令》同。蟁蝱不食駒犢，鷙鳥不搏黄口，五月微陰在下，未成駒犢[三]，黄口肌脆弱未成，故蟁蝱、鷙鳥應陰，不食不搏之也。八尺之柱[二]，脩尺五寸。柱脩即陰氣勝[四]，短即陽氣勝。陰氣勝即爲水，陽氣勝即爲旱。」又曰：「五月小刑[五]，薺、麥、亭歷枯[六]，冬生草木畢死[七]。」《京房占》曰：「夏至，離王，景風用事，人君當爵有德，封有功，正在南方。」《白虎通》曰：「五月律謂之蕤賓何？蕤者也，下。賓者，敬也。言陽氣

[一] 案此爲許慎注本，「陽氣極，則南至南極，上至朱天，故不可以夷丘上屋」何寧《淮南子集釋》作「陰氣極，則北至北極，下至黄泉，故不可以鑿地穿井」。疑許慎與高誘所注本均脱落彼之所引。

[二] 何寧《淮南子集釋》無「未成」二字。

[三] 何寧《淮南子集釋》「柱」作「景」。下同。

[四] 何寧《淮南子集釋》「即」作「則」。下同。

[五] 何寧《淮南子集釋》「月」下有「爲」字。

[六] 原脱「枯」字，據何寧《淮南子集釋》補。

[七] 何寧《淮南子集釋》「畢」作「必」。

上極，陰氣始起，故賓敬之。」

《鄭記》曰：「《禮》注云『反舌，百舌鳥』，麋信難曰：『案《易説》：反舌，蝦蟆也。昔於長安与諸生共至城北水中取蝦蟆，割視之[一]，其舌成反向[二]。』蟜夙答曰：『蝦蟆五月中始得水，當聒人耳，何云無聲？』是知蝦蟆非反舌鳥。春始鳴，至五月稍止，爲時候[三]。」

今案《易通卦驗》玄曰[四]：「反舌者，反舌鳥也[五]，能反覆其舌，隨百鳥之音。」《風土記》曰：「祝鳩[六]，反舌也。」據此，明反舌别是鳥名[七]。且蝦蟇無聲，乃小暑節後。《易説》与《月令》時候自多不同，無妨各爲一事。《淮南子》曰：「人有多言者，猶百舌之聲也。」許慎曰：「白舌，鳥名，能變易其舌，效百鳥之聲，故曰百舌。」

[一]「割」原誤作「利」，據《禮記正義》改。
[二]《禮記正義》卷十六引《通卦驗》「向」下有「后鄭君得不通乎」七字。
[三]《禮記正義》卷十六引《通卦驗》「是知」至「時候」多有異文。
[四]「曰」原誤作「口」，今改。此條爲鄭玄《易通卦驗》注文。
[五]原無「舌」字，據《藝文類聚》卷九十二引《易通卦驗》補。
[六]「鳩」原誤作「煩」，據《藝文類聚》卷九十二引《易通卦驗》補。
[七]「反」原誤作「及」，據上下文意改。

《春秋保乾圖》曰：「江充之害，其前交喙[一]，反舌鳥入殿。」宋均注云：「交喙、反舌，百舌鳥也。」《孔叢子·明鏡》曰[二]：「國臣謀，反舌鳥入宫也。」陳思王《令禽惡鳥論》曰：「伯勞以五月鳴[三]，應陰氣之動。陽爲仁養[四]，陰爲殘賊，伯勞蓋賊害之鳥也[五]。屈原云：『恐題鴂之先鳴兮。』其聲鵙鵙，故以音名云[六]。」

《風土記》曰：「仲夏端五，方伯協極，亨鶩用角黍[七]，龜鱗順德。」注云：「端，始也，

[一]《藝文類聚》卷九十二引《春秋保乾圖》「前」作「萌」，無「交喙」二字。《太平御覽》卷九一三引《春秋保乾圖》「其前」作「太子」。
[二] 原無「叢」字，據《玉燭寶典考證》補。此條不見今本《孔叢子》。
[三]「勞」原誤作「謗」，又脱「鳴」字，據《爾雅注疏》卷十引《惡鳥論》正補。
[四]《爾雅注疏》卷十引《惡鳥論》「仁」上有「生」字，下「殘」上有「殺」字。
[五]「害」原誤作「完」，據《爾雅注疏》卷十引《惡鳥論》改。
[六] 原不重上「鵙」字，「名云」誤作「白名」，據《爾雅注疏》卷十引《惡鳥論》補正。
[七]「亨鶩」原誤作「享驚」，據《初學記》卷四、《藝文類聚》卷四、《歲時廣記》卷二十一引《風土記》改。又「用」字當涉下「角」字而衍，諸書所引皆無「用」字。

謂五月初五也。四仲爲方伯，俗重之[一]，五月五日与夏至同。鶝春孚雛，到夏至月，皆任啖也。俗先二節日[二]，又以菰葉裹黏米，雜以粟，以淳濃灰汁煮之，令爛熟[三]，二節日所尚啖也[四]。又煮肥龜，令極熟，擘擇去骨，加鹽、豉、苦酒、蘇蓼，名爲葅龜，并以薤蒸，用爲朝食，所以應節氣。裹黏米，一名糉，子弄反也。一名角黍，蓋取陰陽尚相苞裹，未分散之象也。龜骨表宍裏，外陽内陰之形，䱹魚又夏出冬蟄，皆所以依像而放，將氣養和輔，贊時節者也[五]。」黍葅龜蒸䱹，南方妨食水族耳，非内地所行。「鶝」与「鴨」，「䱹」與「鱓」字並通。

崔寔《四民月令》曰[六]：「五月，芒種節後，陽氣始虧，陰慝將萌[七]。慝，惡也。陰主殺，

[一] 原無「之」字，據《玉燭寶典考證》補。

[二] 「俗先」原誤作「先此」，「日」上原有「一」字，據《齊民要術》卷九引《風土記》注改刪。

[三] 原脱「爛」字，據《齊民要術》卷九引《風土記》注補。

[四] 此句《齊民要術》卷九引《風土記》注作「於五月五日、夏至啖之」。

[五] 「贊」原誤作「替」，據《玉燭寶典考證》改。

[六] 原脱「民」字，據《古逸叢書》本、《玉燭寶典考證》補。

[七] 「萌」原誤作「前」，據石聲漢《四民月令校注》改正。

故謂之慝。夏至，姤卦用事[一]，陰起於初，濕氣升而靈虫生矣。煖氣始盛，虫蠹並興。乃弛角弓、弩[二]，解其徽弦，張竹木弓弩[三]，弛其弦[四]，以灰藏旃裘、毛毳之物及箭羽。以竿掛油衣[五]，勿襞藏。爲得暑濕相著也[六]。是月五日，可作醢。合止利黄連丸[七]、霍亂丸，采葸耳，取蟾諸，蟾諸，京師謂之蝦蟇，北州謂之去角。或謂：苦蠪[八]，可以合惡疽創藥也。可合創藥[九]，及東行螻蛄[一〇]。螻蛄去刺，

[一]「姤」原誤作「始」，據《玉燭寶典考證》改。

[二]「弛」原誤作「施」，據《齊民要術》卷三引《四民月令》改。下「弛」字同。

[三]原脱「弩」字，據《齊民要術》卷三引《四民月令》補。

[四]原脱「其」字，據《齊民要術》卷三引《四民月令》補。

[五]「竿掛」原誤作「芋桂」，又脱「以」字，據《四部叢刊》本《齊民要術》卷三引《四民月令》改補。

[六]「暑濕」原誤作「煮温黏」，據《齊民要術》卷三引《四民月令》改。又《齊民要術》引無「爲得」二字。

[七]「利」通「痢」，下「利」字同。

[八]「苦蠪」原誤作「苔就」，據石聲漢《四民月令校注》改。

[九]「可」原誤作「廿」，據《藝文類聚》卷四引《四民月令》改。《齊民要術》卷三作「以」。

[一〇]《藝文類聚》卷四引《四民月令》「螻蛄」下有「治婦難産」四字，此處當脱去。

治產婦難[一]，兒衣不出。夏至之日，薦麥魚于祖禰。厥明，祠。前期一日，饌具齊，掃滌，如薦韭卵時。雨降，可種胡麻。先後各五日[二]，可種禾及牡麻。牡麻，有花無實[三]。先後各二日，可種黍。是月也，可別稻及藍。至後廿日，可菑麥田，刈茭芻[四]。麥既入，多作精，以供出入之糧[五]。淋雨將降，儲米穀薪炭，以備道路陷淖今案《春秋》成十六年《傳》：「晉、楚遇於鄢陵，有淖於前」，服虔注云：「淖，下澤洿泥也。音從較反。又乃孝反[六]。不通。是月也，陰陽爭，血氣散。先後日至各五日，寢別外內。陰氣入，藏腹中塞，不能化膩。先後日至各十日，薄滋未，毋多食肥醲。距立秋，毋食煮餅及水溲餅。夏日飲水時，此二餅得水即强剛不消，不幸便爲宿食作傷寒矣。誠以此餅置水中，即見驗。唯酒溲餅入水爛之也。是月也，可作醔醬及醢醬。糶大、小豆、胡麻，糴䵃、大小麥，收弊

[一]《齊民要術》卷三「難」下有「生」字，無下「兒」字。

[二]「後」下原有「日」字，據《齊民要術》卷二引崔寔《四民月令》删。

[三]「有花無實」原誤作「有卜氣無氣實」，據《齊民要術》卷二引崔寔《四民月令》改。

[四]「茭」原誤作「英」，據石聲漢《四民月令校注》改。

[五]「出入」原互倒，據《齊民要術》卷九引《四民月令》乙正。

[六]「乃」原誤作「巧」，又脱「反」字，據《經典釋文》改補。

絮及布。日至後，可糴麫䴷，暴乾，置兜中，密封塗之，則不生虫。至冬，可以養馬。」麫音敷，䴷音擽。

《考靈曜》曰：「仲夏一日，日出於寅，入於戌，心星五度中而昏，營室十度中而明[一]。」

[一] 依田利用以此引《考靈曜》複出而删除，今仍存其舊。

附說曰：此月夏至及五日，俗法備擬甚多。案《禮》有「織紝組紃」[一]，《詩・鄭風》稱「執轡如組」，鄭箋云：「如織組之爲。」《鄘風》「素絲紕之」，毛傳云：「紕所以織組，總紕於此，成文於彼。」《尔雅》：「綸似綸[二]，組似組，東海有之。」明織組之興，其來尚矣。

四月蠶事畢，五月方可治絲，故《孝經援神契》曰：「仲夏蠒始出，作婦女。練染既成，咸有作務。」《風俗通》云：「夏至五月五日，五采辟兵，題『野鬼遊光』[三]。俗說：五采以厭五兵。遊光，厲鬼，知其名[四]，令人不病疫温。」《續漢・禮儀志》云：「夏至，陰氣萌作，恐物不楙，其禮以朱索連葷菜[五]，鍾以桃卯，長六寸，方三寸，以施門户，代以所尚爲飾，漢並用之，故以五月五日朱索五色，即爲門户餝，以難止惡氣。」裴玄《新言》云：「五色繒，謂之辟兵。」服君云：「襞方以綴腹前，示養蠶之切也。又織麥莆，同日俱成，以懸於門彰，收麥也，謂爲辟兵，

[一] 「紝」原誤作「維」，據《禮記正義》改。
[二] 「似」原誤作「以」，據《爾雅注疏》改。
[三] 《太平御覽》卷二三引《風俗通》「題」下「有曰」字，卷八一四又作「綵曰」。
[四] 「知」上原有「光」字，據《太平御覽》卷二三、卷八一四、《事類賦》卷四引《風俗通》删。
[五] 「索」原誤作「素」，據《後漢書》改。下「索」字同。

聲之誤。」董勛《問禮俗》云：「夏至，上長命縷[一]。」

陸翽《鄴中記》云：「俗人以介子推五月五日燒死，世人甚忌，故不舉火食，非也。北方五月五日自作飲食，祠神廟，及五色縷、五色花相問遺，不爲子推也。」《荆楚記》云：「民斬新竹筍爲筒糉，練葉插頭五采縷投江，以爲辟火厄，士女或取練葉插頭綵絲繫臂[二]，謂爲長命縷[三]。」沈約《宋書》云：「元嘉四年，禁斷夏至日五絲[四]、長命縷之屬。」即止來五日者。《吳歌》云：「朱絲係腕繩，腕如白雪凝。」皆因女功而起，廣其名目。

《續齊諧》云：「屈原五月五日自投汨羅而死，楚人哀之，每至此日，輒以竹筒貯米投水祭之。漢建武年，長沙區迴忽見士人自稱三閭大夫，謂迴見祭甚善，但恒蛟龍所竊，可以練葉塞上，

[一]「長命」原互倒，《荆楚歲時記》引周處《風土記》云：「人並以新竹爲筒糉，楝葉插五綵繫臂，謂爲長命縷。」今據以乙正。

[二]「臂」原作「辟」，據《荆楚歲時記》引周處《風土記》改。

[三]今本《荆楚歲時記》無「縷投江」至「綵絲」十八字，可補其闕。

[四]「禁」原誤作「楚」，據中華書局點校本《宋書》改。

以綵絲縛之[一]，二物蛟龍所畏。迴依其言[二]。世人五日作粽[三]，并帶練葉五綵，皆汨羅之遺風。」《吳歌》云：「五月節菰生四五尺，縛作九子糉。」或作稜，亦作粽，今古字並通。計止南方之事，遂復遠流北土。

又有爲日月星辰鳥獸之狀者[四]，或至文繡金縷帖畫[五]，貢獻所尊。案《尚書》「古人之象日月星辰，乃據衣服」，除此更無出處，意謂此日建午。《詩記歷樞》云：「午者，仵也。」宋均注云：「午，仵也，適也，皆相對敵之稱。」《春秋元命苞》曰：「盛於午，午者，物滿長。」注云：「午，五也。五陽所立，故應而滿成也[六]。」《史記·律書》曰：「午者，陰陽交，故曰午。」《援神契音義》云[七]：「五者，亦數之一極，日月並當極數，名爲二五。」《歸藏易》

[一]「縛」原誤作「練」，據《北堂書鈔》卷一四七、《太平御覽》卷八五一引《續齊諧記》改。

[二]「依其言」原作「言依二日」，據《玉燭寶典考證》改。

[三]「人」原誤作「又」，據《北堂書鈔》卷一四七、《太平御覽》卷八五一引《續齊諧記》改。

[四]原無「星辰鳥獸之狀」六字，據《初學記》卷四引《玉燭寶典》補。

[五]「繡」原作「綃」，「帖畫」誤作「怗盡」，據《初學記》卷四引《玉燭寶典》改。

[六]原無「成也」二字，依田利用依正文補，今從其說補。

[七]依田利用云：「『音義』二字疑衍，不然則『援神契』字有訛。」

云：「離處彼南方，与日月同鄉。」張衡《逍遥賦》云：「以日月爲罏牖。」摯虞《思遊》云：「日月燒炫晃而瞜映蓋。」《聖賢冢墓記》云：「天體如車有蓋，日月懸著焉，故因此節模成合璧之像。」劉臻妻陳氏《五時畫扇頌》云[一]：「炎后飛軌[二]，引曜丹逵[三]。蕤賓應律，融精協曦[四]。」明是五月。下云：「日月澄曜[五]，仙僮來儀。永錫難考，与時推移。」抑亦其義，欲人如日之升，如月之恒[六]。近代又加咒文，其願無戲威。

[一] 原無「氏」字，據《藝文類聚》卷六十九、《初學記》卷二十五引《五時畫扇頌》補。

[二] 「軌」原作「軏」，森立之父子校本、依田利用所據本皆作「乾」，則所據爲别本。據《藝文類聚》卷六十九、《初學記》卷二十五引《五時畫扇頌》改。

[三] 「逵」原作「遠」，據《藝文類聚》卷六十九、《初學記》卷二十五引《五時畫扇頌》改。

[四] 「曦」原誤作「義」，據《藝文類聚》卷六十九、《初學記》卷二十五引《五時畫扇頌》改。

[五] 《藝文類聚》卷六十九、《初學記》卷二十五引《五時畫扇頌》「曜」作「暉」。

[六] 「恒」原作「絙」，《詩經・小雅・天保》云：「如月之恒，如日之升。」今據以改。

《荆楚》：「四民並蹋百草[一]，採艾以爲人[二]，懸門户之上，以禳毒氣[三]。」《師曠占》云[四]：「歲多病，則艾草先生。」吴歌云[五]：「陽春二月三月，相將蹋百草，人人駐步看，揚聲皆言好。」于時草淺，容出騁望。此月草深多露，昨複遊行人之時[六]，正應爲採艾耳。

又取蘭草以備沐浴[七]。習鑿齒《与褚常侍書》云：「家舅見迎，南達夏口白故府諸下，見法曰：『与足下及江州，五月五日共澡浴戲處，感想平生，追尋宿眷，髮鬋玉儀，心實悲矣。』」《夏小正》云：「五月，蓄蘭爲沐浴。」《離騷》亦云「洛蘭湯兮沐芳」[八]，非無往事。又云[九]：「以

[一]「蹋」原誤作「踰」，據《荆楚歲時記》改。下一「蹋」字同。

[二] 原脱「人」字，據《荆楚歲時記》補。

[三]「禳」原誤作「振」，據《荆楚歲時記》改。

[四] 原無「占」字，據《玉燭寶典考證》補。

[五]「歌」原誤作「歆」，據《樂府詩集》卷四九引《江陵樂》改。

[六] 依田利用以「人」字爲衍文。

[七]「沐」誤作「滲」，據《玉燭寶典考證》改。下「沐」字同。

[八] 案出自《九歌》，非《離騷》。

[九] 疑「又云」上有脱文。

百種草合擣爲汁，石灰和之，曝燥，塗瘡即愈。又燒繁縷菜爲灰，以治疥癬。」《爾雅·釋草》云：「蔜[一]，蕿蔞[二]。」郭璞注云：「今繁縷，或名雞腸。」《本草經》作：「繁蔞，味酸、平，無毒，主積年瘡惡不愈。五月五日中，採子用之。」注云：「此菜人以作羹，五日採，曝乾，燒作屑，治雞瘡有效。」亦雜百草取之，不必一種。

崔寔云：「此日取蟾諸以合瘡藥。」《文子》則云：「蟾蜍，辟兵，壽在五月望。」《淮南萬畢術》云：「五月十五日，取蟾蜍剥之，以血塗新布，方員一尺，向東，半以布蒙頭，百鬼、牛、羊、虎、狼皆來坐，視之勿動，須臾皆去[三]。」非止五日也。《抱朴子》云：「蟾蜍万歲者，頭上有角，頷下有丹書八字再重[四]，五月五日中時取之，陰乾百日[五]，以其左足畫地[六]，即爲流水。」

[一] 「蔜」原誤作「蕤」，據《爾雅注疏》改。

[二] 「蕿」原誤作「萲」，「蔞」原作「縷」，據《爾雅注疏》改。

[三] 「去」原誤作「云」，據《玉燭寶典考證》改。

[四] 「書」原誤作「盡」，據王明《抱朴子内篇校釋》改正。

[五] 原無「乾」字，據王明《抱朴子内篇校釋》補。

[六] 原無「左」字，據王明《抱朴子内篇校釋》補。

《玄中記》云[一]：「千歲蟾蜍，頭生角者[二]，食之[三]，壽千歲。」《淮南術》亦云：「五月五日，取蝦蟆喉下有八字者，反縛，陰乾百日，兢作屑，五綵囊盛，著頭上，縛則自解。」蟾諸、蟾蜍聲相近[四]，兩通，即蝦蟆。

南方民又競渡，世謂屈原投汨羅之日[五]，故命舟檝以拯之[六]，在北舳艫既少，罕有此事。《月令》：「仲夏可以居高明，可以遠望[七]。」《春秋考異郵》云：「夏至，水泉躍，或以開懷娛目，乘水臨風，爲一時下爲之賞，非必拯溺。」董勛《問禮俗》云：「五月望，禮有乘高爲良日。」即其義也。

世稱惡月者，《月令》仲夏「陰陽爭，死生分，君子齊戒，止聲色，節嗜欲」。案《異苑》：

[一]「玄」原誤作「立」，據《古逸叢書》本、《玉燭寶典考證》改。

[二] 原無「者」字，據《爾雅注疏》引《玄中記》補。

[三]「食」原誤作「倉」，上又有「得」字，據《爾雅注疏》引《玄中記》改刪。

[四]「近」原誤作「洗」，據《玉燭寶典考證》改。

[五] 原脱「原投」二字，據《荊楚歲時記注》補。

[六]「故命舟檝以拯之」原作「並撤拯之」，據《荊楚歲時記注》改補。

[七]《禮記正義》「望」上有「眺」字。

「新野庾寔家常以五月曝薦[一]，忽見一小兒死於席上，俄失所在，其後寔女子遂亡，故相傳稱以爲忌，俗多六齊放生[二]。」齊竟陵王蕭子良《後湖放生詩》云：「釋焚曾林下，解網平湖邊[三]。遅翮摶清漢，輕鱗浮紫淵。」《異苑》云：「五月五日，剪鴝鵒舌亦能學人語。」案《周禮·考工記》[四]：「鸜鵒不踰濟，貉踰汶則死，此地氣然也[五]。」鄭司農云：「不踰濟耳，無妨中國有之。」《春秋》昭廿五年「有鸜鵒來巢」[六]，《左氏傳》曰：「書所無也。」《公羊傳》曰：「何以書記異也？何異爾[七]？非中國之禽也。宜穴又巢。」何休注云：「鸜鵒，猶權欲[八]。宜穴又巢[九]，此權

[一] 依田利用云：「《初學記》《白六帖》《荊楚歲時記注》『薦』作『席』。」

[二] 原脱「俗」字，據《初學記》卷四、《太平御覽》卷二二引《問禮俗》補。

[三] 「網」原誤作「細」，據《玉燭寶典考證》改。

[四] 原無「禮」字，據《玉燭寶典考證》補。

[五] 「也」原誤作「孚」，據《周禮注疏》改。

[六] 「昭」原誤作「照」，據《古逸叢書》本、《玉燭寶典考證》改。

[七] 原無「何異爾」三字，據《春秋公羊傳注疏》補。

[八] 「猶」原誤作「田」，「欲」誤作「鴿」，據《春秋公羊傳注疏》改。

[九] 原無「宜穴又巢」四字，據《春秋公羊傳注疏》補。

臣欲自下居上之徵。」《山海經》作「鸜鴒」。《禮稽命徵》云[一]：「孔子謂子夏曰：『鸜鴒至，非中國之禽也。』」宋均注云[二]：「穴處之鳥而來巢，去安就危，俞昭公將去國周流也。」此與《公羊》同説。今則處處皆有。」《淮南萬畢術》云：「寒睪斷舌，可使語言。」注云：「取寒睪斷其舌即語，寒睪[三]，一名雊鴿[四]。」今世字多作「雊」。王逸《九思》云：「雊欲鳴兮聒余。」王浮鐮夫人《四言詩》云「雊鴿戴飛」之也。

有得斵木鳥，以此月貨之，云治齒痛。關内號鴷鳥。《爾雅》云：「鴷，斵木。」劉歆注：「斵，音中木反。啄樹蠹而食之。」郭璞注云：「口如錐[五]，長數寸，好斵樹食蠹[六]，因名云。」《音義》曰：「今斵木亦有兩三種，在山中者大而有赤毛冠。」范汪《治淋方》云[七]：「灰赤斵木鳥食

[一]「禮」上原衍「宋均注」三字，涉下文而衍，今删。

[二]「均」原誤作「故」，據《古逸叢書》本、《玉燭寶典考證》改。

[三]原脱「斷其舌即語寒睪」七字，據《太平御覽》卷九二三引《淮南萬畢術》補。

[四]「鴿」原誤作「欲」，據《太平御覽》卷九二三引《淮南萬畢術》改。

[五]「口」原誤作「舌」，據《爾雅注疏》改。

[六]「蠹」原誤作「中蟲」，據《爾雅注疏》改。

[七]「汪」原誤作「注」，今改。

之一頓，令盡，不過數枚便愈。」是則別有赤色者。又治淋病。《古異傳》云：「本是雷公採藥吏，化爲鳥。」《淮南子》云：「噣木愈齲[一]。」《抱朴子》云：「啄木之護齲齒。」其義則同。《古樂府》云：「啄木高飛乍位仰，博拊林藪著榆桑，位足頭啄劚如劚[二]，飛鳴相躁聲如篁。」《字林》云：「劚，斫也。竹足反。劚、斸字两通。雖書本字異，終是一鳥。」案《詩·小雅》「黄鳥黄鳥，無啄我粟」，「交交桑扈，率場啄粟」，皆作「啄」字。今「斲」或「噣」者[三]，異室所傳。《字林》云：「噣、啄，亦吃竺适反之也。」

《風俗通》云：「俗説五月蓋屋，令人頭秃[四]。」謹案《月易令》[五]：「五月純陽，姤卦用事，薺麥始死[六]。夫政趣民收獲，如冠盜之至，与時覺也。」又云：「除黍、稷、三豆，當下農功最務。」

[一] 何寧《淮南子集釋》「噣」作「斲」。

[二] 二「劚」字俱誤作「劇」，依田利用疑此「劇」當作「劚」，《古逸叢書》本作「劚」，今改。

[三] 「噣」原誤作「蜀」，據下文改。

[四] 「人」下原衍「文」字，據《四部叢刊》本《風俗通義》删。

[五] 「月易令」三字當有訛誤。《古逸叢書》本作「易月令」。

[六] 「薺」原誤作「齊」，據《玉燭寶典考證》改。

間不容息，何得晏然，除覆蓋室寓乎，令天下諸郭皆諱禿，豈復家家五月蓋屋耶？俗化擾擾，動成訛謬，尼父猶云從衆，難復縷陳之也。

玉燭寶典卷第五　五月[一]

嘉保三年六月七日書寫并校畢。

[一] 原脱「五月」，據本書體例補。

玉燭寶典卷第六

六月季夏第六

《禮・月令》曰：「季夏之月，日在柳，昏火中，旦奎中。鄭玄曰：「季夏者，日月會於鶉火而斗建未之辰。」律中林鍾。季夏氣至，則林鍾之律應也。温風始至，蟋蟀居壁，今案《爾雅》曰：「蛬，蟋蟀[一]。」劉歆注云：「謂蜻蛚也。」孫炎云：「梁國謂之曰蛬。」郭璞云：「今趣織也，曰蛬音邛[二]。」《音義》云：「或作蛩[三]。」《方言》曰：「蜻蛩，楚謂之蟋蟀，

[一] 依田利用云：「今本《爾雅》作『蟋蟀，蛬』。案《詩疏》引李巡注云『蛬，一名蟋蟀』，然則古作『蛬，蟋蟀』可知。」

[二] 「邛」原誤作「切」，依田利用疑當作「邛」，是，今從其說改正。

[三] 「蛩」原誤作「蛬」，據下文改。

或謂之蛬，南楚之間謂之王孫。」《詩魚虫疏》云：「蟋蟀似蝗而小[一]，正黑有光澤如漆[二]，有角翅[三]，一名蛬，一名蜻蛚。幽州人謂之趣織，趣謂督促之言，里語曰『趣織鳴，嬾婦驚』也。」鷹乃學習，腐草爲熒。鷹學習，謂攫搏也[四]。熒，飛虫，熒火。今案《爾雅》：「熒火即炤。」犍爲舍人注云：「熒火，名即炤，夜飛有火虫也。」李巡云：「熒火夜飛，腹下如火，故曰即炤。」《毛詩傳》云[五]：「熠燿[六]，燐。燐，熒火也。」潘岳《熒火賦》曰：「熠熠燿燿，若丹英之照葩[七]。飄飄熲熲[八]，若流金之在沙矣也。」

天子居明堂右个，明堂右个，南堂西偏。命漁師伐蛟、取鼉、登龜、取黿。四者甲類也，秋乃勁成[九]。《周

[一]「似」原誤作「以」，上又衍「或」字，據《寶顔堂秘笈》本《毛詩草木蟲魚疏》改删。

[二]「漆」原誤作「津」，據《寶顔堂秘笈》本《毛詩草木蟲魚疏》改。

[三]「角翅」原互倒，據《寶顔堂秘笈》本《毛詩草木蟲魚疏》乙正。

[四]「攫」原誤作「擢」，據《禮記正義》改。

[五]「傳」下原衍「詩」字，據《古逸叢書》本删。

[六]原脱「熠」字，據《毛詩正義》補。

[七]「丹」原誤作「升」，「照」原誤作「始」，據《初學記》卷三十、《太平御覽》卷九四五引潘岳《熒火賦》改。

[八]「熲熲」原誤作「頻頻」，據《初學記》卷三十、《太平御覽》卷九四五引潘岳《熒火賦》改。

[九]「勁」當爲避楊堅之讳。

禮》曰：『秋獻龜魚。』又曰：『凡取龜，用秋時。』是夏之秋也。作《月令》者以爲此『秋』據周之時也，周之八月，夏之六月也，因書於此，誤也[一]。蛟言伐者，以其有兵衛也。鼉言登者，尊之也。鼉、黿言取，羞物賤也。鼉皮可以冒鼓。」王肅曰：「蛟大而難制，故曰伐。龜靈而給尊，故曰升。鼉皮可以爲鼓，黿肉可食，得之易，故曰取。《周官》『秋獻鼉』[二]，於秋當獻，故於末夏而命。」[三]命澤人納材葦。蒲葦之屬，此時柔刃，可取作器物也。

命四監大合百縣之秩芻，以養犧牲，令民不咸出其力。四監，主山林、川澤之官也。百縣，鄉、遂之屬，地有山林、川澤者也。秩，常也。百縣給國養犧牲之芻也。今《月令》「四」爲「田」也[四]。以供皇天、上帝、名山、大川、四方之神，以祀宗廟社稷之靈，以爲人祈福。皇天，北辰燿魄寶，冬至所祭於圜丘也。上帝，大微五帝也。

命婦官染采，黼、黻、文、章必以法故，毋或差忒。婦官，染人也。采，五色也。黑、黃、倉、

[一]《禮記正義》「誤」上有「似」字。

[二] 原脱「周」字，今補。

[三] 此引王肅注文不見諸書徵引，當爲逸文。

[四]「之芻也今月令四爲田也」至「故取著明之也」原誤入下文《春秋元命苞》注文「官以之菊」至正文「其味甘」，今據《禮記正義》移正。

赤莫不質良，毋敢詐爲，質，正。良，善。以給郊廟祭祀之服，以爲旗章，以別貴賤等級之度。

樹木方盛，乃命虞人入山行木，毋有斬伐。爲其未勁刃也。不可以興土功，不可以合諸侯，不可以起兵動衆。土將用事，氣欲靜。毋舉大事，以摇養氣，大事，興徭役以有爲[一]。毋發令而待，以妨神農之事。發令而待，謂出徭役之令以豫驚民也[二]，民驚則心動[三]，是害土神之氣也[四]。土神稱曰神農者，以其主於稼穡。水潦盛昌，神農將持功，舉大事則有天殃。言土以受天雨澤，安靜養物爲功，動之則致災害。

土潤辱暑[五]，潤辱，謂塗濕也[六]。大雨時行，燒薙行水，利以煞草，如以熱湯，薙，謂迫地芟草。此謂欲稼菜地，先薙其草[七]，草乾燒之。至此月大雨，流水潦畜於其中，則草死不復生，而地美可稼之也。可以糞

[一]「徭」原誤作「淫」，據《禮記正義》改。
[二]原脱「令」字，據《禮記正義》補。
[三]原脱「民」字，據《禮記正義》補。
[四]「土」原誤作「左」，據《禮記正義》改。
[五]依田利用云：「注疏本作『溽』，《考文》云古本作『辱』，宋板同。」
[六]「濕」原誤作「温」，據《禮記正義》改。
[七]原無「先」字，據《禮記正義》補。又上「菜」字，注疏本作「萊」。

田疇，可以美土强。土潤辱，膏澤易行也。糞、美互文耳〔一〕。土强，强檗之地〔二〕。

季夏行春令，則穀實鮮落，國多風欬〔三〕，辰之氣乘之也。未屬巽，辰又在巽位〔四〕，二氣相亂爲害。民乃遷徙。象風移物。行秋令，則丘隰水潦，戌之氣乘之也〔五〕。九月宿直奎，奎爲溝瀆，溝瀆与此月大雨并，而高下皆水。禾稼不熟，傷於水也。乃多女災。含任之類敗也。行冬令，則風寒不時，丑之氣乘也〔六〕。鷹隼蚤鷙，得疾厲之氣也。今案《詩·小雅》曰：「鴥彼飛隼。」《鳥獸疏》云：「隼，鷂屬也〔七〕，齊人謂之擊正，或謂題肩，或謂爵鷹，春化爲布穀，此之屬數種，皆爲隼也。」《韓詩章句》曰：「隼，鷹也。」《孝經援神契》曰：「立秋，鷹擊雀。」舊説即雀是鷹。又案《周易》「射隼高墉」，似非小鳥。《國語·魯語》曰：「有隼集于陳侯之

〔一〕「互」原誤作「身」，據《禮記正義》改。

〔二〕「檗」原作「剛」，據《禮記正義》改。

〔三〕「欬」原誤作「災」，據《禮記正義》改。

〔四〕「巽」原誤作「選」，據《禮記正義》改。

〔五〕「乘」下原有「八十一絲爲音故取著明」十字，爲下引《春秋元命苞》注文語，當在「宫以之菊」下，今移正。

〔六〕「丑」原誤作「田」，「也」下原有「風寒也」三字，據《禮記正義》改删。

〔七〕「鷂」原誤作「雞」，又脱「屬」字，據《寶顔堂秘笈》本《毛詩草木蟲魚疏》改補。

庭而死。」韋昭注云：「隼，鷙鳥[一]，今之鶚也。」《漢書》鄒陽諫吴王曰：「鷙鳥累百，不如一鶚。」孟康注：「鶚，大鵰也。」左思《蜀都賦》曰：「鵰鶚鴆其陰。」注云：「鶚形如鵰。」《韻集》曰：「鶚，鵰也。」《爾雅》：「鷹，隼醜，其飛也翬。」諸家注皆云「翬，疾也」，不釋隼是何鳥。應瑒《西狩賦》曰[二]：「倉隼煩翼而懸。」據是，亦以鷹爲隼。傅玄《鷹莵賦》云：「我之二兄[三]，長曰元鶚，次曰仲鵰，吾曰叔鷹，亦好斯武。」《古樂府》云：「鷹即鷂之兄[四]。」然則鷙鳥同有隼名。《詩疏》所論，還據鷂等數種總而爲語[五]，足兼小大。韓本或作「隼，旁鳥」，亦通。四鄙入保。」象鳥爵之走竄[六]。

蔡雍季夏章句曰：「今歷季夏小暑節日在柳三度，昏明中星[七]，去日百一十七度，尾一度中而昏，奎二度中而明。『温風至。』温者，氣之在風者也，小暑之候。『蟋蟀居壁。』蟋蟀，

[一]「鷙」原誤作「摯」，據《國語》韋昭注改。
[二]「應」原誤作「鷹」，據《古逸叢書》本、《玉燭寶典考證》改。
[三]依田利用云「之」下空一字，是本則不空，有「二兄」二字，則依田利用所據爲别本。
[四]依田利用云「之」下空一字，是本則不空，有「兄」字，則依田利用所據爲别本。
[五]「鷂」原誤作「雞」，據上文改。
[六]「爵」《毛詩正義》作「雀」，「雀」、「爵」古通。
[七]「星」原誤作「旦」，據《古逸叢書》本、《玉燭寶典考證》改。

虫名，斯螽、莎雞之類，世謂之蜻蛚[一]。壁者，姚乳之處也。其類乳於土中[二]，深埋其卵。是月，姚者始壯，羽成，尚居其室壁而未出也。不言穴，母不居，獨以藏子。《詩》云『五月斯螽動股，六月莎雞振羽，七月在野，八月在宇，九月在户，十月蟋蟀入我床下』，言五月始能動足，六月羽翼成，七月乃出壁在野，八月避寒近人在屋霤，九月就户，十月蟋蟀入我床下而遂蟄，以漸即温之意也。『鷹乃學習。』鷹以中春化爲鳩，中夏陰氣起而復爲鷹，文不見變而之不仁，故不記也。學習者，鷹、鷙擊也，於是罝羅之物出者不禁。『腐草爲蛙。』蛙，虫名也，世謂之馬蛙[三]，盛暑所蒸，陰氣所化，故朽腐之物變而成虫也。不言化，不復爲腐草也。『天子居明堂右个。』右个，未上堂也。『命婦官染采。』絲帛之功既訖，藍蒨之屬亦成，故以染色也。」

右章句爲釋《月令》。

[一]「蜻」原誤作「精」，據《藝文類聚》《太平御覽》引《月令章句》改。

[二]原脱「土」字，下「卵」字又誤作「耶」，據《玉燭寶典考證》補正。

[三]依田利用云：「案『蛙』與『蚈』同，《吕覽》《淮南》俱作『蚈』。高誘注《淮南》云：『蚈，馬蚿也，一曰熒火。』《説文》引《明堂月令》作『蠲』，許解亦云『蠲，馬蠲』，與此正合。古『幵』、『圭』聲相近，故字旁假借耳，猶《五行大義》所云『蟾或爲鼃，鼃字復作蝉』是也，其非鼃黽之屬，杜臺卿已詳辨之矣。」

《詩・豳風》曰：「六月沙雞振羽。」毛傳曰：「沙雞羽成振訊之[一]。」今案《魚虫疏》云：「莎雞，如蝗而班色，翅數重，下翅正赤。或謂之天雞。六月中，飛而振羽，索索作聲，幽州人謂之蒲錯[二]。」《韓詩章句》曰：「莎雞，昆鷄也。沙沙聲相近，故二字並存也。」又曰：「六月食鬱及奧。」鬱，棣屬。奧，嬰奧。今案《爾雅》「唐棣，栘[三]。嘗來反，又嘗犁反[四]」，郭璞注云：「今白栘也，似白楊樹，江東呼爲夫栘。又曰「常棣，棣」，郭云：「今關西有棣樹，子似櫻桃，可啖。」《蒼頡篇》：「鬱，車下李也。」別有棣、栘二字，令似異木[五]。《詩・邵南》：「何彼穠矣，唐棣之華。」毛傳云：「唐棣，栘也。」《詩・小雅・常棣》[六]：「常棣之華，鄂不韡韡。」毛傳亦云「常棣，栘也」。《詩草木疏》云：「唐棣，馬季長云奧李也，一名爵椹，今人或謂之鬱。《豳詩》云「食鬱及奧」，或謂之車下李，所在山澤皆有，其華有赤有白，高者不過四尺，子六月中熟，大如小李，正赤，有恬有酢，率多澀，少有美者。復似一類，名有不同，或當家菌及山澤所生小異耳之也。」

[一] 「訊」原誤作「説」，據《毛詩正義》改。

[二] 原無「謂之」，據《寶顔堂秘笈》本《毛詩草木蟲魚疏》補。

[三] 「栘」原誤作「移」，據《爾雅注疏》改。下「栘」字同。

[四] 原脱「反」字，據《玉燭寶典考證》補。

[五] 依田利用疑「令」爲「全」之訛。

[六] 「常棣」下原有「之華」二字，據《玉燭寶典考證》删。

《詩·小雅·出車》曰：「昔我往矣，黍稷方華。」鄭箋云：「黍稷方華，朔方之地，六月時也[一]。」《詩·小雅·四月》曰：「六月徂暑。」毛傳云：「徂[二]，往也。六月，火星中，暑盛而往矣也。」《周書·時訓》曰：「小暑之日，温風至。又五日，蟋蟀居壁。又五日，鷹乃學習。温風不至，國無完教。蟋蟀不居壁，急恒之暴。鷹不學習，不備戎盜。大暑之日，腐草爲蛙。又五日，土潤辱暑。又五日，大雨時行。腐草不爲蛙[三]，穀實鮮落。土潤不辱暑[四]，急應之罰。大雨不時行[五]，國無恩澤。」《禮·夏小正》曰：「六月初昏，斗柄正在上。煮桃。桃也者，杝桃[六]。梅桃也者[七]，山桃也。煮以爲豆實。鷹始鷙[八]，始鷙而言之何？諱煞之辭。」《易通卦驗》曰：「小暑，雲五色出，伯勞鳴，

[一]「也」原誤作「云」，據《毛詩正義》改。
[二]「徂」上原有「且」字，據《玉燭寶典考證》删。
[三]原脱「腐」字，據上文補。
[四]「暑」原誤作「著」，又脱「辱」字，據上文補正。
[五]原脱「大」字，據上文補。
[六]「梅」原誤作「杝」，據《大戴禮記解詁》改。下「梅」字同。
[七]原無「桃」字，據《大戴禮記解詁》補。
[八]原脱「鷹始鷙」三字，據《大戴禮記解詁》補。

蝦蟆無聲。鄭玄曰：「雲五色出，蓋象雉。」晷長二尺四寸四分[一]，黑陰雲出，南黃北黑。小暑於離值六二，六二，離爻也，爲南黃。互體巽[二]，巽爲黑，故北黑也。大暑，暑雨而溫，半夏生，晷長三尺四寸，陰雲出，南赤北倉。」大暑於離在九三，九三，辰在辰，得巽氣[三]。離爲火，故南赤。巽木，故北倉。

《詩紀歷樞》曰：「未者，昧也。昧者，盛也。」宋均曰：「昧者，昧昧事衆多之貌，故曰盛也。」《尚書考靈曜》曰：「氣在季夏，其紀填星，是謂大靜，無立兵。立兵命曰犯命，奪人一畝，償以千里[四]；煞人不當，償以長子。鄭玄曰：「用兵所奪土地，可煞民人也。」不可起土功，是謂觸天犯地之常，滅德之光。可以居正殿安處，舉有道之人，與之慮國家，以順式時利[五]，以布大德，脩禮義。不可以行武事，可以大赦罪人，與德相應[六]。其禮衣黃，是謂順陰陽，奉天之常，而主德中央，

[一]「晷」原誤作「暑」，據趙在翰《七緯》輯本改。
[二]「互」原誤作「身」，據趙在翰《七緯》輯本改。
[三]原無「得」字，據趙在翰《七緯》輯本補。
[四]趙在翰《七緯》輯本「里」作「金」。
[五]「式」原誤作「盛」，又重「時」字，據《開元占經》引《尚書考靈曜》改刪。
[六]原無「與德相應」四字，依田利用據《開元占經》引補入，今從其說補。

而是則填星得度，地無灾[一]，近者視，遠者來矣。」《春秋元命苞》曰：「衰於未。未者，昧也。宋均曰：「昧，朦昧，明少狠也。」律中林鍾。林鍾者，引入陰。」林，猶禁也，禁林而内之也。《爾雅》曰：「六月爲且。」李巡曰：「六月陰氣將盛，万物將衰，故曰且，將也[二]。」孫炎曰：「且之言麁，物麁大。」《鄒子》曰：「季夏取桑柘之火。」中央土，既寄王四季，又位在未下，故附此月，以季夏受名，專等一時之首也。《史記·律書》曰：「林鍾，言万物就死，氣林林然[三]。」又曰：「未者，言万物皆成，有滋味也。」《淮南子·時則》曰：「季夏之月，招揺指未，天子衣苑黄，中宫御女黄色，衣黄采。其兵劍，高誘曰：「季夏，中央也。劍有两刃，喻無所生。一曰：喻無所不主[四]，皆主之[五]。」其畜牛。六月官少内，其樹梓。」六月，稼穡成熟，故官少内也。梓，説未聞。《白虎通》曰：「六月律謂之林鍾何？林者，衆也。万物成熟，種類衆多。」《風土記》曰：「濯林盪川[六]，長風扇暑。」注云：「時

[一]《開元占經》引「地」上有「其」字。

[二]森立之父子校本、《玉燭寶典考證》「將」均誤作「時」。

[三]「林林」原作「林林林」，據《古逸叢書》本、《玉燭寶典考證》改。

[四]何寧《淮南子集釋》高誘注無「不」字。

[五]「之」原誤作「人」，據何寧《淮南子集釋》改。

[六]依田利用所據本「林」作「枝」。

斗建未，到月節常有大雨，名爲濯枝[一]。又東南常風，風六日止，俗名曰黄雀，長風於是時，海魚變爲黄雀鳥也。」

崔寔《四民月令》曰：「六月初伏，薦麥、瓜于祖禰。齊饌，掃滌，如薦麥、魚。是月也，趣耘耡[二]，毋失時。命女紅織縑縳[三]。《詩》「八月載績」，織也云。周八月，今六月也。縳音升絹反，紗縠之屬也。今案《禮》曰「賄用束紡」，鄭注云：「紡，紡絲爲之，今之縳。」《説文》曰：「縳，白鮮支也，從絲專聲也。」是月六日，可種葵。中伏後七日[四]，可種冬葵，可種蕪菁、冬藍、小蒜，别大蔥。可燒灰，染青、紺古闇反。今案《論語·鄉黨》曰：「君子不以紺緅餝，紅紫不以爲褻服。」鄭注云：「紺、緅、紫者，玄類。紅者，纁類。紺緅石染[五]，紅紫草染。」《説文》曰：「紺，帛深青楊赤色[六]，從絲甘聲也。」諸雜色。

[一]「枝」似依正文當作「林」。
[二]「耘」原誤作「私」，據石聲漢《四民月令校注》改。
[三]「女紅」原互倒，據石聲漢《四民月令校注》乙正。
[四]原無「七日」二字，據《齊民要術》引《四民月令》補。
[五]《論語義疏》「石」作「木」。
[六]「深」原誤作「染」，據中華書局影印孫星衍刻本《説文解字》改。

大暑中伏後[一]，可畜瓠，藏瓜，收芥子，盡七月。是月廿日，可擣擇小麥磑今案《方言》曰：「磑，謂之䃴。」郭璞注云：「即摩也。䃴音錯碓反[二]。」《字苑》曰：「䃴，磨也，魯班作。五鎧反也。」之。至廿八日，溲，寢臥之。至七月七日，當以作麴。起六反。凡臥寢之下，日不能十日，六日、七日亦可。必躬親潔靜[三]，以供禋祀。禋潔。一歲之用。隨家豐約，多少無常。可糴大豆，糶穬、小麥，收縑縛。」

中央土。《禮・月令》曰：「中央土，鄭玄曰：「火休而盛德在土[四]。」其日戊己，戊之言茂也，己之言起也。日之行四時之間，從黃道，月爲之佐，至此萬物皆枝葉茂盛，其含秀者抑屈而起也。其帝黃帝，其神后土，此黃精之君，土官之臣。黃帝，軒轅氏。后土，亦顓頊氏之子，曰藜，爲土官。其蟲倮，象物露見，不隱藏也[五]。虎豹之屬[六]，恒淺毛者也。其音宮，聲始於宮，宮數八十一，屬土者，以其最濁，君之象也。律中黃鍾

[一] 原無「伏」字，據《齊民要術》引《四民月令》補。

[二] 「碓」原誤作「雄」，據依田利用《玉燭寶典考證》改。

[三] 「必」原誤作「名」，據石聲漢《四民月令校注》改。

[四] 「休」原誤作「然」，據《禮記正義》改。

[五] 「隱」原誤作「德」，據《禮記正義》改。

[六] 「豹」原誤作「物」，又脫「之」字，據《禮記正義》改補。

之宮。黃鍾之宮，律最長者也[一]。十二律轉相生，五聲具，則終於十二焉。季夏之氣至，則黃鍾之律應也[二]。其數五，土生數五，成數十。而言五者，土以生爲大[三]。其味甘，其臭香，其祀中霤，祭先心。中霤，猶中室也。土主中央而神在室，古者複穴[四]，是以名室爲霤云。祀之先祭心者，五藏之次，心次肺，至此，心爲尊也。

天子居大廟大室，乘大路，駕黃駵，載黃旂，衣黃衣，服黃玉，食稷與牛，其器圜以閎。」大廟大室，中央室也。大路，殷路也，車如殷路之制而飾之以黃。稷，五穀之長。牛，土畜也。器圜者，象土周帀於四時也。閎讀如紘，紘謂中寬，象土含物也。

蔡雍中央章句曰：「『中央土。』央者，方也，外曰方，內曰央。土者，純陰之體，五行別名也。水火金木，各主一時而統四方。土行之主，位在中央而寄四季。春木用事，終土以穀雨，前三月受之於辰。季夏之日，火土交際之時也。火生土，土生金，季夏之未在金火之間。土之正位，

[一]「最」原誤作「署」。依田利用云：「注疏本無『律』、『者』二字，《考文》云古本作『黃鍾之宮，律最長者也』，足利本同。與此正合。」

[二]「律應」原互倒，據《禮記正義》乙正。

[三]《禮記正義》「大」作「本」，《考文》云足利本「本」作「大」。

[四]「古」原誤作「右」，據《禮記正義》改。

故土令次季夏也。『其虫倮。』天地之性人爲貴，故不與鱗羽列於五方也。今案《禮・本命》曰：「倮之虫三百六十，而聖人爲之長也。」天文中官，有大角軒轅[一]，皆土精。故大角生麒，軒轅生麟，是以天五獸，麒麟在中，然則麒麟與人合德獸之尊者也。『律中黄鍾之宫[二]。』黄鍾之宫，清宫也，土音也，黄鍾主十一月，土在林鍾、夷則之間，各有分主，不可假借，故引黄鍾之清宫以爲土律。其鍾半黄鍾之大，其管半黄鍾九寸之數[三]，管長四寸五分[四]。『天子居大廟大室。』大廟者，明堂總名。大室，九室之大者也。位在正中，其大与四方堂同。『食麥稷與牛。』麥以秋種夏熟，歷四時，備陰陽，穀之貴者。『其器圜以宏[五]。』應規曰圜，小口曰宏。土位在中，稟受八方，無所親疏，方則有近有遠，故圜也。厚德載物，容受苞藏，故宏也。不言物類草木昆虫之候，事

[一] 原無「有」字，「角」作「用」，據《玉燭寶典考證》補改。
[二] 原無「律中黄鍾之宫」六字，據蔡邕《月令章句》注釋體例補。
[三] 原無「九寸」、「數」三字，據《禮記正義》引《月令章句》補。
[四] 原無「管」字，據《禮記正義》引《月令章句》補。
[五] 原無「其」字，「宏」誤作「弃」，據《玉燭寶典考證》補正。下二「宏」字同。

在四季之月也，政令所行亦如之。不言迎之於郊，無立節，故文不見其禮。迎於南郊[一]，去邑五里，以禮黃帝后土之神，玉用黃琮，《周官》大宗伯職曰：「以黃琮禮地。」注云：「琮，八方象地[二]。音徂冬反也。」牲幣各放其色。」

《詩推度災》曰：「戊己正居魁，中爲黃地。」宋均曰：「爲黃地者，著中央爲土立也。」《詩紀歷樞》曰：「戊者，貿也，陰貿陽，柔變剛也。宋均曰：「貿，易也。」已者，紀也，陰陽造化，臣子成道。」紀，綜[三]。《詩含神務》曰：「其中黃帝，坐神名含樞紐。」宋均曰：「含樞，機之綱紐也。」《詩含神務》曰：「鄭，代巳之地也，位在中宮而治四方，養連相錯，八風氣通。」《樂稽曜嘉》曰：「用聲和樂於中郊，爲黃帝之氣、后土之音，歌《黃裳》《從客》，致和散靈。」宋均曰：「《黃裳》《從容》，樂篇也。散靈，使暢於四水。」《樂叶圖徵》曰：「土所以無位在於四季者，地之別名，土於五行最尊，故不自居部。」《春秋元命苞》曰：「土無位而道在，故大一不興化[四]，人主不任部也。」

[一]「南」原誤作「赤」，據《玉燭寶典考證》改。
[二] 原脱「八」字，據《周禮注疏》補。
[三]「綜」原誤作「琮」，據《玉燭寶典考證》改。
[四] 原無「故」字，據《藝文類聚》引《春秋元命苞》補。

《春秋元命苞》曰：「其日戊己〔一〕，戊者，茂也。己者，抑詘而起。宋均曰：「此陽物盡盛。抑詘者猶起，故曰以爲日名焉。」其音宫，宫者，中也，精明。宫以八十一絲爲音，故取著明之也。其味甘，甘者，食嘗。」土吐万物，不以爲勞，性甘安之，故其味甘。《白虎通》曰：「土味所以甘何？中央者，中和也〔二〕，故甘由五味〔三〕，以甘爲主。其臭香何？中央者土，主養，故其臭香。」

〔一〕原無「戊己」二字，據上文補。
〔二〕原無「中」字，據淮南書局本陳立《白虎通疏證》補。
〔三〕今本《白虎通》「由」作「猶」。

正説曰：案《爾雅》「蜆，馬蝬」，《音義》云：「蜆音閑[一]，蝬音棧[二]。」郭璞注云：「馬蠲也，俗呼馬蠘。」又案《莊子》「蚿謂蚿曰：『吾以衆足行而不及子之無足，何也？』」又曰：「夔怜蚿[三]。」司馬彪注云：「馬蚿也，皆取足多之義。」《説文》曰：「蠲也，從虫從目，益聲。」仍引《月令》曰：「腐草爲蠲。」《易説》：「腐草化爲熒嗌。」鄭注：「舊説，腐草爲蝎[四]，今言嗌，其物異名乎[五]。」《穀梁傳》云：「嗌不容粒。」注云：「嗌，喉嗌。」《方言》：「音惡介反。」《字林》：「音一鬲反。」《韻集》曰：「嗌，咽也。」並從「咽」而解，恐非虫類，似取益聲，還爲蠲之別體。《方言》云：「馬蚿音弦，北燕謂之蛆蝶，其大者

[一]「閑」原誤作「用」，據《爾雅注疏》改。

[二]「棧」下原衍「閣」字，蓋涉原「用」字而衍，據《爾雅注疏》删。

[三]「夔」原誤作「憂」，據今本《莊子》改。

[四]原脱「腐」字，據趙在翰《七緯》輯本補。

[五]原無「乎」字，據趙在翰《七緯》輯本補。

謂之馬蚰[一]，音逐。」郭注：「今關西云馬⿺辶⿰虫豕[二]。」《博物志》：「馬蚿，一名百足，中斷，頭尾各異行而去[三]。」《字林》：「蛝[四]，馬蚿，音閑。蠲，馬蠲，工玄反。蚿，馬蚿，下千反。」是則蛝、蚿、嗌[五]、蠲總是一虫，随其鄉俗所名。或因語聲訛謬，故爲異字。

《月令》本皆作「腐草爲熒」，即今之熒火。《呂氏春秋》《淮南子·時則》並云「腐草爲蛢」[六]，高誘注云：「蛢，馬蚿也，幽冀謂之秦渠。」《爾雅》：「發皇，蛢，音瓶。」郭注云：「甲虫也，如虎豆，緑色，今江東呼黄蛢。」又非蚿矣。誘云「馬蚿」者，當别有所據。

[一]「蚰」原作「袖」，據《微波榭叢書》本《方言疏證》改。

[二]周祖謨《方言校箋》云：「日本釋中算《妙法蓮花經釋文》卷中譬喻品百足條引麻杲《切韻》云：『《博物志》云：馬蚿一名百足。郭璞注《方言》云：關西謂之馬⿺辶⿰虫豕。據此，今本郭注『關西云』下疑脱『馬⿺辶⿰虫豕』二字。」今據以補。

[三]原重「而」字，「去」原誤作「志」，據《微波榭叢書》本《方言疏證》删改。

[四]「蛝」原誤作「蜋」，據《爾雅注疏》改。

[五]「嗌」原誤作「蠋」，據上文改。

[六]「蛢」原誤作「蛢」，據《呂氏春秋》《淮南子集釋》改。

《周書·時訓》及蔡雍《章句》乃作「腐草爲蛙」，蔡云：「蛙，虫名，世謂之馬蛙，盛暑所蒸，陰氣所化，故朽腐之物變而成虫。」即上文所稱蜫[一]、蚿也。其水虫者，正體應爲鼃字，俗呼青蛙，或與此同字，故《字詁》云：「鼃，今蛙。」注：「蟈也。」然理不相關，當是鼃與熒、蚿、蜫等言聲相近，亦可古字假借爲蛙。今世久雨，爛草濕地多生馬蚿虫，即古化腐之驗。熒以六月始出，亦言腐草所爲。《易説》既兼熒、螠兩字，或可二虫俱爾。束晳《發矇記》又云：「腐木爲熒火。」注云：「熒火生爛木。」草木雖異，腐義則同。

[一]「文」原誤作「來」，今改。

附説曰：《史記》：「秦德公始爲伏祠。」孟康注云：「六月伏日是也。」《漢書》：「東方朔爲郎，武帝嘗以伏日詔賜諸郎肉，朔獨拔劍割肉，謂其同官，伏日當早歸，遺細君。即懷肉去。上問朔曰：『歸遺細君，又何仁也[一]。』」陳思王《大暑賦序》云：「季夏三伏。」潘岳詩云：「初伏啟新節。」蓋言初伏、中伏、後伏爲三伏[二]。案《曆忌》釋云：「伏者，何也？金氣伏藏之日也。四時代謝，皆以相生。立春，木代水，水生木。立夏，火代木，木生火。立冬，水代金，金生水。至於立秋，以金代火，金畏於火，故至庚日必伏。庚者，金也，故曰伏日也[三]。」程曉詩云：「平生三伏時，道路無行車。閉門避暑臥，出入不相過。」復似不許遊歷。《老子》云：「靜勝暑[四]。」當爲此不行，更無餘忌。張良家每伏臘祠黃石公，《漢書》楊惲亦言「歲時伏臘」，則以爲節矣。《世説》：「郗嘉賓嘗三伏之月詣謝公[五]，雖復當風交扇，猶沾汗流離[六]。謝

[一]「又」原誤作「人」，據《漢書》改。

[二]原脱「三伏」二字，據《古逸叢書》本補。

[三]原脱「曰伏日」三字，上「也」字原在「故」字下，據《史記正義》引補正。

[四]今本《老子》「暑」作「熱」。

[五]「郗」原誤作「部」，「三」誤作「公」，「月」誤作「日」，據《世説新語校箋》改。

[六]原無「沾」字，據《世説新語校箋》補。

著故絹褁，進熱白粥。」又其事也。

《荆楚記》云：「伏日並作湯餅，名爲辟惡。」案束晳《餅賦》云：「玄冬猛寒，清晨云會。涕凍鼻中，霜成口外[一]。充虚解戰，湯餅爲最。」然則此非其時，當以麥熟嘗新，因言辟惡耳。今世人多下水内，别取椒薑末和酢而食之，名爲冷餅。

此月熱盛，古禮則有頒冰。《周官》凌人職云：「春始治鑑，凡内外饔之膳羞鑑焉[二]，祭祀供冰鑑。」鄭玄注云：「鑑如甄[三]，大口，以盛冰，置食物于中，以禦温氣。鑑音胡監反[四]。」干寶注云：「鑑，金器，成飲食物以置冰室，使不凍餒也。」案《尚書·禹貢》[五]：「楊州貢金之品。」孔安國注云：「金、銀、銅也。」《春秋傳》：「鄭伯始朝于楚，楚子賜之金，既而悔之，与之盟曰：『無以鑄兵。』」服虔注云：「楚金利，故不欲令以鑄兵。」又曰：「故

[一]「口」原作「中」，據《玉燭寶典考證》改。
[二] 原無「羞」字，據《周禮注疏》補。
[三]「甄」原誤作「虮」，據《周禮注疏》改。
[四]「鑑」原誤作「鏗」，據《周禮注疏》補。
[五]「尚」原誤作「金」，據《古逸叢書》本、《玉燭寶典考證》改。

以鑄三鍾。」注云：「古者以銅爲兵。」《荊楚記》：「或沈飲食于井，亦謂之鑑。」戶監反也。魏文帝《与吴質書》云：「浮甘苽於清泉，沈朱李於寒水。」亦有水内加氷者，又有陰泠自受氷名。劉公幹《大暑賦》曰：「實氷漿於玉醆。」庾儵《氷井賦》曰：「仰瞻重搆，俯臨陰穴。餘寒嚴悴，淒若霜雪。」孫楚《井賦》云：「沉黄李，浮朱柰。」夏侯湛《梁田賦》曰[一]：「入草林，造瓜田。落蔕離母，清於寒泉[二]。」《古樂府》云：「後園鑿井銀作床，金缾素綆汲寒漿。」吴歌云：「六月節，三伏熱如火，銅瓶盛蜜漿。」非無據驗。此月之時，必有時雨，《穀梁傳》云「六月雨，憘雨也」，《月令》云「大雨時行」，《風土記》云「濯枝雨」，猶是一義。

玉燭寶典卷第六　六月

貞和四年八月八日書寫畢。

[一]「梁田賦」《太平御覽》卷九七八引作「《瓜賦》」。

[二]「清於」原誤作「之漬」，據《太平御覽》卷九七八引改。

七月孟秋第七

《禮·月令》曰：「孟秋之月，日在翼[一]，昏建星中，旦畢中。鄭玄曰：「孟秋者，日月會於鶉尾，而斗建申之辰也。」其日庚辛，庚之言更也，辛之言新也。日之行秋，西從白道，成熟萬物，月爲之佐[二]，萬物皆肅然改更[三]，秀實新成。其帝少皡，其神蓐收。此白精之君，金官之臣。少皡，金天氏也。蓐收，少皡氏之子，曰該[四]，爲金官者也。其蟲毛，象物應涼氣孤而備寒[五]。狐狢之屬，生旃毛也。其音商，三分徵，益一以生商，商數七十二。屬金者，以其濁次宫，臣之象也。律中夷則。孟秋氣至，則夷則之律應。高誘曰：「太陽氣衰，大陰氣發，

[一]「在」下原衍「羽」字，據《禮記正義》删。
[二]「月」上原衍「之」字，涉下「之」字而衍，據《禮記正義》删。
[三]「改」原誤作「故」，據《禮記正義》改。
[四]「該」原誤作「説」，據《禮記正義》改。
[五]《禮記正義》無「孤」字。

萬物雕傷，應法成性也。」其數九，金，生數四，成數九，但言九者，亦舉其成數也[一]。其味辛，其臭腥，金之味臭也，凡辛腥者皆屬焉。其祀門，祭先肝。秋，陰氣出，祀之於門，外陰也。祀先祭肝者，秋爲陰中，於藏直肝，肝爲尊之也。祀門之禮，北面設主于門左樞，乃制肝及肺心爲俎，奠于主南。又設祭于俎東，其他皆如祭竈之禮。

涼風至，白露降，寒蟬鳴，鷹乃祭鳥，用始行戮。寒蟬，寒蜩，謂蜺也。鷹祭鳥者，將食之，示有先也。既祭之後，其煞鳥不必盡食[二]。若人君行刑[三]，戮之而已。今案《爾雅》「蜺，寒蜩」，郭璞注云：「寒螿也，似蟬小而青色[四]。」《方言》曰：「蟪謂之寒蜩。寒蜩，闇蜩也。」郭璞云：「案《爾雅》以蜺爲寒蜩，《月令》亦曰『寒蟬鳴』，知寒蜩非闇也[五]，此謂蟬名通出《爾雅》而多駁錯，未可詳據。蟪音應。」陸雲《蟬賦》曰：「昔人稱雞有五德而作者賦焉，至於寒蟬才齊，其美頭上有蕤，則其文也。含氣飲露，則其清也。黍稷不享，則其廉也。處不巢居，則其儉也。應候守常，則其信也。其賦曰：雕以金采，圖我嘉容[六]。」又曰：「綴以玄蒐，增成首餙之也。」

[一]　原脱「數」字，據《禮記正義》補。

[二]　注疏本無「其煞鳥」三字。足利本有。

[三]　「刑」原誤作「戒」，據《禮記正義》改。

[四]　「色」原誤作「赤」，據《爾雅注疏》改。森立之父子校本、《玉燭寶典考證》皆誤作「亦」。

[五]　原脱「蜩」字，據《方言箋疏》補。

[六]　「嘉容」原誤作「卜客」，據《玉燭寶典考證》改。

天子居總章左个，乘戎路，駕白駱，載白旂，衣白衣，服白玉，食麻與犬，其器廉以深。總章左个，太寢西堂南偏也。戎路，兵車也，制如周之革路而飾之以白。白馬黑鬣尾曰駱[一]。麻實有文理，屬金。犬，金畜也。器廉以深，象金傷害，物入藏也。高誘曰：「西方總成，萬物章明之，故曰總章之也。」

是月也，以立秋。先立秋三日，太史謁之天子曰：『其日立秋，盛德在金。』天子乃齊。立秋之日，天子親帥三公、九卿、諸侯、大夫以迎秋於西郊，還反，賞軍帥、武人於朝。迎秋者，祭白帝招拒於西郊之兆也。軍帥，諸將也。武人，謂環人之屬，有勇力也[二]。天子乃命將帥選士厲兵，簡練桀俊，專任有功，以作不義，征之言正伐也。詰誅暴慢，以明好惡，順彼遠方。詰，謂問其罪窮治之也。順，猶服也。

命有司脩法制，繕囹圄，具桎梏，禁止姦，慎罪邪[三]，務搏執。慎秋氣[四]，政尚嚴者也。命大理瞻傷[五]、察創、視折、理，治獄官也，有虞氏曰士，夏曰大理，周曰大司寇[六]。創之淺者曰傷之也。審

[一] 「鬣」原誤作「髦」，據《禮記正義》改。
[二] 「勇」原誤作「象」，據《禮記正義》改。
[三] 原脱「罪」字，據《禮記正義》補。
[四] 《禮記正義》「慎」作「順」。
[五] 依田利用云：「注疏本無『大』字，《考文》云古本有，足利本同。」
[六] 原脱「大理周曰」四字，據《禮記正義》補。

斷，決獄訟必端平[一]，端，猶正也。戮有罪，嚴斷刑。天地始肅，不可以贏[二]。肅，嚴急之言也。贏，猶鮮也。

農乃登穀，天子嘗新，先薦寢廟。黍稷之屬，於是始熟。命百官始收斂，順秋氣，收斂物。完隄防[三]，謹壅塞，以備水潦，備者，備八月也，八月宿直畢，畢好雨也[四]。脩宮室，坏薄來反也。土牆垣，補城郭。象秋收斂，物當藏也。

毋以封諸侯，立大官，毋以割地，行大使，出大幣。古者於嘗出田邑[五]，此其月也。而禁封諸侯、割地，失其義矣。《淮南子・時則》此下云：「行是令，涼風至三旬也[六]。」

孟秋行冬令，則陰氣大勝，未之氣乘之也[七]。介蟲敗穀，介，甲也。甲蟲屬冬。敗穀者，稻蟹之屬也。

[一] 下蔡邕《月令章句》「決」字屬上讀。

[二] 「贏」原誤作「羸」，據《禮記正義》改。下「贏」字同。

[三] 「防」《禮記正義》作「坊」，據阮元校勘記，宋本九經、南宋巾箱本皆作「防」。

[四] 「畢」原誤作「之」，蓋重文符號誤作「之」，據《禮記正義》改。

[五] 「嘗」原誤作「堂」，據注疏本改。

[六] 「旬」原誤作「勾」，據何寧《淮南子集釋》改。

[七] 注疏本「未」作「亥」。

今案《國語・越語》曰：「稻蟹不遺種，其可乎？」韋照注云：「蟹食，稻耳也。」戎兵乃來。十月宿值營室，營室之氣爲害也，營室主武事也[一]。行春令，則其國乃旱，寅之氣乘之也。雲雨以風除也。陽氣復還，五穀無實。陽氣能生，不能成也[二]。行夏令，則國多大災，巳之氣乘之也。寒熱不節，民多瘧疾。」瘧疾，寒熱所爲也。今《月令》「瘧疾」爲「疫疾」。

蔡雍孟秋章句曰：「今歷孟秋立秋節日在張，十二度昬中，星去日百一十三度，箕九度中而昬，胃九度中而明，其數九。《洪範經》曰：『四日，西方有金之四，有土之五，故其數九。』『白露降。』露者，陰液也[三]，醳爲露，凝爲霜，春夏清，冬濁而白[四]。『天子居總章左个。』西曰總章。總[五]，合也。章，商也。和金氣之意也。左个，申上室。『命理瞻傷、察創、視折、

[一]「事」原誤作「王」，據《禮記正義》改。依田利用云：「《考文》云古本『事』作『士』，宋板同。『王』蓋『士』字之訛。」

[二]「生」「成」二字原互倒，據《禮記正義》乙正。

[三]原脱「露」字，「陰」又誤作「降」，據《北堂書鈔》卷一五二、《太平御覽》卷十二、《事類賦》卷三引蔡邕《月令章句》補正。

[四]「冬」上當有「秋」字。

[五]原脱「總」字，據《玉燭寶典考證》補。

審斷決。』皮曰傷，肉曰創，骨曰折，骨、肉皆绝曰斷。言民鬬辨而不死者，當以傷創折斷深淺大小正其罪之輕重。『戮有罪』者，刑而辱之也，鞭朴以上皆戮。《傳》曰：『夷之蒐，賈季戮臾駢。其後，臾駢之人欲報賈氏。駢曰不可。』《漢律》：『吏歐人斂錢曰戮辱賦强。』然則戮生文者，民多疫厲。厲，惡鬼也。氣病曰疫，鬼病曰厲。五行之性，以所畏爲鬼。《傳》曰：『鬼有所歸，乃不爲厲。』」

右章句爲釋《月令》。

《禮·鄉飲酒義》曰：「西方者秋，秋之爲言愁，愁之以時察守義者。」鄭玄曰：「愁讀爲揫[一]，揫，斂。察猶察，察嚴煞之貌[二]。」《春秋元命苞》曰：「秋，愁也，物愁。」《春秋繁露》曰：「秋之爲言猶湫也。湫者，憂悲之狀也。」《尸子》曰：「秋，肅也，万物莫不肅敬。」《前漢書》曰：「秋，䊤也，如淳曰：『䊤音涿。郡道縣也。』物䊤斂，乃成熟也[三]。」《說文》曰：「天地反物爲

[一]「愁」原誤作「秋」，「揫」原誤作「愁」，據《禮記正義》改。下「揫」字同。

[二]「貌」原誤作「者」，據《禮記正義》改。

[三]「乃」原誤作「西」，據《漢書》改。又，上引如淳注不見今本《漢書》。

秋[一]，從禾火聲也。」《釋名》曰：「秋，緧也[二]，緧迫品物，使得時成也[三]。」

右總釋秋名。

《皇覽·逸禮》曰：「秋則衣白衣[四]，佩白玉，乘白路，駕白駱，載白旗，以迎秋于西郊。其祭先稷與狗，居明堂右廂，啟西户。」《詩紀歷樞》曰：「庚者，更也，陰代陽也。辛者，新也，万物成熟，始嘗新也。」宋均曰：「新，既辛螫且兼物新成者也。」《詩含神務》曰：「其西白帝坐，神名柘柜。」宋均曰：「爲柘[五]，舉也。柜，法也。西方義，舉法理也。」《尚書考靈曜》曰：「氣在於秋，其紀太白，是謂大武。用時治兵，是謂得功。非時治兵，其令不昌。鄭玄曰：「出日治兵，入日振旅也[六]。」禁民無得毀消金銅，是謂犯陰之則。當秋之時，使太白不明，秋以起土功，與氣俱彊，

[一] 原無「天」字，「反」作「及」，據《太平御覽》卷二四引《説文》補正。
[二] 「緧」原誤作「猶」，據《經訓堂叢書》本《釋名疏證補》改。
[三] 原無「得」字，據《經訓堂叢書》本《釋名疏證補》補。
[四] 原無「白衣」二字，據《藝文類聚》卷三引《皇覽》補。
[五] 「爲」字疑衍。
[六] 「也」下原重「禁民」二字，涉下文而衍，今刪。

煞猛獸事欲急，猛獸，熊羆之屬者也。以順秋金衣白之時，而是則太白出入當五穀成熟，民人昌矣。」《春秋元命苞》曰：「其日庚辛者，物色更辛者，陰治成。宋均曰：「於是物更而成，故因以爲日名之也。」時爲秋，秋者物愁。愁，猶遒也[一]，物至此而遒熟。名爲西方，西方者，遷；方者，旁也。物已成熟，可遷移。方者，言物雖遷不離其旁側也。其帝少皞者，少斂。物至此不斂者少，故以號其帝明之也。其神蓐收者，紉收也。物結紉而彊也，彊故七十二糸以次官也。其味辛，辛者陰，螫人持度自辛以固精。」陽主生，陰煞戮，必施毒[二]，故其尚爲味也。尚行毒法以自辛，則人無敢犯之者。志得辛，故所行既槩且精審者也。《山海經·外西經》曰：「西方蓐收，左耳有蛇，乘兩龍。」郭璞曰：「金神也，人面，虎爪，白毛，執鉞[三]。見《外傳》之也。」《爾雅》曰：「秋爲旻天，李巡曰：「秋万物成熟，皆有文章。旻，文也。」孫炎曰：「秋天成物，使有文，以故曰旻天。」郭璞曰：「旻，猶愍，万物彫落。」《音義》曰：「《詩叙》云『旻，閔也』，即其義者耳也。」秋爲白藏，孫炎曰：「秋氣白而收藏也。」秋爲收成。」《尚書大傳》曰：「西方者何也？鮮方。或曰鮮方者，訲訲之方

[一]「遒」原誤作「道」，據《玉燭寶典考證》改。下「遒」字同。

[二] 原重「必」字，據趙在翰《七緯》輯本刪。

[三]「執鉞」原在「人面」下，據嘉慶十四年（1809）阮氏琅嬛仙館刻本《山海經箋疏》移正。

也。誶誶者，始入之貌[一]。始入，則何以謂之秋？秋者，愁也。愁者也，物方愁而入也，故曰西方者秋也。」鄭玄曰：「秋，收斂貌[二]。」《白虎通》曰：「其音商，商者彊。」《白虎通》曰：「金味所以辛何？西方者，煞傷成万物[三]。辛者，所以煞傷之，猶五味乃萎地死[四]。其臭腥何？西方，金也，万物成熟始傷落，故其臭腥。」

右總釋秋時。

《詩·豳風》曰：「七月流火。」毛傳曰：「火，大火。流，下。」《鄭箋》云：「大火，寒暑之候，火星中而寒暑退也。」《春秋傳》曰：「始煞而嘗。」服虔曰：「謂七月陰氣始煞，万物可嘗。鷹祭鳥，可嘗祭之也。」《周書·時訓》曰：「立秋之日，涼風至。又五日，白露降。又五日，寒蜩鳴[五]。涼風不至，國無嚴政。白露不降，民多欬病。寒蜩不鳴，人臣力爭。處暑之日，鷹乃祭鳥。又五日，天地始肅。又五日，

[一]「入」原誤作「人」，據《玉燭寶典考證》改。
[二]「貌」原誤作「者之」，蓋原作「皃」，又一字訛爲二字，據《尚書大傳》改。
[三]原無「傷」字，據淮南書局本《白虎通疏證》補。
[四]今本《白虎通》作「猶五味得辛乃委殺也」。
[五]今本《周書》「蜩」作「蟬」。

禾乃登。鷹不祭鳥，師旅無功。天地不肅，君臣乃[一]。農不登穀[二]，煖氣爲災。」《禮・夏小正》曰：「七月，秀雚葦。未秀，則不爲雚葦，秀然後爲雚葦[三]，故先言秀。狸子肇肆。肇，始也。肆，逐也。言始逐。或曰：肆，煞也。湦潦生蓱。湦，下處也，有湦然後有潦，有潦而後有蓱草也。荓秀。荓也者，馬帚。漢案户。漢案户[四]。漢，天漢也。案户者，直户也，言正南北也。寒蟬鳴。寒蟬也者[五]，蝭音帝。蠑也。今案《方言》：「蟪蛄，或謂之蝭蟧[六]，音料[七]，似今古字。」孫楚《蟟賦》曰：「曾不旬時而容落，固亦輕生之速友。」字雖異，正是此虫也[八]。初昏，織女正東鄉，時有霖雨。灌荼。灌，聚也。荼，雚葦之秀也。爲蓐褚之也。雚未秀爲菼，葦未秀爲蘆。斗柄懸在下則旦。」《易通卦驗》

[一]「乃」下當有脱文，今本亦闕。
[二]「登」原誤作「祭」，據《四部叢刊》本《逸周書》改。
[三]「則不爲雚葦秀然」六字抄手漏鈔，補於地脚。
[四]「漢案户」三字疑衍。
[五]原脱「寒蟬」二字，據《大戴禮記解詁》補。
[六]原脱「蝭」字，據《微波榭叢書》本《方言疏證》補。
[七]「料」原誤作「斷」，據《微波榭叢書》本《方言疏證》改。
[八]「也」原誤作「之」，今改。

曰：「坤，西南也，主立秋[一]。晡時黄氣出，直坤，此正氣。氣出右[二]，萬物半死。氣出左，地動。」鄭玄曰：「立愁之右[三]，大暑之地；左，處暑之地。坤爲地，地主養物而氣見，大暑之地旱，故物多死。地氣失位，則動者之謂也。」《易通卦驗》曰：「立秋，涼風至，白露下，虎嘯，腐草化爲螢蝔，蜻蛚鳴[四]。鄭玄曰：「虎嘯，始盛秋，氣有猛意。舊説腐草爲蝎[五]，今言螢，其物異名[六]。蜻蛚，蟋蟀也。」晷長四尺三寸六分，濁陰雲出，上如赤繒，列下黄蘚。立秋於離值九四，九四，辰在午[七]，又互體巽[八]，故上如赤繒。列，齊平。立秋值黄色，故名黄弊者之。處暑，雨水，寒蟬鳴。雨水多而寒也[九]。晷長五尺三

[一] 原脱「主」字，據趙在翰《七緯》輯本補。

[二] 原無「氣」字，涉上「氣」字而奪，據下文及《七緯》輯本補。

[三] 「之右」原互倒，據趙在翰《七緯》輯本乙正。又《七緯》「愁」作「秋」。

[四] 原脱「蜻」字，據注文及趙在翰《七緯》輯本補。

[五] 原脱「腐」字，據正文及趙在翰《七緯》輯本補。

[六] 《七緯》輯本「名」下有「乎」字。

[七] 原脱「四」字，「午」又誤作「五」，據上文及趙在翰《七緯》輯本補正。

[八] 「又互」原誤作「人五」，據趙在翰《七緯》輯本改。

[九] 趙在翰《七緯》輯本「寒」下有「蟬秋蟬」三字。

寸二分[一]，赤陰雲出，南黃北黑。處暑於離值六五，六五，辰在卯，得震氣，震爲玄黃，故南黃也。《詩推度災》曰：「金立於鴻鴈，陰氣煞，草木改。」宋均曰：「金立，立秋金用事也。」《詩紀歷樞》曰：「申者，伸也。」宋均曰：「陽氣衰，陰氣伸。」《樂叶圖徵》曰：「坤主立秋[二]，昆虫首穴欲蟄。」宋均曰：「首，向也。蟄，藏也。」《春秋元命苞》曰：「上生金，故少陰見於申。宋均曰：「積土成，王生焉，故曰生金。」申者，吞也。吞陽所生而成之也。律中夷則[三]，夷則者，易其法。」易法者[四]，陽性仁施而之也。《春秋考異郵》曰：「立秋，趣織鳴。」宋均曰：「趣織，蟋蟀也。立秋，女功急，故趣之也。」《孝經援神契》曰：「立秋，鷹擊爵。」《國語·楚語》曰：「夫邊境者，國之尾也，譬之如牛馬處暑之既至，韋昭曰：「處暑，在七月節。處，止也[五]。」蝱蟄之既多而不能掉其尾。」大曰蝱，小曰蟄。

[一] 原脱「五」字，據趙在翰《七緯》輯本補。
[二] 原無「主」字，據《知不足齋叢書》本《五行大義》引《樂叶圖徵》補。
[三] 「中夷」原互倒，據《古逸叢書》本乙正。
[四] 「法」原誤作「注」，據正文改。
[五] 「止」原誤作「正」，據《國語集解》改。

不能掉尾，蓋重也。今案《說文》曰[一]：「蝱，齧人飛虫也[二]。從虫亡聲。」《字林》曰：「蝱，大蚊也，音萌。蝱，蝆耳之也。」

《爾雅》曰：「七月爲相。」李巡曰：「七月，万物勁剛[三]，大小善惡皆可視而相，故曰相也。」孫炎曰：「相，糠也，物實生皮之也。」《史記·律書》：「夷則，言陰氣之賊万物也[四]。」《淮南子·時則》曰：「孟秋之月，招摇指申。西宮御女白色，衣白采，撞白鍾。高誘曰：「金王西方[五]，故處西宮也。」其兵戈，其畜狗。七月官庫，其樹楝。」庫，兵府也。秋節憖兵，故官庫也。其樹楝[六]，楝實，

[一]「今」原誤作「金」，據《古逸叢書》本、《玉燭寶典考證》改。

[二]「齧人」原誤作「齒入」，據中華書局影印孫星衍刻本《說文解字》改。

[三]「勁」字避隋楊堅諱。

[四]「賊」原誤作「賦」，據《史記》改。

[五]何寧《淮南子集釋》高誘注無「方」字。

[六]原無「其」、「楝」二字，據何寧《淮南子集釋》補。

鳳皇所食。今雒城旁有樹[一]，楝實秋熟[二]，故其樹楝。楝，讀練染之練也[三]。」《淮南子·天文》曰：「秋七月，百虫蟄伏，靜居閉户，青女乃出，高誘曰：「青女，天神。青霄玉女司霜雪也[四]。」以降霜露。」《白虎通》曰：「七月律謂之夷則何？夷者，傷。則者，法也。言万物始傷[五]，被刑法也。」《續漢·禮儀志》曰：「立秋之日，自郊禮畢[六]，始揚威武，斬牲於郊東門，以薦陵廟。其儀乘輿御戎輅，白馬朱鬛[七]，躬執弩射牲，牲以鹿麛[八]。太宰令謁者各一人載獲車[九]，馳駟送陵廟。還宮，

[一]「雒」原誤作「碓」，據何寧《淮南子集釋》改。

[二]「樹楝」原互倒，據何寧《淮南子集釋》乙正。

[三]原脱「楝讀練」三字，「染」又誤作「深」，據何寧《淮南子集釋》補正。

[四]此句原誤作「青要女青要女司霜」，據何寧《淮南子集釋》補正。

[五]原無「始」字，據淮南書局本《白虎通疏證》補。

[六]「自」原誤作「白」，據《後漢書》改。

[七]「鬛」原誤作「騰」，據《後漢書》改。

[八]原無「牲」字，「鹿」又誤作「薦」，據《後漢書》補改。

[九]「車」原誤作「東」，據《後漢書》改。

遣使者齎束帛以賜武官。武官肆兵，習戰陳之儀。斬牲之禮，名曰貙劉[一]。」

陳思王《九詠》曰：「乘迴風兮浮漢渚，目牽牛兮眺織女，牽牛爲夫，織女爲婦，雖爲匹偶，歲壹會也。交際兮會有期。」織女、牽牛之星，各處河之旁，七月七日得一會同也。《竹林七賢論》曰：「阮咸字仲容，籍兄子也。諸阮前世皆儒學，内足於財，唯籍一家尚道棄事[二]，好酒而貧。舊俗七月七日法當曬今案《方言》曰：「曬，曝也，秦、晋之間謂之曬[三]。音霜智反。」衣，諸阮庭中爛然，莫非錦今案《釋名》曰：「錦，金也，作之用功重，其價如金，故制字帛与金也。」綈。今案《漢書音義》：「綈，厚繒也，重二斤者。」咸時總角，乃豎長竿，掛大布犢鼻今案《前漢書》「司馬相如身自著犢鼻褌」[四]，注云：「形似犢鼻，因名也。」於庭中，曰：『未能免俗，聊復共爾耳。』」傅玄《擬天問》曰：「七月七日，牽牛織女會天河。」《風

[一] 「貙」原作「樞」，據《後漢書》改。

[二] 「家」原誤作「卷」，又脱「尚道」二字，據《世説新語・任誕篇》注、《北堂書鈔》卷一五五、《藝文類聚》卷四、《太平御覽》卷六百九十六引改補。

[三] 原脱「晋」、「謂」二字，據《方言箋疏》補。

[四] 「身自」原互倒，又脱「著」字，據《漢書》正補。

土記》曰[一]：「夷則應履曲，七齊河鼓禮。元吉。」注云：「七月俗重是日[二]，其夜洒掃於庭，露施机筵，設酒脯時果，散香粉於筵上，熒重爲稻，祈請於河鼓、今案《爾雅》：「河鼓謂之牽牛。」織女，言此二星神當會，守夜者咸懷私願。或云：見天漢中有奕奕正白氣[三]，如地河之波瀁而輝輝有光耀五色，以此爲徵應，見者便拜。而願乞富乞壽，無子乞子，唯得乞一，不得兼求，見者三年乃得言之。或云頗有受其祚者[四]。」

崔寔《四民月令》曰：「七月四日，命治麴室，具薄、持、槌，取淨艾。六日，饌治五穀、磨具。七日，遂作麯及磨。是日也，可合藥丸及蜀柒丸，曝經書及衣裳，作乾糗，采葸耳也。葸耳，

[一] 原脱「記」字，今補。

[二] 原脱「日」字，據《北堂書鈔》卷一五五引《風俗記》補。

[三] 上「奕」字原誤作「并」，據《初學記》引改。

[四] 此注《藝文類聚》卷四作「崔寔《四民月令》」云云，誤，任兆麟、嚴可均亦沿其誤。石聲漢指出，致誤原因在於二人誤信《藝文類聚》，未檢核《初學記》《太平御覽》之徵引。故此注非《四民月令》佚文。又，天頭有「拜二星願乞壽福事」諸字。

胡葸子，可作燭。今案《詩草木疏》：「胡葸，一名趣菜。」《博物志》云：「洛中有人駈羊入蜀[一]，胡葈子著羊毛，蜀人種之，曰羊負來。」是月也，可種蕪菁及芥、牧宿、大小葱子、小蒜、胡葱。別韲。藏韭菁。刈蒭茭。菑麥田[二]，收栢實。處暑中，向秋節，浣故製新，作袷薄以備始涼。可糶小、大豆，糴麥，收縑縳。」

[一] 原重「洛中」二字，據《古逸叢書》本、《玉燭寶典考證》删。

[二] 「菑」原誤作「蕢」，據石聲漢《四民月令校注》改。

正説曰：《詩・小雅》云：「岐彼織女，終日七襄。雖則七襄，不成報章。睆彼牽牛，不以服箱。」此當言星有名無實，未論神遊靈應好合之理。《古樂府》：「苕苕牽牛星，皎皎河漢女。纖纖擢素手，札札弄機杼。終日不成章，泣涕零如雨。河漢清且淺，相去詎幾許。盈盈一水間，脈脈不得語。」蓋止陳離隔，都無會期。

《夏小正》云：「初昏，織女正東向。」運轉而已。《春秋運斗樞》云：「牽牛，神名略緒。」《石氏星經》云：「名天開。」《春秋佐助期》云：「織女，神名收陰。」《史記・天官書》云：「天帝女孫[一]。」所出增廣，猶非良席。王叔之《七日詩序》云：「詠言之次，及牛女之事，亦烏識其然否，直情人多感，遂爲之文。」蔡雍《協初賦》云：「其在遠也，若披雲掃漢見織女。」假譬而言，未知據何時月。

張華《博物志》：「舊説天河与海通[二]，有人乘查，奄至一處，有城郭屋舍[三]，望室中

[一]「女孫」原互倒，據中華書局點校本《史記》乙正。又《史記》無「帝」字。

[二] 原脱「舊」字，據《初學記》卷六、《太平御覽》卷六一引《博物志》補。

[三] 原脱「屋舍」二字，據《初學記》卷六、《太平御覽》卷六一引《博物志》補。

多織婦，見一丈夫牽牛渚次飲之，還問嚴君平。君平曰：『某年月日，客星犯牛斗者[一]。』」其時乃是八月，非關孟秋，未知七夕之驗從何而始。唯《續齊諧記》：「成武丁謂其弟曰：『七月七日，織女當渡河，吾向已被召。』弟問：『織女何事渡河。』答曰：『蹔詣牽牛。』至今云七日織女嫁牽牛是也。」《代王傳》云：「文帝自代即位，納竇后，少小頭禿，不爲家人所齒。遇七月七日夜，人皆看織女，獨不許后出，并垂脚井中，乃有光照室，爲后之瑞也。」魏晋以後，作者非一，便爲實録，無復疑似。

《荊楚記》：「南方人家，婦女結綵縷[二]，穿七孔針，或金銀鍮石爲針，設瓜果於中庭以乞巧，有憘子網其瓜上，則以爲得。」《淮南子》云：「豐水十刃，金針投之，即見其形。」乃有舊事。宋孝武《七夕詩》云：「秋風發離願，明月照雙心。偕歌有遺調，別歎無殘音。開庭鏡天路，餘光不可臨[三]。公風披弱縷，迎暉貫玄針。」則非金，又兼用鐵。案《論語》：「夫子之言性与天道，

[一] 原脱「君平曰某年月日」七字，據《初學記》卷六、《太平御覽》卷六一引《博物志》補。

[二] 原脱「人」、「婦女」、「綵」諸字，據今本《荊楚歲時記》補。又，天頭有「乞巧事」三字。

[三] 「不可」原互倒，據《太平御覽》卷三一引《七夕詩》乙正。

不可得聞。」或當由此，典誥致闕。

至如《風土》所録，乃有禱祈。孔聖人云：「丘之禱久矣。」且子夏云：「死生有命，富貴在天。」是則脩短榮賤，分定已久，恐非造次之間所能請謁。後之君子，覽者擇焉。

附說曰：案《盂蘭盆經》云：「大目揵連見其亡母生餓鬼中，皮骨連柱，目連悲哀，即鉢盛餅往餉其母。食未入口，化成火炭，遂不得食。目連大叫，馳還，白佛。佛言：『汝母罪根深重，非汝一人力所奈何，當須十方衆僧威神之力。吾今當說救濟之法。』佛告目連：七月十五日，當爲七世父母厄難中者，具飯、百味五果，盡世甘美以著盆中，供養十方大德。佛敕十方衆僧，皆爲施主家呪願七世父母行禪定意，然後受食[一]。初受盆時，先安佛塔前，衆僧呪願竟，便自受食。是時目連其母即於是日，得脱一切餓鬼之苦[二]。目連白佛：『未來世佛弟子行孝順者，亦應奉盂蘭盆供養。』佛言：『大善。』」故今世因此廣爲花飾，乃至刻木剖竹，飴蠟剪綵[三]，模華葉之形，極工巧之妙。

《春秋》宣四年傳[四]：「子文曰：『鬼猶求食，若敖氏之鬼，不其餧而。』」注云：「餧，餓也。」襄廿年傳：「甯惠子曰：『猶有鬼神，吾有餧而已不來食矣。』」注亦云：「餧，餓也。吾鬼

[一]　原脱「受」字，據《初學記》卷四、《太平御覽》卷三二引《荊楚歲時記》所徵引補。

[二]　「切」原誤作「劫」，據《初學記》卷四、《太平御覽》卷三二引《荊楚歲時記》改。

[三]　「飴」原誤作「帖」，據《太平御覽》卷三二引《荊楚歲時記》改。

[四]　「四」原誤作「十」，據《春秋左傳正義》改。

神有如自餓餧也，吾而已不來從汝享食。」《大涅槃經》云：「餓鬼衆生，飢渴士所逼[一]，於百千歲未曾得聞漿水之名，遇斯飢渴即除。」是則儒書内典，餧、餓一義，以佛力能轉，故《雜譬喻經》云：「若一法言，消須彌山。」

《大涅槃》又云：「恒河清流，實非火也，汝以巔到相，故四月十五日僧衆安居。至此日限滿以後，名爲自恣。」《盆經》云：「歡憘日，僧自恣日，以百味餅食安盂蘭盆中，十方自恣僧咒願，便使現在父母壽命百年，無一切苦惱之患，七世父母離餓鬼苦。」《大涅》又云：「如秋月十五日夜，清淨圓滿，無諸雲翳，一切衆生無不瞻仰。後品佛爲阿闍世王，八月愛三昧，故於此時發慇重心，求轉障耳。」

玉燭寶典卷第七　七月

[一] 今本《大涅槃經》無「士」字。

八月仲秋第八

《禮·月令》曰：「仲秋之月，日在角，昬牽牛中，旦觜觿中。鄭玄曰：「仲秋者，日月會於壽星，而斗建酉之辰。」律中南呂[一]。仲秋氣至，南呂之律應。高誘曰：「陽氣内藏，陰呂於陽，任其成功也。」盲風至[二]，鴻鴈來，玄鳥歸，群鳥養羞[三]。盲風至，疾風也。玄鳥，燕也。歸，謂去蟄也。凡鳥隨陽者，不以中國爲居也[四]。羞，謂所食也。《夏小正》：「八月，丹鳥羞白鳥。説曰：丹鳥也者，謂丹良也。白鳥也者，

[一] 「律中南呂」上當有「其日庚辛，其帝少皞，其神蓐收，其蟲毛，其音商」，下當有「其數九，其味辛，其臭腥，其祀門，祭先肝」，蓋鈔手漏鈔。

[二] 「風」上原有「月」字，蓋涉「盲」字下半而衍，據《禮記正義》删。

[三] 原脱「鳥」字，據《禮記正義》補。

[四] 「居」原誤作「君」，據《禮記正義》改。

謂閩蚋也〔一〕。其謂之鳥也，重其養也。有翼者爲鳥。羞也者〔二〕，進也〔三〕，不盡食也。」二者文異，群鳥、丹良未聞孰是。高誘曰：「群鳥養進其毛羽，以禦寒也。」《淮南子・時則》云：「群鳥翔。」高誘曰：「群鳥肥盛，試其羽翼而高翔。翔者，六翮不動也。」

天子居總章太廟〔四〕。西堂，當太室者。是月也，養衰老，授几杖，行糜粥飲食。助老氣也。行，猶賜也。乃命司服具飭衣裳，文繡有恒，制有大小，度有短長，此謂祭服也。文，謂畫也。祭服之制，畫衣而繡裳。衣服有量，必循其故〔五〕，此謂朝宴及他服也。冠帶有常。因制衣服而作之也。命有司申嚴百刑，斬煞必當，毋或枉橈。枉橈不當，反受其殃。申，重也。當，謂值其罪之也。

乃命宰、祝循行：犧牲，視全具；案芻豢〔六〕，瞻肥瘠；察物色，必比類；量小大，視長短，

〔一〕「蚋」原誤作「蛇」，據《大戴禮記解詁》改。

〔二〕「羞」原誤作「養」，又脱「也者」二字，據《大戴禮記解詁》改補。

〔三〕原脱「進也」二字，據《大戴禮記解詁》補。

〔四〕「天子居總章大廟」下當有「乘戎路，駕白駱，載白旂，衣白衣，服白玉，食麻與犬，其器廉以深」，蓋鈔手漏鈔。

〔五〕「循」原誤作「脩」，據《禮記正義》改。下「循」字同。

〔六〕「豢」原誤作「養」，據《禮記正義》改。下「豢」字同。

皆中度。五者備當，上帝其饗。於鳥獸肥充之時，宜省群牲也。養牛羊曰芻，犬豕曰豢。五者謂所視也，所案也，所瞻也，所察也，所量也。王肅曰：「草養曰芻，穀養曰豢之也。」天子乃難[一]，以達秋氣。此難，難陽氣也。陽暑至此不衰，害亦將及人。所以及人者，陽氣左行，此月宿直昴畢，亦得大陵積尸之氣，氣佚則厲鬼亦隨而行[二]，於是亦命方相氏帥百隸而難之。《王居明堂禮》曰：「仲秋九月，九門磔禳[三]，以發陳氣，禦止疾疫也[四]。」以犬嘗麻，先薦寢廟。麻始熟也。

可以築城郭，建都邑，穿竇窖，脩囷倉[五]。爲民將入，物當藏也。穿竇窖者，入地隋者曰竇[六]，方曰窖。《王居明堂禮》：「仲秋，命庶民畢入于室，曰：『時殺將至，毋罹其災。』」乃命有司趣民收斂，務蓄菜，

[一]「天子乃難」下毛利高翰影鈔本有「爲智是五常之道」至「魯君聞之而致邑焉曾」諸文字，不見於尊經閣本，今按依田利用意見系於「九月」目下。

[二]「佚」原誤作「失」，據《禮記正義》改。

[三]原脱「九」字，涉上「九」字而奪，據《禮記正義》補。

[四]原脱「疫」字，「也」上原有「之者耳」三字，據《禮記正義》補刪。

[五]「倉」原誤作「食」，形近而訛，據《禮記正義》改。

[六]「隋」原誤作「墮」，又脱「曰」字，據《禮記正義》改補。

多積聚。始爲禦冬之備者也。乃勸種麥，毋或失時。其有失時，行罪毋疑。麥者，接絶續之穀，尤重之也。日夜分，雷乃始收[一]，蟄蟲壞户，煞氣浸盛，陽氣日衰，水始涸。雷始收聲，在地中動内物也。壞，益也。蟄蟲益户，謂稍小之也。涸，竭也。此甫八月中[二]，雨氣未止，而云水竭，非也。《周語》曰：「辰角見而雨畢，天根見而水涸。」又曰：「雨畢而除道，水涸而成梁。」辰角見，九月本也。天根見，九月末也。《王居明堂禮》：「季秋除道置梁，以利農之者也。」日夜分，則同度、量，平權、衡，正鈞、石，角斗、甬。易關市，來商旅，納貨賄，以便民事。四方來集，遠鄉皆至，則財不匱[三]，上無乏用，百事乃遂。易關市，謂輕其税，使民利之。商旅，賈客也[四]。匱亦乏。遂，猶成之也。凡舉大事，毋逆大數，必順其時，

[一] 《玉燭寶典考證》云：「《注疏》本作『雷始收聲』，《考文》云『雷』下有『乃』字，足利本同。《校勘記》云：『唐石經「始」作「乃」，王引之云本作「雷乃始收」，《初學記》《周禮・韗人》疏可證，《淮南・時則篇》同。』與此正合。」下注文，「雷乃始收」作「雷始收聲」。

[二] 原脱「八」字，據《禮記正義》補。

[三] 「匱」原作「遺」，據《禮記正義》改。下「匱」字同。

[四] 「賈」原誤作「賓」，據《禮記正義》改。

順因其類。事謂興土功[一]，合諸侯[二]，舉兵衆也。季夏禁之，孟秋始征伐，此月築城郭，季秋教田獵[三]，是以於中爲之戒之也。

仲秋行春令，則秋雨不降[四]，卯之氣乘之也。卯宿直房心，心爲大火。草木生榮，應陽動也。國乃有恐。以火訛相驚。行夏令，則其國乃旱，蟄虫不藏，五穀復生。午之氣乘之也。行冬令，則風災數起[五]，子之氣乘之也。北風煞物者也。收雷先行，先，猶蚤也。冬主閉藏。草木蚤死。」寒氣盛也[六]。

蔡邕中秋章句曰：「今歷中秋白露節日在軫六度，昏明中星，去日百五度，斗廿一度中而昏，參五度中而明。『盲風至。』盲風之恠者也，秦人謂蓼風爲盲風也。今案《淮南子》「八風，西方曰飂風」，注云：「兑氣所生，一曰閶闔[七]，即此風之也。」『群鳥養羞。』羞者，進食，此其類也。《夏小正》曰：

[一] 原脱「興」字，據《禮記正義》補。
[二] 「合諸侯」原作「令諸使」，據《禮記正義》改。
[三] 「獵」原誤作「臘」，據《禮記正義》改。
[四] 原脱「則」字，據《禮記正義》補。
[五] 原重「數」字，據《禮記正義》删。
[六] 「氣」原誤作「之」，據《禮記正義》補。
[七] 「閶闔」原互倒，《淮南子・地形》云：「西方曰麗風。」注云：「一曰閶闔風。」今據以乙正。

『丹鳥羞白鳥。』是月陰氣始閉，故《傳》曰『丹鳥氏司閉』也，言丹鳥以是月養羞，故以記閉也。『天子居總章大廟。』大廟者，酉上之堂。『文繡有恒。』織成曰文，刻成曰繡。陽氣初胎於酉，故八月薺麥應而生也。通四方之財，謂之商旅客也。龜貝金玉之屬曰貨，布帛魚鹽之屬曰賄。」

右章句爲釋《月令》。

《詩·邶風》曰：「匏有苦葉，濟有深涉。毛傳曰：「匏謂之瓠[一]。濟，渡也。」鄭箋云：「瓠葉苦而渡處深[二]，謂八月時陰陽交會，始可以爲婚禮，納采問名之也。」」《詩·豳風》曰：「八月萑葦。」毛傳曰：「薍爲萑，葭爲葦，豫畜萑葦，可以爲曲也。」又曰：「八月載績，載玄載黃。我朱孔陽，爲公子裳。載績，絲事畢而麻事起。玄，黑而又赤。朱，深纁。陽，明。祭服玄衣纁裳。鄭箋云：「凡染者，春暴練，夏纁玄，秋染夏。爲公子裳，厚于其所貴爲説之者。」八月其穫，穫，禾可獲。八月剥棗，剥，擊。八月斷壺。」壺，匏。

《尚書·堯典》曰：「分命和仲，宅西，曰昧谷。孔安國曰：「昧，冥也。日入于谷而天下冥，故曰昧谷。此居治西方之官，掌秋天之政也。」平秩西成。秋，西方，萬物成，平序其政，助成物也。宵中星虛，以殷中秋。宵，夜也。春言日，秋言夜，互相備也。虛，玄武之中星，亦言七星，皆以秋分日見，以正三秋者也。鳥獸毛毨。」

[一] 「瓠」原作「匏」，據《毛詩正義》改。下「瓠」字同。

[二] 「苦而」原互倒，據《毛詩正義》乙正。

蘇賚反，又星彌反。毨，理也，毛更生整理。《尚書・舜典》曰[一]：「八月，西巡守，至于西岳，如初。」孔安國曰：「西岳，花山。」《周官・天官》下曰：「司裘，仲秋獻良裘，乃行羽物。」鄭玄曰：「良，善也。仲秋鳥獸毛毨，因其良時而用之。羽物，小鳥鶉爵之屬也。」《周官・春官》下曰：「籥章掌仲秋夜，迎寒亦如之。」鄭玄曰：「迎寒，以夜求諸陰也。上有中春，晝擊土鼓以逆暑，故云亦如之者也。」《周官・夏官》上曰：「大司馬掌中秋，教治兵，如振旅之陣，辨旗物之用，各書其事與其號焉，鄭玄曰：「書，當爲書事也。號也，皆書以雲氣焉也。」遂以獮田如蒐田之法[二]，羅弊致禽以祀祊。」秋田爲獮。獮，煞也。羅弊，罔止也。秋田主用罔，中煞者多也，皆煞而罔止。「祊」當爲「方」聲之誤。秋田主祭四方，報成万物之也。

《禮・王制》曰：「八月，西巡守，至于西岳，如南巡之禮。」

《周書・時訓》曰：「白露之日，鴻鴈來。又五日，玄鳥歸。又五日，群鳥養羞。鴻鴈不來，遠人背畔。玄鳥不歸，室家離散。群鳥不養羞[三]，君臣驕慢。秋分之日，雷乃始收。又五日，蟄虫附户。又五日，水始涸。雷不始收，諸侯淫泆。蟄虫不附，民靡有賴。水不始涸，介虫爲害。」《禮・夏

[一]「舜」原誤作「堯」，據《尚書正義》改。

[二]下「田」字原脱，據《周禮注疏》補。

[三]原脱「羞」字，據上文及《四部叢刊》本《逸周書》補。

小正》曰：「八月：剥瓜。蓄瓜之時也。玄校也。玄也者，黑也。校也者，若緑色然，婦人未嫁者衣之。剥棗。剥也者，取也。栗零。零也者，降也。零而後取之，故不言剥也。丹鳥羞白鳥。丹鳥者，謂丹良。白鳥者，謂閩蚋也。今案《古今虫魚注》云：「熒火，一名丹良，一名丹鳥，腐草爲之也。食蚊蚋也[一]。」其謂之鳥也，重其養者也。有翼者爲鳥。羞也者，進也，不盡食也。辰則伏。辰也者，謂星也。伏者，入而不見。鴽爲鼠，參中則旦。」

《易通卦驗》曰：「兑，西方也，主秋分。日入，白氣出，直兑，此正氣也。氣出右，万物不生。氣出左，則虎害人。」鄭玄曰：「秋分之右，白露之地。左，寒露之地也。兑主八月，其所生物唯薺与麥，白露始煞，故使万物不生。寒露氣侵盛，兑氣失位，虎則爲害之也。」《易通卦驗》曰：「白露，雲氣五色，蜻蛚上堂[二]，鴈祭鳥，鷰子去室，鳥雌雄别。鄭玄曰：「雲氣五色，衆物皆成，盡氣候。蜻蛚上堂，始避寒也。鷹將食鳥，先以祭也。鷰子去室，不復在於巢[三]，習飛騰。鳥雌雄别[四]，生乎之氣止也。」晷長六尺

[一]「食」原誤作「今於」，據《四部叢刊》本《古今注》卷五《蟲魚》改。

[二]「蜻蛚」原誤作「精引」，據趙在翰《七緯》輯本改。下「蜻蛚」同。

[三]「於巢」原誤作「耕」，據趙在翰《七緯》輯本改。

[四]「雌雄」原互倒，今乙正。

二寸八分，黃陰雲出，南黑北黃。白露於離值九三，九三，艮爻，故北黃。辰在戌，得乾氣，乾居上，故南黑也。秋分，風涼慘[一]，雷始收，鷙鳥擊，玄鳥歸，閶闔風至。收，藏。鷙鳥，鷹鸇之屬。閶闔，藏万物之風也。晷長七尺二寸四分，白陰雲出[二]，南黃北白。」秋分於兑值初九，初九，震爻，爲南黃，猶兑，故北白之也。

《詩紀歷樞》曰：「酉者，老也，万物衰，枝葉槁。」《尚書考靈曜》曰：「仲秋一日，日出於卯[三]，入於酉，須女四度中而昏，東辟十一度中而明。」《春秋元命苞》[四]：「壯於酉。酉者，考也，物收斂。宋均曰：「物壯健極則老，老則當斂。」律中南吕。南吕者，任紀。」紀，法也。言物皆任法備成者也。《春秋元命苞》曰：「金生水，子爲母候。《書》曰：『宵中，星虛，以殷仲秋。』」宋均曰：「水，金之子也，子爲母候，故水精虛當秋分金用事而昏中，□爲將時之表也[五]。宵，夜也，謂秋分爲夜者，以當日入以後故之者[六]。」《孝經援神契》曰：「秋分，物類强。」宋均曰：「强，猶成。」

[一] 原脱「風」字，據趙在翰《七緯》輯本補。

[二] 「白」原誤作「自」，據趙在翰《七緯》輯本改。

[三] 原不重「日」字，據《知不足齋叢書》本《五行大義》補。

[四] 「苞」原誤作「命」，「元」下有「日」字，今刪改。

[五] 「□」漫漶不清，他本皆作缺字。

[六] 疑「之者」二字當作「也」字。

《孝經援神契》曰：「虚星中，秋分效，獲禾報社。」宋均曰：「社爲土主，能吐生百穀，祭報其功。」《爾雅》曰：「八月爲壯。」李巡曰：「八月，万物成熟，刑體剛[一]，故曰壯也。」孫炎曰：「物實充壯而勁成也。」《尚書大傳》曰：「秋祀柳穀花山，貢雨伯之樂焉。鄭玄曰：「八月，西巡狩，祭柳穀之氣于花山[二]。柳，聚也[三]，齊人語也。」秋伯之樂，舞《蔡俶》，其歌聲比小謡，名曰《苓落》[四]。秋伯，秋官士也，臯陶掌之。蔡，猶衰。俶，始也。言象物之始衰者也[五]。和伯之樂，舞《玄鶴》，其歌聲比中謡，名曰《歸來》。」和伯，和叔之後。玄鶴，言象物得陽鳥之南也[六]。歸來，言反其本也[七]。《史記·律書》曰：「南吕，言陽氣之旅入藏也。」《淮南子·時則》曰：「仲秋之月，招摇指酉。八月官尉，

[一]「刑」當作「形」。
[二]原脱「于」字，據《尚書大傳》補。
[三]「聚」原誤作「歌」，據《尚書大傳》改。
[四]原脱「名」字，下「名」字原誤作「石」，據《尚書大傳》補改。
[五]原脱「象」字，據《尚書大傳》補。
[六]《尚書大傳》無「言」、「物得」三字。
[七]「反」原誤作「及」，據《尚書大傳》改。

其樹柘[一]。」高誘曰：「尉，戎官也。是月治兵，故官尉。《傳》曰：羊舌大夫爲中軍尉。柘，説未聞也。」《京房占》曰：「秋分死，王昌闔風用事，人君當釋鍾鼓之縣，琴瑟不御，正在西方。」《白虎通》曰：「八月律謂之南吕何？南者，任也，言陽氣尚有任生薺麥也，故陰拒之。」《風土記》曰：「鳴鶴戒露。」注云：「白鶴也。此鳥性儆，至八月白露，降流於草葉上，適適有聲，即高鳴相儆，移徙所宿，慮於變害也。」

崔寔《四民月令》曰：「八月[二]，筮擇月節後良日，祠歲時常所奉尊神。前期七日，舉家毋到喪家及産乳家。家不長及執事者悉齊。案祠薄，掃滌，務加謹潔。是月也，以祠泰社日薦黍、豚于祖禰。厥明祀冢，如薦麥、魚。暑小退，命幼童入小學，如正月焉。涼風戒寒，趣練縑帛，染采色。擘綿，治絮，制新，浣故。及韋履賤好，豫買，以備隆冬栗烈之寒。是月八日，可采車前實、烏頭、天雄及王不留行。今案《本草》：「王不留行，味甘平，主治金創止血，久服輕身、能老、增壽。二月、八月採。」注云：「葉似酸漿，子似松子而大，黑色也。」是月也，可納婦，《詩》云：「將子無怒，秋

[一] 原脱「柘」字，據何寧《淮南子集釋》補。
[二] 「八月」下有「八月」二字復出，據石聲漢《四民月令校注》刪。

以爲期。」案《易》曰：「帝乙歸妹。」言陽嫁女。《易》歸妹，八月之時之也。可斷瓠作蓄，瓠中有實[一]，以養豬，致肥。其瓣以燭，致明者也。乾地黃，作末都。刈雚葦及蒭茭。收韭菁，作擣齏。今案《通俗文》曰：「淹韭曰齏。祖奚反。」可乾葵，收豆藿，種大、小蒜、芥。凡種小、大麥，得白露節，可種薄田。麥者，陰稼也，忌也，忌以日中種之。其道自然，若燒黍穰則害瓠者也。秋分種中田，後十日種羨田，唯穬早晚無常[二]。得涼燥，可上角弓弩，繕治檠正，今案《詩・小雅》：「騂騂角弓，偏其反矣。」毛傳：「騂騂，調和[三]，不善紲，檠乃用，則翩然而反之也。」縛徽弦，遂以習射。弛竹木弓及弧。糶種麥及黍[四]。」木弓謂之弧，音孤也。今案《禮・內則》曰：「男子設弧於門左。」注云：「示有事於武也。」又曰：「射人以桑弧，蓬矢六，射天地四方。」注云：「男子所有事也。」弧即弓之別名之[五]。

[一]「有」原誤作「自」，據石聲漢《四民月令校注》改。

[二] 原無「穬」字，據《齊民要術》卷二引《四民月令》補。

[三]「和」原作「利」，據《毛詩正義》改。

[四]「及」，唐鴻學、石聲漢以爲當作「糴」，是。

[五]「弧」原誤作「計」，據《古逸叢書》本改。

附説曰：世俗八月一日，或以朱墨點小兒額，名爲天灸，以厭疾也。案《黄帝素問》已有《灸經》，《史記·倉公傳》「灸齲齒」，史遊《急就章》云「灸剌和藥」，趙壹《答皇甫規書》云「灸兩膝瘡潰」，王導、伏玄度並有灸詩。灸皆用艾，因循久矣，故《莊子》「牧馬小童謂黄帝曰：『熱艾宛其聚氣。』」雄黄亦云：『燔金熱艾，以灸其聚氣。』」令以點爲灸，直取其名。

又《續齊諧記》：「弘農鄧紹八月旦入花山採藥，見一童子執五綵囊，承取栢葉上露，露皆如珠滿囊。紹問何用，云：『赤松先生取以明目。』言終，便失所在，故今人常以八月旦作明眼囊。」《荆楚記》則云：「以錦綵[一]，或以金薄爲之，遞相餉遺。」案《詩》「載玄載黄，我朱孔陽」，《月令》「文繡有恒」，皆在此月，或可顙如剪製刀尺殘餘，禮有鞶革鞶絲之事，因爲此物耳。

是月白露雖濃，猶未凝房，故《風土記》云：「流於草葉，適適有聲，每旦恒垂，易爲採取，仙童所向，便覺如珠。」《志恠》則云：「囊似蓮花，内有青鳥直人，於俗亦復府同[二]，後來乃以拭面，云令肉理柔滑，實驗如此。」

[一] 原無「以」字，據《寶顔堂秘笈》本《荊楚歲時記》補。

[二] 《古逸叢書》本「府」作「符」，誤。

其祠社盛於仲春者，秋物盡盛，故《詩・周頌・良耜》云「秋冬報社稷」。下云「煞時犉牲，有捄其角」[一]，餘胙悉以頁遺里閭，陳平爲社宰，分肉甚均，即其義也。此會也，擲教於神前，教，以銅爲之，形如小蛉。教者，猶如教令擲法一令一仰，便成吉徵也。卜來歲豐儉。或折竹篗以占之，《離騷》云：「索瓊茅以芋蓴，命靈氛爲余占之[二]。」王逸注云：「楚人折竹結草以卜，謂爲蓴也。」《字林》云：「莛，茲也。大丁反。」漢世賜大臣羊酒以助衰氣，《月令》仲秋「養衰老」，「行糜粥飲食」，又云「陽氣日衰」，故須助耳。

[一] 原脱「捄其」二字，據《毛诗正义》補。
[二] 「氛」原誤作「氣」，據《楚辭》改。

九月季秋第九

（卷九缺）[一]

爲智是五常之道，不可辨革也。《釋名》曰：「德，得也，得事宜者也。」《老子》曰：「上德不德，是以有德。下德不失，是以無德。」《毛詩》曰：「德輶如毛，民鮮尅舉之。」《左傳》云曰：「國家之敗，由官邪也。官之失德，寵賂章也。」《呂氏春秋》曰：「宋景公之時，熒惑在心。問子韋。對曰：『禍在君，可移宰相。』公曰：『宰相所與治國家也。』曰：『移於民。』公曰：『民死，誰與爲君？』曰：『移於歲。』公曰：『歲饑，民必死。』子韋北面再拜，曰：『臣敢賀君。天處高而聽卑，君有至德之言三，天必三賞君。』熒惑果徙三舍。」《釋名》曰：「義者，宜也。裁製事物，使合宜者也。」《繫辭》曰：「理財正辭，緊民爲非曰義。」王弼曰：「義猶理也。」太公《六韜》曰：「與人同好同惡者，義也。義之所在，天下歸之。」《新序》曰：「白公之難，楚人有莊善者，辭其母將往死之，

[一] 卷九諸本皆缺，又島田翰稱別有一本，卷子裝，存第九，却佚卷第七後半。但諸家皆未見。參杜澤遜、王曉娟點校，島田翰《古文舊書考》，第95頁，上海古籍出版社，2017年1月。

母曰：『棄其親而死其君，可謂義乎？』莊善曰：『吾聞事君者內其祿而外其身，今所以養母者，君之祿也，身安得不死乎？』遂辭而行。比至公門，三廢車中，其僕曰：『子懼矣。曰懼懼，則何不反乎？』莊善曰：『懼者，吾私也。死君，公義也。吾聞君子不以私害公。』遂至公門，刎頸而死。君子聞之曰：『好義乎哉！德義不相離也。』」者爲一善清慎顯著。謂清者，潔也。慎者，謹也。假如楊震闇夜辭金、胡威歸路門娟之類是清也。孔光典機不語温樹、樊宏詣闕無謬鐘漏之類是慎也。釋曰清慎。《釋名》曰：「清者，青也，去濁遠穢，色如青也。」《廣雅》曰：「慎，恐也。假令楊震闇夜辭金之類，所謂清也。阮籍口絶臧否之類，所謂慎也。云清慎爲事也，其如今釋也，二事相須也，言清者有要慎，但慎者必有清耳。其楊震清慎，相包人也。《□記》云：「清慎也，清廉。」《釋名》曰：「清，青也，去濁遠穢，色如青也。濁，瀆也。」「廉，斂也，自檢斂也。」《左傳》曰：「宋人或得玉，以示玉人，玉人以爲寶也，故敢獻之。子罕曰：『我以不貪爲寶爾，以玉爲寶，若以與我皆喪寶也，不若人有其寶。』」《家語》曰：「曾子弊衣而耕於魯，魯君聞之而致邑焉。曾。」[二]

[二] 依田利用云：「以上舊出仲秋篇『天子乃難』以下，蓋他簡錯雜，無可復考，或是此篇中所有，今姑係此。而斷爛之餘，其湊雜複沓，不可得而知也。」案底本、毛利高翰影鈔本、森立之父子校本、《古逸叢書》本皆無此段文字，今從依田氏之説附於此。

九月九日宴會，未知起於何代，然自漢至宋未改，今北人亦重此節，佩茱萸，食餌，飲菊花酒，云令人長壽，近代皆宴設於台榭。（《荊楚歲時記注》）

食餌者，其時黍秫並收，以因黏米嘉味，觸類嘗新，遂成積習。《周官·籩人職》曰：「羞籩之實，糗餌粉餈。」干寶注曰：「糗餌者，豆末屑米而烝之，以棗豆之味，今餌餻也。」《方言》：「餌，謂之餻，或謂之餈。」（《初學記》卷四引）〔一〕

《玉燭寶典》卷九九月

〔一〕上逸文二則，底本無，依其文，當屬於九月，姑録於此。

十月孟冬第十

《禮・月令》：「孟冬之月，日在尾，昏危中，旦七星中。鄭玄曰：「孟冬者，日月會於析木之津，而斗建亥之辰也[一]。」其日壬癸，壬之言任也，癸之言揆也。日之行冬，北從黑道，閉藏萬物，月爲之佐，時萬物懷任於下，癸然萌牙之也。其帝顓頊，其神玄冥，此黑精之君，水官之臣。顓頊，高陽氏也。玄冥，少皞氏之子，曰脩，曰熙，爲水官也。其蟲介，介，甲也，象物閉藏於地中，龜鼈之屬者。其音羽，三分商，去一以生羽，羽數卌八[二]。屬水者，以爲最清，物之象。冬氣和，則羽聲調也。律中應鍾。孟冬氣至，則應鍾之律應。高誘曰：「陰應於陽，轉成其功，萬物聚藏。」其數六，水，生數一，成數六，但言六者，并舉其成也。其味鹹，其臭朽，水之味氣也。凡鹹、朽者皆屬焉。氣若有若無爲朽。其祀行，祭先腎。腎陰氣盛，寒於外，祀之於行，使從辟除之類也。祀之先祭腎者，陰位在下，腎亦在下，腎爲尊也。行在廟門外之西，爲軷壤，厚二寸，廣五尺，輪四尺。祀之行禮，

[一] 原脱「斗」字，據《禮記正義》補。

[二] 原脱「羽」字，據《禮記正義》補。

北面設主于軷上，乃制腎及脾爲俎，奠于主南，又盛于俎，東祭肉、腎、脾再其他，皆如祀門之禮[一]。

水始氷，地始凍，雉入大水爲蜃，虹藏不見。大水，淮也。大蛤曰蜃也。

天子居玄堂左个，乘玄路，駕鐵驪，載玄旂，衣黑衣，服玄玉[二]，食黍與彘，其器閎以奄。玄堂左个，大寢北堂西偏也。鐵驪，色如鐵也。黍秀舒散屬火，寒時食之，亦以安性也。彘，火畜也[三]。器閎而奄，象物閉藏也。今《月令》曰「乘軫路」，似當爲「袗」字之誤也。

是月也，以立冬[四]。先立冬三日，大史謁之天子曰：『某日立冬，盛德在水。』天子乃齋。立冬之日，天子親帥三公、九卿、大夫以迎冬於北郊，還反，賞死事，恤孤寡。迎冬者，祭黑帝叶光紀於北郊之兆也。死事，謂以國事死，若公叔禺人[五]、顏涿聚者也。孤寡[六]，其妻子，有以惠賜之大功加賞焉，此之謂也。

[一]「禮」原誤作「祀」，涉上「祀」字而誤，據《禮記正義》改。

[二]原脱「服玄」二字，據《禮記正義》補。

[三]《禮記正義》「火」作「水」。

[四]原脱「立」字，據《禮記正義》補。

[五]「禺」原誤作「寓」，據《禮記正義》改。

[六]「寡」原誤作「守果」，蓋一字而誤分爲二，據《禮記正義》改。

命大史釁龜策占兆，審卦吉凶策，蓍也[一]。占兆，龜之文也。《周禮·龜人》「上春釁龜」，謂建寅之日，秦以其歲首，使大史釁龜策，與周異矣。卦、吉凶，謂易也。審省録之而不釁筮，筮短賤於兆也[二]。今《月令》曰「釁祠」，「祠」衍字也。是察[三]，阿黨則罪，無有掩蔽。阿黨，謂治獄吏以私恩曲橈相爲。

天子始裘。九月授衣，至此可以加裘。命有司曰：『天氣上騰，地氣下降，天地不通，門塞而成冬。』使有司助閉藏之氣，門户可閉，閉之。窗牖可塞，塞之。命百官謹蓋藏。謂府庫囷倉有藏物者也。命司徒循行積聚，毋有不斂。謂蒭禾薪蒸之屬也。坏城郭，戒門閭，脩鍵閉，慎管籥，封固彊，備邊境，完要塞，謹關梁，塞傒徑。坏，益也。鍵，牡也。閉，牝也。管籥，搏鍵器也。固封彊，謂使有司固脩其溝樹，及衆庶之守法也。要塞，邊城要害處也。梁，橋横也。傒徑，禽獸之道。今《月令》「彊」或爲「壃」。飭喪紀，辨衣裳，審棺椁之薄厚，營、丘壟之小大[四]、高卑、薄厚之度，貴賤之等級。此亦閉藏之具，順時敕之也。辨衣裳，謂襲、斂尊卑所用也。

[一]「蓍」原誤作「箸」，據《禮記正義》改。
[二]二「筮」字原誤作「衍」，據《禮記正義》改。
[三]原脱「是」字，據《禮記正義》補。
[四]「小大」石經本同，他本皆作「大小」。

用又有多少者，任之也[一]。命工師效功，陳祭器，案度程，毋或作淫巧，以蕩上心，功致爲上。霜降而百工休，至此物皆成。工師，工官之長也。效功，録見百工所作器物也[二]。主於祭器，祭器尊也。度，謂制大小也。程，謂器所容也。淫巧，謂奢僞恠好也。蕩，謂摇動生其奢淫之也。物勒工名以考其誠，勒，刻也。刻工姓名於其器，以察其信，知不功致也。功有不當，必行其罪，以窮其情。功不當者，取材美而器不固也[三]。

大飲蒸。十月農功畢，天子諸侯与其群臣飲酒於大學[四]，以正齒位，謂之大飲，别之於宴也，其礼亡。今天子以宴禮、郡國以鄉飲酒代之。蒸，謂有牲體爲俎也。天子乃祈來年于天宗，大割祠于公社及門閭，臈先祖五祀，此《周禮》所謂蜡祭也。天宗，謂日月星辰也。大割，大煞郡牲割之也。臈，所謂以田臈所得禽祭也。五祀，門、户、中霤、竈、行也。或言「祈年」，或言「大割」，或言「臈」，互文也。勞農以休息之。黨正屬民飲酒，正齒位是也[五]。天子乃命帥講武，習射御，角力。爲仲冬將大閱，習之。亦因營室主武士也。凡田之禮，維狩最備。

[一]《禮記正義》無「者任之也」四字。
[二]「作」原誤作「位」，又脱「器」字，據《禮記正義》改補。
[三]「固」當爲避楊堅之諱。
[四]「飲」原誤作「飯」，據《禮記正義》改。下一「飲」字同。
[五]原脱「也」字，據《禮記正義》補。

《夏小正》：「十一月，王狩之也。」

乃命水虞、漁師收水泉池澤之賦，毋或敢侵削衆庶兆民，以爲天子取怨于下。其有若此者，行罪毋赦。因盛德在水，收其稅者也。

孟冬行春令，則凍閉不密，地氣上泄，寅之氣乘之也。民多流亡。象蟄虫動。行夏令，則其國多暴風，方冬不寒，蟄蟲復出。巳之氣乘之也。立夏，巽用事，巽爲風者。行秋令，則霜雪不時，申之氣乘之也。小兵時起，土地侵削。」申，陰氣[一]，尚微也。申值參、伐，參、伐爲兵[二]，此之謂。

蔡雍孟冬章句曰：「冬，終也，萬物皆於是終也。今歷孟冬立冬節，日在尾四度，昏明中星，去日八十八度[三]。危八度中而昏[四]，張十五度中而明。『雉入大水爲蜃。』雉大於雀，故得大陰乃化，在雀後一月，不言化，不復爲雉也。『天子居玄堂左个[五]。』北曰玄堂，玄者，黑也，

[一] 原無「氣」字，據《禮記正義》補。
[二] 「伐」原誤作「代」，據《禮記正義》改。
[三] 「去日」原互倒，據《禮記正義》乙正。
[四] 原脱「中」字，據下文「張十五度中而明」文例補。
[五] 「左」原誤作「在」，據《玉燭寶典考證》改。

其堂嚮玄，故曰玄堂。左个，亥上之堂也[一]。是月秋金用事七十三日，土用事於季秋十八日，至此而盡，水德受之，故冬節至此立也。『天子始裘。』祀上帝，則大裘。天子狐白[二]，諸侯黄，大夫狐倉，士以羔。天宗，日、月、北辰也。日爲陽宗，月爲陰宗，北辰爲星宗。冬五穀畢入，故大烝，遂爲來歲祈於天宗。臘，祭名也，夏曰嘉平，殷曰清祀，周曰大蜡，總謂之臘。《傳》曰：『虞不臘矣。』《郊特牲》曰：『蜡者，索也，歲十二月[三]，合聚百物而索饗之[四]。』《周禮》『國祭蜡以息老物』，言因獵大執衆功，休老物以祭先祖、祖及五祀，勞農以休息之。」

右章句爲釋《月令》。

《禮·鄉飲酒義》曰：「北方者冬，冬之爲言中也。中者，藏也。」《尸子》曰：「冬爲信，

[一]「堂」原誤作「室」，又誤重「室」字，據上文蔡邕章句改。

[二]「狐」原誤作「孤」，據《禮記正義》改。下「狐」字同。

[三]「十」下原有「月」字，涉下「月」字而衍，據《禮記正義》删。

[四]「饗」原誤作「嚮」，據《禮記正義》改。上「百」字今本作「萬」。

北方爲冬。冬，終也，萬物至此終藏也[一]。北方，伏方也[二]。是故万物至冬者皆伏[三]，貴賤若一，美惡不代，方之至也。」《字林》曰：「冬，四時盡也。」《釋名》曰：「冬，終也，物終成也。」

右總釋冬名。

《皇覽·逸禮》曰：「冬則衣黑衣，佩玄玉，乘玄路，駕鐵驪，載玄旗，以迎冬于北郊。其祭先叔与豕。居明堂後廂，啟北户。」

《詩紀歷樞》曰：「壬者，任也。陰任事於上，陽任事於下。陰持爲政[四]，民不與。陽持爲政，王天下。故其立字壬，似士也。宋均曰：「民不与，則不能王者也。」癸者，揆也，度息陽持法則者也[五]。」度陰當消滅，時可施法則者。《詩含神務》曰：「其北黑帝坐，神名汁光紀。」宋均曰：「汁，

[一] 原無「萬物至此終藏也」七字，據《知不足齋叢書》本《五行大義》卷一引《尸子》補。

[二] 原無「伏方」二字，據《平津館叢書》本《尸子》補。

[三] 原無「故」、「至」二字，據《平津館叢書》本《尸子》補。今本無「者」字。

[四] 原無「持」字，此句當與下文一律，今補。

[五] 「則者」原互倒，據注文乙正。

合也，合日月之光以爲數紀也。」《尚書考靈曜》曰：「氣在於冬，其紀辰星[一]，是謂陰明。無發冬氣，使物不藏；無害水道，與氣相葆；物極於陰，復始爲陽。鄭玄曰：「十一月，陽始起於陰中也。」其時衣黑，與氣同則。則，去之也。如是，則辰星宜放，其鄉冬藏不泄，少疾喪矣。」《樂稽曜嘉》曰：「用動和樂於北郊[二]，爲顓頊之氣，玄冥之音，歌《北湊》《大闓》，致幽明靈。」宋均曰：「動當爲勳。勳，土樂也。《北湊》《大闓》，樂篇名。北方物所藏，故曰幽明，明即神也。」

《春秋元命苞》曰：「其日壬癸。壬者，陰始任。癸者，有度可揆澤。宋均曰：「壬，始任育，至癸萌漸欲生，可揆尋澤而知，因以爲日名焉。」時爲冬，冬者，終也。万物畢入藏无見者，歲時之終名爲北方。北方者，伏方也，物藏伏，因以爲方名。其帝顓頊，顓頊者，寒縮。時寒縮，因以名其帝。其神玄冥，玄冥，入冥也。亦以物入藏玄冥之中，因以名其神也。其音羽，羽者，舒也，言物始孳。亦因生舒，以名其音者。其味鹹。鹹者鎌。鎌，清也，言物始萌，鎌虛以寒。」鎌鎌，寒清難犯，因以名其味者。

《爾雅》曰：「冬爲上天，李巡：「冬，陰氣在上，万物伏藏[三]，故曰上天。」孫炎曰：「冬天藏物，

[一]「紀」原誤作「亂」，據《四部叢刊》本《六臣注文選》卷二十七引《尚書考靈曜》改。

[二] 原脱「北」字，據下文補。

[三]「万」原誤作「方」，蓋原作「万」，後訛爲「方」，今改。

物伏於下，天清於上，故曰上天。」郭璞曰：「言時無事，在上臨下而已。」冬爲玄英，孫炎曰：「冬氣玄而物歸中也。」郭璞曰：「物黑而清莫也。」《音義》曰：「四時和祥之美稱也。説者云中央，失之。」冬爲安寧。」《尚書大傳》曰：「北方者何也？伏方也，萬物之方伏。物之方伏[一]，則何以謂之冬？冬者，中。中也者，物方藏於中也，故曰北方冬也。」《白虎通》曰：「水味所以鹹何？北方者，藏萬物。鹹者，所以固之[二]。由五味得鹹乃固。其臭腐何[三]？北方者水，萬物所幽藏，又水者主受垢濁，故其臭腐。」

右總釋冬時[四]。

《詩・豳風》曰：「十月隕蘀。」毛傳曰：「隕，墜。蘀，落也。」又曰：「十月蟋蟀入我床下。」鄭箋云：「自七月在野，至十月入我床下，皆謂蟋蟀也。」「十月穫稻。」「十月納禾稼，黍稷重穋，禾麻

[一] 例之上文，「物」上當脱「万」字。
[二] 今本「固」作「堅」，作「固」爲避隋文帝楊堅諱。下「固」字同。
[三] 今本《白虎通》「腐」作「朽」，下「腐」字下有「朽」字。
[四] 「總釋」原互倒，據《玉燭寶典考證》乙正。

叔麥。」後種曰重[一]，先種曰穋。鄭箋云：「納，內，治於場而內之於囷倉也。」「十月滌場。」滌，掃，場功畢入。《詩·小雅·采薇》曰：「曰歸曰歸，歲亦陽止。」鄭箋云：「十月爲純，坤用事，嫌於無陽，故名此月爲陽[二]。」《春秋傳》曰：「閉蟄而烝。」服虔曰：「謂十月盛陰在上，物成者衆，故曰烝。」《春秋傳》曰：「公父定叔奔衛，三年而復之[三]，使以十月入，曰是良月也，就盈數焉。」服虔曰：「數滿曰十，故曰盈數。」春秋時或可[四]，周之十月既非節候，但取其盈數，故附於此也。《周書·時訓》曰：「立冬之日，水始氷。又五日，地始凍。又五日，雉入大水爲蜃。水不始氷，是謂陰負。地不始凍，災徵之咎[五]。雉不入大水[六]，國多淫婦。小雪之日，虹藏不見。又五日，天氣上騰，地氣下降。又五日，閉塞而成。冬虹不收藏，婦不專一。天氣不騰，地氣不降[七]，君臣相嫉。不閉塞而成

[一]「種」，《毛詩正義》作「熟」。下「種」字同。

[二]《毛詩正義》「名」上有「以」字。

[三]「年」原誤作「羊」，據《春秋左傳正義》改。

[四]依田利用云「春秋」上當脫「今案」二字，是。

[五]「災」原誤作「余」，「咎」原誤作「谷」，據《四部叢刊》本《逸周書》改。

[六]原脱「大」字，據《四部叢刊》本《逸周書》補。

[七]此句今本作「天氣不上騰，地氣不下降」。

冬[一]，母后縱佚。」《禮·夏小正》曰：「十月：豺祭獸。善其祭而後食之也。初昏，南門見。南門者，星名。黑鳥浴，黑鳥者何？烏也。浴也者，飛高乍下也[二]。時有養夜。養者，長也，若日之長。雉入于淮爲蜃。蜃者，蒲蘆也。織女正北鄉，則旦。」

《易通卦驗》曰：「乾西北也，主立冬。人定，白氣出，直乾，此正氣也。氣出右，萬物半不生。氣出左，萬物傷。」鄭玄曰：「立冬之左[三]，霜降之地。右，小雪之地[四]。霜降，物未偏收，故其災物半不生[五]。小雪，則煞物矣，故其災爲傷也。」《易通卦驗》曰：「立冬，不周風至，水始氷[六]，薺麥生，賓爵入水爲蛤。鄭玄曰：「立冬，陰用事，陽氣生畢，故不周風至。周達万物之不及時者。」今案高誘《淮南》注「九月鴻鴈來，賓爵入大水爲蛤」，已分「賓」字下屬。且張叔《反論》云：「賓爵下萃。」又《古今鳥獸注》：

[一] 原無「塞而」二字，據《四部叢刊》本《逸周書》補。
[二] 原脱「高」字，據《大戴禮記解詁》補。
[三] 「左」原誤作「右」，據武英殿聚珍版叢書本《易緯通卦驗》改。
[四] 原無「右小雪之地」五字，據武英殿聚珍版叢書本《易緯通卦驗》補。
[五] 原無「不」字，據正文補。趙在翰《七緯》「半不生」作「半死」。
[六] 原無「水」字，據《藝文類聚》卷三引《易通卦驗》補。

「爵，一名嘉賓，言栖集人家，亦有賓義，故兩傳焉也也也也。」晷長丈一尺二分，陰雲出接[一]。立冬於兑值九四，九四，辰在午[二]，火性炎上，故接接也。小雪陰寒，熊羆入穴，雉入水爲蜃[三]。雉入水，氣化爲蜄蛤[四]。晷長丈一尺八分，陰雲出而黑。」小雪於兑值九五[五]，九五，坎爻，得坎氣，故黑也。《詩推度災》曰：「水立氣周，剛柔戰德。」宋均曰：「水立，冬水用事也。氣周者，周亥復本元也。剛柔，猶陰陽，言相傳薄者也也也。」

《詩紀歷樞》曰：「亥者，核也。」《春秋元命苞》曰：「烏獸饒馴，子藏寶物，歸其母，故大陰見於亥。亥者，駭。宋均曰：「子爲母主藏寶物，亦還歸其母，出入無畏懼之心，故烏獸饒馴，不可驚駭也也也也也。」律中應鐘[六]，其種。」應種者，應其種也。《國語·楚語》曰：「日月會于龍豵，韋昭曰：

[一] 「接」下原有重文符號，據趙在翰《七緯》輯本刪。

[二] 「辰」上原有「震又」二字，據趙在翰《七緯》輯本刪。

[三] 原脱「水」字，據趙在翰《七緯》輯本補。

[四] 趙在翰《七緯》輯本「氣」作「亦」。

[五] 「值」原作「在」，據上文注及《七緯》輯本改。又下「坎」字，《七緯》輯本作「兑」。

[六] 「中」原誤作「口」，蓋抄手忘一筆也。

「貔，龍尾也，謂周十二月、夏十月也，日月合辰於尾上。」《月令》孟冬，節日在尾也。」土氣合收[一]，合收，收縮萬物合藏之。天明昌作，昌，盛也。作，起也。謂天氣上也。是月純坤用事耳。百嘉備舍，嘉，善也。時物畢成，舍入室也。群神頻行。頻，並也，並行欲求食。國於是乎蒸嘗[二]，家於是乎嘗祀。」蒸，冬祭也。嘗，嘗百物也。《月令》孟冬「大飲蒸」。《傳》曰：「閉蟄而蒸也。」唐固曰：「大夫稱家也也也也也也也也也也[三]。」

《爾雅》曰：「十月爲陽。」李巡曰：「十月，万物深藏伏而待陽也。」孫炎曰：「純陰用事，嫌於無陽，故曰陽。」《史記·律書》曰：「應鍾，言陽氣之應不用事也。」《史記·封禪書》曰：「秦以冬十月爲歲首，故常以十月上宿郊見，李奇曰[四]：「宿，猶齋戒也。」通權火，張晏曰：「權火，烽火也，狀若井挈皋矣[五]。其法類稱，故謂之權。欲令光明遠照，通於祀所。漢祀五時於雍，五十里一烽火。」如淳曰：「權，

[一] 《國語》「合」作「含」。下二「合」字同。

[二] 「國」上原有「國語楚語曰日月會于龍貔類並也並行欲求食也也」諸字，涉上文而重出，今刪。

[三] 「大」原誤作「夫」，據《古逸叢書》本、《玉燭寶典考證》改。

[四] 「奇」原誤作「寄」，據《古逸叢書》本、《玉燭寶典考證》改。

[五] 「挈皋」原作「潔睾」，據《史記》改。

舉也。」拜於咸陽之旁，其衣上白，其用如經祠云。」服虔曰：「經，常。」「高祖微時，嘗煞大蛇，有物曰：『蛇，白帝子也，而煞者赤帝子。』高祖爲沛公，遂以十月至霸上[一]，平咸陽，立爲漢王，因以十月爲年首，而色上赤。」《前漢書・郊祠志》曰：「燕相張倉好律曆，以爲漢迺水德之時[二]，河決金堤，其符也[三]。年始冬十月，色外黑内赤。」服虔曰：「十月，陰氣在外，故外黑[四]。陽氣尚伏在地，故内赤也。」《淮南子・時則》曰：「孟冬之月，招搖指亥。爨松燧火，北宫御女黑色，衣黑采，擊磬石。高誘曰：「水王北方，故處北宫也。」其兵鎩，其畜彘。鎩者却内，象陰閉也。彘，水畜也。鎩音踶也。十月官司馬，其樹檀。」冬門講武，故官司馬。檀[五]，陰木也。《淮南子・主術》

[一]「霸」原誤作「霜」，據《史記》改。

[二] 原無「之時」二字，據《漢書》補。

[三]「符」原誤作「苻」，據《漢書》改。

[四] 原無「故外」二字，據《漢書》補。

[五]「檀」原誤作「樹」，又誤重「樹」字，據何寧《淮南子集釋》改删。

曰[一]：「陰降百泉，則脩橋梁[二]。」許慎曰：「陰降百泉[三]，十月也。」《京房占》曰：「立冬，乾王，不周風用事。人君當興邊兵，治城郭，行刑，決疑罪，在西北。」《白虎通》曰：「十月律謂之應鐘何？應者，應也。鍾者，動也。言萬物應陽而動下藏也。」

崔寔《四民月令》曰：「十月，培築垣、墻，塞向[四]，墐户。北出牖，謂之向也。趣納禾稼，毋或在野。可收蕪菁，藏瓜。上辛，命典饋漬麴，麴澤[五]，釀冬酒，必躬親潔敬[六]，以供冬至、臘、正、祖，薦韭卵之祠。是月也，作脯、腊，以供臘祀[七]。農事畢，命成童以上入大學，如正月焉。

[一] 原脱「主」字，今補。
[二] 「橋」原誤作「槁」，據何寧《淮南子集釋》改。
[三] 「降」原誤作「許」，據上正文改。
[四] 「塞」原誤作「寒」，據《齊民要術》卷三引《四民月令》改。
[五] 《初學記》卷五引《四民月令》無此二字，《歲時廣記》則承此文。
[六] 「親潔敬」原誤作「敬親潔」，據石聲漢《四民月令校注》乙正。
[七] 「作」原誤作「位」，「祀」原誤作「礼」，據《初學記》卷五引《四民月令》改。

五穀既登，家儲畜積〔一〕，乃順時令。敕喪紀。同宗有貧窶久喪不葬者，則糾合宗人〔二〕，共興舉之。以親疏貧富爲養，正心平斂，毋或踰越，務先自竭，以率不隨。是月也，可別大葱。先氷凍作涼錫〔三〕，煮暴飴〔四〕。可析麻，趣績布縷。作『白履』、『不借』。草履之賤者曰不借。賣縑、綿、弊絮。糶粟，大小豆、麻子。收栝樓。」以治虫厲毒也。

〔一〕原無「積」字，據石聲漢《四民月令校注》補。
〔二〕「糾」原誤作「紀」，據石聲漢《四民月令校注》改。
〔三〕「涼錫」原誤作「京鍚」，據《齊民要術》卷三引《四民月令》改。
〔四〕「煮」原誤作「渚」，據《齊民要術》卷三引《四民月令》改。

附說曰：十月，周之蜡節，秦之歲首。《荊楚記》云：「朔日，家家爲黍臛。」案《禮》秋有黍豚之饋，先薦祖禰，是月家人方可屬厭，里閭自多此食，蓋重厥初。荷蓧丈人止子路，殺鷄爲黍，及田豫爲故民所設桃花源避世要容者，豈必此月？今世則炊乾飯，以麻豆羹沷之，諺云「十月旦，麻豆饡。」音贊也。《字苑》：「以羹澆飯[一]。」《字林》同，音子旦反。王逸《九思》云「時混混兮澆饡」，抑亦其義。晉朝張翰有《豆羹賦》，雖云孟秋，明其來已久。

《豳詩》：「九月掇苴，採茶薪樗，食我農夫[二]。」掇，拾也。苴者，麻之有黃。九月預拾，於此月朔乃得食農耳。《顧道士書》云：「五月，仙人下。是日道館悉作靈寶齋。案《抱朴子·內篇》云：「《靈寶經》有《正機》《平衡》《飛龜》，凡三篇，皆仙術也。吳王伐石以治宮室，而於合石之中得紫文金簡之書，不能讀之，使問仲尼，曰：『吳王閒居，有赤雀銜書以置殿前，不知其義。』仲尼視之，曰：『此乃靈寶之方、長生之法，禹之所服，年齊天地，朝乎紫庭者也。

[一] 原無「以」字，據中華書局影印孫星衍刻本《說文解字》「饡」字釋義補。

[二] 「掇」《毛詩正義》作「叔」。馬瑞辰《毛詩傳箋通釋》云：「至《考文》本作『掓』，《龍龕手鑑》『掓，拾也』，乃俗增字。」「掇」蓋「掓」字之訛。下「掇」字同。

禹將仙化，封之名山石函之中，今乃赤雀銜之，殆天授也。』以此論之，是夏禹不死也。而仲尼又知之，安知仲尼不皆密脩其道乎？」案諸道經，靈寶齋非止此月，或叙厥初也。

《雜五行書》：「剪手腳爪，皆有良日。此月四民多因沐浴剪之，絳裹，埋於户内。」《博物志》云：「鵂鶹鳥夜則目明，又截爪棄地。此鳥拾取，知其吉凶，鳴則有疾也。」《纂文》云：「鵂鶹，一名忌欺，白日不見人，夜能拾蚤蝨也。蚤、爪音相近，俗人云：『鵂鶹拾，人棄爪，相其吉凶。』」妄説也[一]，復是一家。犍爲舍人《爾雅注》云：「南陽謂鵂鶹爲鉤鵅，玄冬素節或夜至人家[二]。」《續搜神記》曰「鉤鵅鳴於譙王無忌子婦屋上，謝充作符懸其處」是也。郭璞《鉤鵅圖讚》云：「忌欺之鳥，其實鵂鶹。晝瞽其視，盲離其眸。」是則「忌欺」又其名也。

漢世十月五日，以豚酒入靈女廟，擊筑，奏《上玄》之曲，連臂踰地，歌《赤鳳皇來》，蓋巫俗也。今世名《踰蹄餘節》，有月夜，平帝女好爲此戲。吴歌云：「不復踰蹄人，踰蹄地欲穿。」亦其之事也。案《樂稽曜嘉》云：「和樂於北郊，爲顓頊之氣，玄冥之音，歌《北湊》《大國》，致幽明靈。」《國語》云：

[一]「妄」依田利用誤釋爲「焉」，又以「説也」當在「一家」之下。

[二]此條爲犍爲舍人《爾雅注》逸文。

「天明昌作，百嘉備舍，群神頻行[一]。」或其濫觴，咸此節也。鳳稱大鳥，南方之畜，擊轅之歌，有應風雅，故云「赤鳳皇來」。

玉燭寶典卷第十 十月

[一]「頻」原誤作「類」，據《國語》改。

十一月仲冬第十一

《禮·月令》曰：「仲冬之月，日在斗，昏東壁中，旦軫中。鄭玄曰：「仲冬者，日月會於星紀，而斗建子之辰。」律中黃鍾[一]。黃鍾者，律中之始也。仲冬氣至，則黃鍾之律應。高誘曰：「陽氣聚於下，陰氣盛於上，黃萌蘩於黃泉下[二]，故曰黃鍾之也。」

冰益壯[三]，地始坼，曷旦不鳴[四]，虎始交。曷旦，求旦之鳥也。交，猶合。高誘曰：「曷旦，山鳥，陽物也。陰盛[五]，故不鳴也。」

天子居玄堂太廟，玄堂太廟，北堂當太室者。飭死事。敕軍士戰必有死志者。命有司曰：『土事毋作，

[一]「律中黃鍾」上《禮記正義》有「其日壬癸，其帝顓頊，其神玄冥，其蟲介，其音羽」。

[二]《四部叢刊》本《吕氏春秋》高誘注「黃」上有「萬物」二字。

[三]「冰益壯」上《禮記正義》有「其數六，其味鹹，其臭朽，其祀行，祭先腎」。

[四]注疏本「曷」作「鶡」，依田利用云《考文》云古本正作「曷」，與此正合。足利本《禮記正義》作「鶡」。

[五]《四部叢刊》本《吕氏春秋》高誘注「陰」上有「是月」二字。

慎毋發蓋，毋發室屋及起大衆[一]，以固而閉。地氣且泄[二]，是謂發天地之房，諸蟄則死，民必疾疫，又隨以喪，名之曰暢月。』而，猶女也。暢，猶充也。大陰用事，尤重閉藏者也。

命奄尹申宮令，審門閭，謹房室，必重閉。奄尹，主領奄豎之官者也，於周則爲内宰，治王之内政。官令，譏出入及開閉之屬也。重閉，内外閉之也[三]。省婦事，毋得淫。雖有貴戚近習，毋有不禁。省婦事，所以靜陰類也。淫，謂女功奢僞恠好之物也[四]。貴戚，謂姑、姊妹之屬也。近習，天子所親幸者。乃命大酋秫稻必齊[五]，麴蘗必時，湛熾必潔[六]，水泉必香，陶器必良，火齊必藏。順時氣之[七]。山林藪澤，

[一]「大衆」原誤作「太泉」，據《禮記正義》改。

[二]「且」原誤作「大」，阮元《校勘記》引石經作「且洩」，《考文》引古本作「且泄」。下蔡邕《月令章句》亦作「且」。涉孟冬「行春令，則地氣上泄」之文而誤。

[三]「閉」原誤作「門」，據《禮記正義》改。

[四]「功」原誤作「巧」，「奢」上衍「淫」字，涉上「淫」字而衍，據《禮記正義》改刪。

[五]「酋」原誤作「貲」，據《禮記正義》改。

[六]「湛」原誤作「沉」，據《禮記正義》改。

[七]「藏」字原闌入注文中，「順」原誤作「而」，據《禮記正義》改。又注疏本「藏」作「得」。

有能取蔬食者。芸始生，荔挺出，蚯蚓結，麋角解，水泉動[一]。

仲冬行夏令，則其國乃旱，午之氣乘之也[二]。氛霧冥冥[三]，霜露之氣[四]，散相亂也。今案《春秋傳》云：「楚氛甚惡霧[五]，霧謂之晦。」《釋名》曰：「霧，冒也，氣蒙冒地物，此之謂者。」雷乃發聲。震氣動也，午屬震。行秋令，則天時雨汁，瓜瓠不成，酉之氣乘之也。酉宿直昴、畢，畢好雨。雨汁者[六]，水雪雜下也。子宿直虛、危，虛、危内有瓜瓠之也[七]。國有大兵。兵亦軍之氣也[八]。行春令，則蝗虫爲敗，當蟄者出。

[一] 原無「山林藪澤有能取蔬食者芸始生荔挺出蚯蚓結麋角解水泉動」諸字，蔡邕於下文章句有釋，今據以補。

[二] 原脱「乘之也」三字，據《禮記正義》補。

[三] 「氛」原作「氣」，據《禮記正義》改。

[四] 依田利用云：「注疏本『露』作『降』，《考文》云古本『降』作『霧』，宋板、足利本作『露』。」

[五] 「氛甚」原誤作「氣其」，據《春秋左傳正義》改。

[六] 原脱「雨」字，涉上「雨」字而奪，據《禮記正義》補。

[七] 「瓜瓠」原互倒，據《禮記正義》乙正。

[八] 「兵」原誤作「丘」，「軍」原誤作「旱」，足利本、注疏本作「軍」。

卯氣乘之也[一]。水泉咸竭[二]，大火爲旱之也。民多疥厲。」疥厲之疾，孚甲象也。

蔡雍中冬章句曰：「今曆中冬，小雪節日在斗六度，昏明中星，去日八十三度。東壁半度中而昏，軫十五度中而明[三]。『天子居玄堂大廟。』大廟[四]，子上之堂。『無起大衆。』所以靜，皆所以勁固陰閉，安養稺陽之意也。『地氣且泄，是謂發天地之房。』房[五]，隩也。天陽方潛於黄泉，地爲之房隩，起土發屋，則不閉，則□□出，故謂之發天地之房也。『暢月。』暢，達也。陽泄則爲暢月，不泄不爲暢月。是月也，陰閉不可以達，而陽泄傷民，故名之達月，言未可以達而達，以爲災。『麴糵必時。』鬱穀曰麴，生穀曰糵。始作有時，可用有時，可用有日，故必時。疏食，謂山有榛、栗，今案《周官·天官》籩人職曰：「饋食之籩，其實榛。」鄭注云：「榛實似栗而小。」《詩草木疏》

[一] 原脱「乘之也」三字，據《禮記正義》補。
[二] 原闕「水」字，據注疏本補。
[三] 原無「中」字，據上文補。
[四] 「大廟」原空二字，今據蔡邕注釋體例補。
[五] 原不重此「房」字，今據蔡邕注釋體例補。

曰：「榛[一]，栗屬也。其字或爲木秦。有两種，其一種樹之大小皮葉皆如栗[二]，其子小，形如杼子，表皮黑，味亦如栗，所謂『樹之榛栗』者[三]，謂此也。其一種枝莖如木蓼[四]，葉如牛李，蘗生，高丈餘，其覈中悉如李生[五]，子作胡桃味[六]，膏熅益美，亦可食噉。魚陽[七]、遼東、代郡、上黨皆饒。其枝莖生樵，爇燭明而無煙[八]。」杼、

橡[九]，今案《爾雅》「栩杼」，孫音「杵」，郭璞：「音嘗汝反。樹也。櫟其實捄，音其掬反，一音釘鋦。鋦音几足反。」劉歆注云：「實有角如栗。」李巡、孫炎云：「山有苞櫟[一〇]，實橡也，有捄彙自裹也。」《音義》曰：「《小

[一]「榛」原誤作「有亲」，據《寶顏堂秘笈》本《毛詩草木鳥獸蟲魚疏》改。

[二]原脱「其」字、「之」字，據《寶顏堂秘笈》本《毛詩草木鳥獸蟲魚疏》補。

[三]「榛」原誤作「亲」，「者」原誤作「其」，據《寶顏堂秘笈》本《毛詩草木鳥獸蟲魚疏》改。

[四]「如」下原有「李子王作胡」五字，抄手點去。

[五]「悉如李生」原作「李竅中玉如李子玉」，據《齊民要術》卷四引《毛詩草木疏》改。

[六]原無「子」字，據光緒張氏味古齋重刻本《本草綱目》卷三十、明崇禎平露堂本《農政全書》卷二十九引《毛詩草木疏》補。

[七]「魚陽」原誤作「鰒魚」，據《寶顏堂秘笈》本《毛詩草木鳥獸蟲魚疏》改。

[八]此句原誤作「其枝莖生生爇如爇燭明而無燭者之」，據《齊民要術》卷四引《毛詩草木疏》改。

[九]「杼」原誤作「梯」，「橡」原誤作「象」，據注文改。

[一〇]「有」字原爲闕文，空一字，據《古逸叢書》本補。

爾雅》：『子爲橡，在彙斗中，自含裹，狀捄叟然。』[一]《詩草木疏》：「栩杼即今柞櫟[二]，徐州人謂櫟爲杼，其子爲皁[三]，或謂之橡，其穀爲汁[四]，可以染皁[五]，今京洛及河内多言杼，或言橡斗者，或謂之皁斗[六]。謂櫟爲杼，五方通語，曰總名云也[七]。」**澤有蔆、芡、**今案《周官·天官》下邊人職曰：「加邊之實：蔆、芡、栗、脯。」鄭注云：「蔆，芰也[八]。」《本草》：「芰實[九]，一名蔆。」注云：「廬江間最多，皆取火焔充糧，今多蒸多曝，密和餌之，斷穀長生者也。」**梟茈**今案《爾雅》：「芍，梟茈。芍音斛了反[一〇]。茈音資，一音疵。」郭注云：「生

[一] 上引劉歆、李巡、孫炎注不見諸書徵引，當爲諸人注《爾雅》逸文。

[二] 「柞櫟」原誤作「拃採」，據《毛詩正義》卷六、《爾雅注疏》卷九引《毛詩草木蟲魚疏》改。下二「櫟」字同。

[三] 「皁」原誤作「草」，據《毛詩正義》卷六、《爾雅注疏》卷九引《毛詩草木蟲魚疏》改。

[四] 「汁」原誤作「外」，據《毛詩正義》卷六、《爾雅注疏》卷九引《毛詩草木蟲魚疏》改。

[五] 「染皁」原誤作「深皇」，據《寶顔堂秘笈》本《毛詩草木蟲魚疏》改。

[六] 「皁斗」原誤作「卓舛」，據《寶顔堂秘笈》本《毛詩草木蟲魚疏》改。

[七] 《毛詩正義》卷六、《爾雅注疏》卷九引《毛詩草木蟲魚疏》、《寶顔堂秘笈》本《毛詩草木蟲魚疏》皆無「曰摠名云」四字。

[八] 「芰也」原誤作「蔆芰」，據《周禮注疏》改。

[九] 「芰」原誤作「茇」，據今本《本草》改。

[一〇] 《爾雅注疏》「斛」作「斗」，疑脱去「角」旁。

下田，苗似龍須而細[一]，根如指頭，黑色[二]，可食。」《音義》曰：「今江東呼爲邊茈之者。」之屬，可以助穀者也。『麋角解。』麋，狩名[三]，与鹿同類而大[四]，亦骨爲角。日冬至，陽始起，氣微弱，亦可以動兵[五]，故天示其象。説如中夏「鹿角解」。『水泉動。』以季秋陰閉而始涸，至此陽動而始開。二月而山水下也，謂之桃華水。」今案《韓詩》「三月桃華水」，此在十一月者，水以桃華時至，遂因受名，蔡叙其初，彼據其盛之也。

右章句爲釋《月令》。事同注解，故最居前。

《易・復卦》曰：「雷在地中，復先王以至日閉關，商旅不行，后不首方。」王輔嗣曰：「方，事也。冬至，陰之復。夏至，陽之復也。先王則天地而行者，動復則靜，行復則止，事復則無事也。」鄭玄曰：「資貨而行曰商。旅，客也。首，察也。以者取其陽氣始復，其所養萌牙於下，動摇則陽氣發泄，害含任之類也。」《詩・豳

[一]「似」原誤作「以」，「須」原誤作「貞」，據《爾雅注疏》改。
[二] 原無「色」字，據《爾雅注疏》補。
[三] 依田利用以「狩」、「獸」同聲，改「狩」爲「獸」。
[四]「鹿」原誤作「麋」，涉上「麋」字而訛，今改。
[五]「兵」原誤作「丘」，據《古逸叢書》本、《玉燭寶典考證》改。

風》曰[一]：「一之日觱發。」毛傳曰：「一之日，十之餘[二]。一之日，周之正月。觱發，寒風。」又曰：「一之日于貉，取彼狐狸，爲公子裘。」于貉往取狐狸皮。狐，貉之厚，以居孟冬，則天子始裘。鄭箋云：「于貉，往搏貉以自爲裘。狐狸[三]，以供尊者也。」《尚書·堯典》曰：「申命和叔，宅朔方，曰幽都。平在朔易。孔安國曰：「北稱朔，亦稱方，言一方則三方見矣。北稱幽都，則南稱明從可知也[四]。都，謂所聚也。易，謂歲改易於北方也[五]。平均在察其政，以從天常也[六]。」日短，星昴，以正中冬。日短，冬至之日。昴，白虎之中星[七]，亦以七星並見正冬之三節也。鳥獸氄毛。」而充反[八]。鳥獸皆生濡毳細毛，以自温焉也。《尚

[一]「詩」上原有「又曰一之」四字，抄手點去。

[二]「十」原在「日」上，又脱「之」字，據《毛詩正義》正補。

[三]「狐狸」原互倒，據《毛詩正義》乙正。

[四]原脱「北稱」、「都」、「知」四字，據《尚書正義》補。又，據《尚書注疏匯校》，「則」，八行本、《尚書要義》本作「都」。物觀《七經孟子考文補遺》云宋版「則」作「都」。阮元認爲「則」當作「都」，應屬上讀。

[五]原脱「方」字，據《尚書正義》補。

[六]「常」原誤作「帝」，據《尚書正義》改。

[七]原無「之」字，據《尚書正義》補。

[八]「充」原誤作「允」，據《玉燭寶典考證》改。

書·堯典》曰：「十有一月朔，巡守，至于北岳，如初[一]。」孔安國曰：「北岳，恒山[二]。」《王制》曰：「十一月，北巡狩，至于北岳，如西巡守禮也[三]。」《周官·地官》下曰：「山虞掌山林之禁，仲冬斬陽木[四]。」鄭司農云：「陽木，春夏生者也。」鄭玄曰：「陽木，生山南者也[五]。冬斬陽，夏斬陰，勁濡調也。」《周官·春官》下曰：「大司樂以靁鼓雷鼗、孤竹之管、雲和之琴瑟，《雲門》之舞，冬日至，於地上之圜丘奏之，若樂六變[六]，天神皆降，可得而禮矣。」鄭玄曰：「禘，大祭。天神則主北辰。雷鼓，雷鼗八面。孤竹，竹特生者[七]。雲和[八]，山名。」《周官·春官》下曰：「凡以神仕者，掌以冬

[一] 陸德明《經典釋文》云：「『如西禮』方與本同，馬本作『如初』。」

[二] 原無「恒山」二字，據《尚書正義》補。

[三] 「王制」至「守禮也」，依田利用以正文誤混入，删去，其説誤，此引正就所引《尚書》之文敷衍其義。

[四] 原脱「木」字，據《周禮注疏》補。

[五] 原脱「者」字，據《周禮注疏》補。

[六] 原脱「若樂」二字，據《周禮注疏》補。

[七] 原不重「竹」字，據《周禮注疏》補。

[八] 「雲」原誤作「雷」，據《周禮注疏》改。

日至，致天神人鬼[一]。」鄭玄曰：「天、人，陽也，陽氣升而祭鬼神、致人鬼於祖廟也[二]。」《周官·夏官》上曰：「大司馬，中冬教大閱。鄭玄曰：「至冬則大簡閱軍實也。」前期，群吏戒衆庶，脩戰法。田之日[三]，乃陣車徒，如戰之陳，皆坐。皆坐，當聽誓之。遂以狩田，冬田爲狩，言守取之無所擇之也[四]。徒乃弊，致禽饁獸于郊。入，獻禽以烹烝。」徒乃弊，徒，止也。冬田主用衆物，多衆得取也[五]。致禽饁獸于郊，聚所獲禽[六]，因以祭四方神於郊。入，又以禽祭宗廟者也。《周官·秋官》下曰：「薙氏掌煞草，秋繩而芟之，冬日至而耜之。」鄭玄曰：「含實曰繩，則實不成熟。耜之，以耜側凍土剗之也[七]。」《禮·王制》曰：「十有一月，北巡守，至于北岳，如西巡守之禮。」《韓詩章句》曰：「一之日畢發，

[一]「致」原誤作「鼓」，據《周禮注疏》改。

[二] 原無「於」字，「也」上原有「之」字，「也」下有「矣哉也乎也」諸字，據《周禮注疏》補正。

[三] 原脱「日」字，據《周禮注疏》補。

[四] 注疏本無下「之」字，依田利用據以删，非。

[五]「多」下原有「物」字，涉上「物」字而衍，據《周禮注疏》删。

[六] 原脱「所獲」二字，據《周禮注疏》補。

[七]「耜之以耜側凍土剗之也」原誤作「秬以則諫土刿之者也」，據《周禮注疏》改。

夏之十一月也。」《周書·時訓》曰[一]：「大雪之日，鶡且不鳴[二]。又五日，虎始交。又五日，荔挺出。鶡且猶鳴，國多訛言。虎不始交，將帥不和。荔挺不出，卿士專權。冬至之日，丘蚓結。又五日，麋角解。又五日，水泉動。丘蚓不結，君政不行。麋角不解，甲丘不藏。水泉不動，陰不烝陽。」《周書·周月解》曰[三]：「惟一月，既南至，昏昴、畢見，日短極，基踐長，微陽動于黃泉，隆陰慘于万物。是月斗柄建子，始昏北指，陽氣肇鄗，草木萌蕩，日月俱起于牽牛之初，右回而月行。月一周天起一次，而與日合宿。日行月一次十有一次[四]，而周天歷舍于十有二辰，終則復始，是謂日月權與。」《禮·夏小正》曰：「十有一月：王狩。狩者[五]，言王之時田，冬獵爲狩。陳筋革。陳筋革者，省兵甲也。萬物不通。隕麋角。隕，墮也。日冬至，陽氣至始動，諸向生皆蒙蒙符矣[六]，故麋角隕。」

[一]「也周」原互倒，據《古逸叢書》本、《玉燭寶典考證》乙正。

[二]「且」避唐睿宗李旦諱。下「且」字同。

[三]原無下「周」字，據《古逸叢書》本、《玉燭寶典考證》補。

[四]今本《逸周書》無「十有一次」四字。

[五]原無「狩」字，據《大戴禮記解詁》補。

[六]原無「符」字，據《大戴禮記解詁》補。

《易通卦驗》曰：「日冬至始〔一〕，人主不出宫室〔二〕，商賈人衆不行五日，兵革伏匿不起。」鄭玄曰：「冬至日時，陽氣生微，事欲靜，以待其著定也。必五日者，五，土數也，土靜，故以其數焉。革，甲之也。」人主与群臣左右從樂五日，天下人衆亦家家從樂五日，以迎日至之大禮〔三〕。從，猶就也。日且冬至，君臣俱就太司樂之官，臨其肆，樂祭天圜丘之樂〔四〕，以爲祭事莫大於此焉〔五〕，重之也。天下衆人亦家家往者，時宜學樂，此之謂。人主致八能之士〔六〕，或調黄鍾，或調六律，或調五音，或調五聲，或調五行〔七〕，或調律曆，或調陰陽，或調政德所行〔八〕。致八能之士者，謂選於人衆之中，取於習曉者，使之調焉。調

〔一〕原無「日」字，據趙在翰《七緯》輯本補。
〔二〕「主不」原互倒，據趙在翰《七緯》輯本乙正。
〔三〕原重「日」字，據趙在翰《七緯》輯本删。
〔四〕「圜丘」原誤作「圖兵」，據趙在翰《七緯》輯本改。
〔五〕原無「於」字，據《初學記》卷四引《易通卦驗》補。
〔六〕原脱「能」字，據注文及趙在翰《七緯》輯本補。
〔七〕「調」原誤作「謂」，據《禮記正義》卷十六、《初學記》卷四引《易通卦驗》改。
〔八〕《禮記正義》《初學記》引《易通卦驗》「政」作「五」。

者[一]，謂和調之。五行者，五英也。律曆者，六莖也。陰陽者，《雲門》《咸池》也。政德所行者，《大夏》《大護》《大武》之者也。擊黃鍾之鍾[二]，人主敬稱善言以相之。相，助也。善言助之，明心和，此之謂也。然後擊黃鍾之磬，公卿、大夫、列士乃使擊黃鍾之鼓。鼓用馬革，鼓員徑八尺一寸。瑟用槐木，瑟長八尺一寸[三]。間音以竽補，竽長四尺二寸[四]。鼓必用馬革者，冬至，坎氣也，於馬爲美脊爲函心也。瑟用槐，槐，棘醜橋[五]，取撩象氣上也。上下代作謂之間，間則音聲有空時，空時則補之以吹竽也[六]。天地以和應五官之府，冬受其當。」天地以和應，神光見也。五府各受其職所當之事，愛敬之至，無侵官也。

[一] 原脱「調」字，據《古逸叢書》本、《玉燭寶典考證》補。

[二] 「擊」原誤作「繫」，據上下文改。

[三] 原無「木瑟」二字，據墨海金壺本《古微書》《七緯》輯本補。

[四] 原脱「寸」字，據上下文補。

[五] 《爾雅》「橋」作「喬」。

[六] 原重「空時」二字，涉上「空時」誤衍，今删。

《易通卦驗》曰：「坎權含寶。〔一〕」北方爲坎。權稱錘，權在北方，北方主閉藏，故曰含寶也〔二〕。《易通卦驗》曰：「冬至成天文。」鄭玄曰：「天文，謂三光也，運行照天下，冬至而數訖於是時也，祭而成，所以報之者也。」《易通卦驗》曰：「冬至之日，立八神，樹八尺之表，日中，視其晷。晷如度者則歲美〔三〕，人民和順；晷不如度者，則其歲惡，人民爲譌言，政令爲之不平。鄭玄曰：「神，讀如『引題喪漸』之『引』，書字從音耳。立八引者〔四〕，樹杙於地〔五〕，四維四仲〔六〕，引繩以正之，因名之曰引〔七〕。必立引者，先正方面，於視日審也。譌言使政令不平，人主間之，不能不或。表或爲木也。」晷進則水，晷退則旱。進尺

〔一〕孫詒讓《札迻》卷一云：「案杜臺卿《玉燭寶典》引『合』作『舍』，又引注云：『北方爲坎，權稱錘，在北方，北方主用藏，故曰舍寶之也。』『之』字疑衍，今本注全挩，以注推之，似當以作舍爲正。」則孫氏誤釋「含」爲「舍」。

〔二〕「寶」下原有「之」字，今删。

〔三〕原無「晷」字，據下文「晷不如度者」云云及墨海金壺本《古微書》補。

〔四〕《周禮注疏》卷五十一引鄭玄注「立」作「言」。

〔五〕「樹」原誤作「掾」，「杙於」互倒，據《周禮注疏》卷五十一引鄭玄注改。

〔六〕原脱「四維」二字，據《周禮注疏》卷五十一引鄭玄注補。

〔七〕原脱「故」字，據《周禮注疏》卷五十一引鄭玄注補。

二寸則月食，退尺則日食[一]。」晷進，謂長於度也，日行黄道外則晷長，晷長者陰勝[二]，故水。晷短於度者，日行入進黄道之內，故晷短，晷短者陽勝，是以旱。進尺二寸則月食，以十二爲數也，以勢言之，宜爲月不食[三]。退尺則日食，日數備於十也也。《易通卦驗》曰：「冬至之日，見雲送迎，從其鄉來，歲大美[四]，人民和，不疾疫[五]；無雲送迎，德薄歲惡：故其雲青者饑[六]，赤者旱，黑者水，白者爲兵[七]，黄者有土功，諸從日氣送迎，此其徵也[八]。」《易通卦驗》曰：「坎，北方也，主冬至，夜半黑氣出，直坎，此正氣也。氣出右，天下大旱。氣出左，涌水大出。」鄭玄曰：「冬至之右，大雪之地。左，

[一]《周禮注疏》卷五十一引《易通卦驗》「尺」下有「二寸」二字。

[二] 原不重「晷長」二字，涉上二字而脱，據《周禮注疏》卷五十一引鄭玄注補。

[三]《周禮注疏》卷五十一引鄭玄注無「不」字。

[四] 原脱「大」字，據墨海金壺本《古微書》補。

[五] 原脱「疫」字，據墨海金壺本《古微書》趙在翰《七緯》輯本補。

[六] 原無「青者饑」三字，據墨海金壺本《古微書》趙在翰《七緯》輯本補。

[七]「者爲」原互倒，據趙在翰《七緯》輯本乙正。

[八] 原無「也」字，據墨海金壺本《古微書》趙在翰《七緯》輯本補。

小寒之地。大雪，雨氣未凝，其下難，故旱。小寒，水方盛，水行而出，涌之象也[一]。」《易通卦驗》曰：「大雪，魚負氷，雨雪。鄭玄曰：「負氷，上近氷也[二]。」晷長丈二尺四分，長陰雲出，黑如分[三]。大雪於兑值上六，上六，辰在巳，得巽爲黑，如分或如介[四]，未聞者。冬至，廣莫風至，蘭、射干生，麋角解，曷旦不鳴，晷長丈三尺，陰氣去，陽雲出，箕莖末如樹木之狀[五]。」晷者，所立八尺表之陰也，長丈三尺，長之極也，後則日有減矣。陽始起，故陰氣去，於天不復見，而陽雲出箕焉[六]。廿四氣，冬至至芒種爲陽，其位在天漢之南；夏至至，大雪爲陰，其位在天漢之北。此術候陽雲於陽位而以夜[七]，候陰雲於陰位而以晝。夜則司之於

[一]「象」下原有「之」字，據趙在翰《七緯》輯本删。
[二]「氷」原誤作「水」，據《古逸叢書》、《玉燭寶典考證》改。
[三]《七緯》輯本「分」作「介」。
[四]原無上「如」字，據正文補。
[五]「箕」原誤作「其」，據《藝文類聚》卷一、《北堂書鈔》卷一五〇、《太平御覽》卷八引《易通卦驗》改。
[六]原無「而陽雲出箕焉」六字，據趙在翰《七緯》輯本補。
[七]「於」原誤作「方」，據注語下文改。

星[一]，晝則視於其位而已[二]。其率爾雲之形貌，亦如《説卦》之後象也[三]。冬至，坎始用事而主六氣[四]；初六，巽爻也；巽爲木，如樹木之狀，巽象。又曰：「十一月，物生赤。」《詩推度災》曰：「《關雎》惡露乘精，隨陽而施，必下就九淵，以復至之月，鳴求雄雌。」宋均曰：「隨陽而施，隨陽受施也。淵，猶奥也，九奥也，喻所在深邃[五]。《復卦》：冬至之月，鳴求雄雌。鳴，鳴相求者也。」又曰：「鵲巢以復至之月始作家室，鳲鳩因成事[六]，天性自如。」自如，自如天性所有。《詩紀歷樞》曰：「子者，孳也。天地壹欝，万物蕃孳，上下接體，天下治也。」宋均曰：「欝，温也。」《尚書考靈曜》曰：「天地開闢，曜满舒光，元歷紀名，月首甲子[七]。冬至，日月五星俱起牽牛。初，日月若懸壁，五星若編珠。」

[一] 原無「則」字，「夜」字下有，今補。

[二] 原脱「視」字，據趙在翰《七緯》輯本補。

[三] 原無「其率爾」至「後象也」諸字，據趙在翰《七緯》輯本補。

[四] 原脱「主六氣」三字，據趙在翰《七緯》輯本補。

[五] 「喻」上原有「九奥」二字，抄手點去。

[六] 原無「鳲」字，據趙在翰《七緯》輯本補。

[七] 「甲」原誤作「田」，據《開元占經》卷五、《太平御覽》卷十七、墨海金壺本《古微書》卷二引《尚書考靈曜》改。

《尚書考靈曜》曰：「主冬者昴星，昬如中，則入山可以斷伐，具器械矣[一]。虞人可以入澤梁收萑葦，以畜積田獵。」鄭玄曰：「梁，陵也。《周禮》曰：『柏席用萑也。』」《尚書考靈曜》曰：「冬至日，日在牽牛一度有九十六分之五十七。求昬中者，取六頃加三旁蠡順除之。求明中者，取六頃加三旁蠡却除之。」鄭玄曰：「渾儀中繩，日道交相錯，既刻周天之度，又有星名焉。故處日所在，當以與日表，頃旁相准應也。短日盡行十二頃，中正而分之[二]，左右各六頃也[三]，通六頃三旁得七十度四分之三百卅二，此日昬明時上當四表之列，與正南之中相去數也。蠡，猶羅。昬中在日前，故言順數也。明中在日後，故言却也。」《尚書考靈曜》曰：「仲冬一日，日出於辰，入於申，奎星一度中而昬，氐星七度中而明[四]。」《尚書考靈曜》曰：「短日，出於辰，行十二頃，入於申，行廿四頃。」鄭玄曰：「短日，冬至日也。冬至之日，日出入天正東西中之南卅度，天地又南六度，於四表凡卅度，左右各三頃，以減十八頃日夜所行也。」

[一]「入山」原誤作「山人」，無「可」字，據《禮記正義》卷十四、《玉海》卷二引《尚書考靈曜》正補。又諸書徵引「斷」作「斬」。

[二]「而」原誤作「南」，據《四部叢刊》本《六臣注文選》卷五十六引鄭玄注改。

[三] 原無「各」字，據《四部叢刊》本《六臣注文選》卷五十六引鄭玄注補。

[四]「氐」原誤作「五」，據《知不足齋叢書》本《五行大義》卷四引《尚書考靈曜》改。「七」字，《五行大義》引作「九」。

《樂稽曜嘉》曰：「周以十一月爲正，《息卦》受復。」法物之萌，其色尚赤，以夜半爲朔。[一]宋均曰：「萌，物始萌，生於黄泉也。凡物初生，多赤者也。」《春秋元命苞》曰：「冬至百八十日，春夏成道。」宋均曰：「冬至，陽用事，歷春至夏百八十二日八分日之五而用陽道成之也。」

《春秋元命苞》曰：「壯於子。子者，孳也。宋均曰：「番孳生物也。」律中黄鍾。黄鐘者，始黄也。」始，萌於黄泉中。《春秋元命苞》曰：「金，水母，爲子候。《書》曰：『日短，星昴，以定仲冬。』」宋均曰：「母助子，故用事，而昴星中，作時候也。」《春秋元命苞》曰：「十一月，子執符，精類滋液，五行本苞，樞細萌緒，以立刑拊。」宋均曰：「言律應黄鍾，所含氣如是也。符，信也，執信以行事也。精，即水也。苞，苞胎物之所出也。樞，本也。細，要也。緒，葉也。本要萌生葉，以立刑體之拊端自此。《詩》云『常棣之華，鄂不韡韡』之也之也。」《春秋元命苞》曰：「周，蒼帝之子[二]，以十一月爲正法，陽氣始萌，色赤。」宋均曰：「物萌初於孳，申時皆赤者[三]。」《春秋考異郵》曰：「日冬至，辰星升。」宋均曰：「著陽氣，於是始升也。」《春秋漢含孳》曰：「冬，陽用。」宋均曰：「用，事也。下有仲夏，陰作已在前也。」

[一]「法物」至「爲朔」十三字，原爲正文大字，據趙在翰《七緯》輯本退入小注。

[二]「蒼」原誤作「食」，據《禮記正義》卷三十四引《春秋元命苞》改。

[三]依田利用《玉燭寶典考證》「者」作「著」。

《春秋佐助期》曰：「辰星効於仲冬，精自望。」宋均曰：「望，猶得也。自効於仲冬[一]，故月得也。」《春秋説題辭》曰：「招昴星爲仲冬，法四星戊中[二]。」宋均曰：「招爲仲冬，而昴星中，凡物成而不順其時色者，四星戊中之氣使之然。」《孝經援神契》曰：「冬至，陽氣始萌[三]。」《孝經援神契》曰：「仲冬[四]，昴星中，收莒芋[五]、猴豆。稻田不作，農不起，男家作，女事枲，無空日，無游手。桑麻五穀，所以養人者也。」宋均曰：「莒亦芋[六]，重言通方言語也。家作，野事，事畢入保也。枲，麻也，女有於事麻。」今案《説文》「齊人謂芋爲莒，從艸呂聲」者也[七]。《孝經説》曰：「立八尺竿於中庭，日中度其日晷。冬至之日，日在牽牛之初，晷長丈三尺五寸，晷進退一寸，則日行進退千里，故冬至之日日中北去周雒十三万五千里。」

[一]「効」原誤作「郊」，據正文改。

[二]「四」原誤作「田」，據注文改。

[三] 原無「始」字，據光緒元年淮南書局刻本《白虎通疏證》卷四引《孝經讖》補。

[四]「仲冬」原互倒，今乙正。

[五]「莒」原誤作「苔」，據注文及《藝文類聚》卷八十七、《太平御覽》卷九七五引《孝經援神契》改。

[六]「亦」原誤作「赤」，據《藝文類聚》卷八十七、《太平御覽》卷九七五引《孝經援神契》改。

[七] 原無「艸」字，據中華書局影印孫星衍刻本《説文解字》補。

《爾雅》曰：「十一月爲辜[一]。」李巡曰：「十一月，万物虚無，須陽任養，故曰辜。辜[二]，任也。」孫炎曰：「物幽閉蟄伏，如有罪辜。」《吕氏春秋》曰：「冬至，日行遠道，周行四極，命曰玄明天[三]。」高誘曰：「遠道，外道也，故曰周行四極。玄明，大明也。」《吕氏春秋》曰：「冬至後五旬七日[四]，昌蒲始生[五]。高誘曰：「昌蒲，水草也，冬至後五十七日而挺生之者也。」昌者，百草之先生者也，於是始耕。」《傳》曰：「土發而耕。」此之謂也。《尚書大傳》曰：「幽都弘山，祀貢兩伯之樂焉，鄭玄曰：「弘山，恒山。十有一月朔，巡狩，祀幽都之氣於恒山也。互言之者[六]，明祭此山。北稱幽都也。」冬伯之樂，舞《齊落》[七]，冬伯，冬官司空，垂掌之舞《齊落》[八]。齊落，終也，言象物之終也。「齊」或爲「聚」也。

[一]「辜」原誤作「事」，據《爾雅注疏》改。注文「辜」字同。

[二] 原不重「辜」字，據《爾雅注疏》補。

[三]《四部叢刊》本《吕氏春秋》無「天」字。

[四] 原脱「後」字，據《四部叢刊》本《吕氏春秋》補。

[五] 原脱「蒲始」二字，據《四部叢刊》本《吕氏春秋》補。

[六]「互」原誤作「反」，據《尚書大傳》改。

[七]「落」原作「洛」，據《尚書大傳》改。下「落」字同。

[八] 原無「舞齊落」三字，據《尚書大傳》補。

歌曰《縵縵》，論八音四會。」此上下有脱亂，其説未聞也[一]。《尚書大傳》曰：「周以至動，殷以萌，夏以牙，鄭玄曰：「謂三王之正也。至動，冬至日物始動之也[二]。」物有三變，故正色有三，是故周人以日至爲正，殷人以日至卅日爲正，夏以日至六十日爲正。天有三統[三]，土有三王。」《尚書大傳》曰：「周以仲冬爲正，其貴微也。」《尚書大傳》：「天子將出，則撞黄鍾，右五鍾皆應。」鄭玄曰：「黄鍾在陽，陽氣動，西五鍾在陰，陰氣靜[四]，君將行出，故以動告靜，靜者則皆和，此之謂之者之也。」《史記·律書》曰：「黄鍾，言陽氣踵黄泉而出也。」《史記·律書》曰：「子者，滋也，言万物滋於下也。」《史記·天官書》曰：「冬至短極，懸土炭，孟康曰：「懸土炭於衡兩端，輕重適均，冬至日

[一]「其」上原竄入《淮南子》注文「正月朔日」至本書正文「黄泉之下種養萬物白虎」，當屬下文「言從今年至日數日迄明年」與「通曰冬至陽氣始起」之間，今移正。

[二]「至日」原互倒，又脱「物」字，據《尚書大傳》正補。

[三]「天」原誤作「火」，據《尚書大傳》改。

[四]「氣」原誤作「五」，據《尚書大傳》改。

陽氣至則炭重[一]，夏至日陰氣至則土重也[二]。」炭動，鹿解角，蘭根出[三]，泉水躍[四]。」《漢書・律曆志》曰：「黄鍾者，黄中之色，君之服也。鍾者，種也，色上黄，五色莫盛焉[五]，故陽氣施種於黄泉，孳萌万物，爲六氣元也[六]。」《淮南子・天文》曰：「以日冬至數來歲正月朔日，五十日者，民食足；不滿五十日，日減一升[七]；有餘日，日益一升[八]。爲其歲司[九]。」高誘

[一] 原脱下「至」字，據中華書局點校本《史記》補。

[二] 原脱「日」字，據中華書局點校本《史記》補。

[三] 「角蘭」原互倒，重「根」字，脱下「出」字，據中華書局點校本《史記》正補。

[四] 原脱「水」字，據中華書局點校本《史記》補。

[五] 「莫」原誤作「黄」，據《漢書》改。

[六] 原脱「元也」二字，據《漢書》補。

[七] 何寧《淮南子集釋》「升」作「斗」，王念孫云：「一斗作一升，皆是也。」

[八] 原脱「日」字，據何寧《淮南子集釋》補。

[九] 該句《太平御覽》卷十三引作「其爲歲司也」。何寧《淮南子集釋》作「有其歲司也」，王引之以爲當從《御覽》所引。又，此句不屬上讀，爲提起下文之詞，原書因此下有圖，以致此句屬上讀。

曰：「言從今年至日數日迄明年[一]，正月朔日得五十日者，民食過足，不行五十日者，減一升，此爲食不足也。有餘日，不翅五十日也。日益一升者，言有餘，謂羊穀豐熟也。爲其歲司，爲此數日之歲司。司，候也。」《淮南子·天文》曰：「日冬至，則斗北中繩，陰氣極，陽氣萌，故曰冬至爲德。陰氣極，則北至北極[二]，下至黃泉，故不可以鑿地穿井，万物閉藏，蟄虫首穴。」又曰：「日冬至[三]，則井水盛，盆水溢，羊乳[四]，古「解」字。許慎曰：「羊脱毛也。」麋角解[五]，鵲始架巢[六]。八尺之柱脩[七]，日中而

[一]「迄」原誤作「詔」，依田利用以爲當作「迄」，今從其説改。又此注不見於何寧《淮南子集釋》高誘注，當爲逸文。

[二]「北極」原在「黃泉」下，又脱「北至」二字，據何寧《淮南子集釋》補正。

[三]原無「日」字，據何寧《淮南子集釋》補。

[四]何寧《淮南子集釋》「乳」作「脱毛」，蓋「乳」字脱落，後人以許慎注文補其闕。

[五]原重「角」字，據何寧《淮南子集釋》删。

[六]何寧《淮南子集釋》無「架」字。

[七]何寧《淮南子集釋》無「柱」字。

景長丈三尺[一]。」又曰：「十一月，冬至日，人氣鐘首[二]。」陽氣動，故人頭鐘之也。《淮南子·天文》曰：「黄者，土德之色。鍾者，氣之所鍾也[三]。日冬至，德氣爲土[四]，土色黄，故曰黄鍾。」《淮南子·時則》曰：「仲冬之月，招摇指子。十一月官都尉，其樹棗。」高誘曰：「冬成軍師，故官都尉也。棗，取其赤心也[五]。」《京房占》曰：「冬至坎王[六]，廣莫風用事，人君當行大刑，斷獄，繕宫殿，封食庫，在北方。」楊雄《太玄經》曰[七]：「調律者，度竹爲管，蘆莩爲灰，列之九閈之中，漠然無動，寂然無聲，微風不起，纖塵不形[八]，

[一] 何寧《淮南子集釋》無「長」字。依田利用云：「案此蓋許所傳與高本不同與。」

[二] 原無「日」、「人」二字，「鐘」原誤作「種」，據何寧《淮南子集釋》補正。注文「鐘」字同。

[三] 「者氣」原互倒，據何寧《淮南子集釋》乙正。

[四] 「氣爲」原互倒，據何寧《淮南子集釋》乙正。

[五] 原脱「心也」二字，據何寧《淮南子集釋》補。

[六] 「王」原誤作「壬」，據《玉燭寶典考證》改。

[七] 原脱「太」字，「經」誤作「爲」，據《太平御覽》卷十六、二八引《太玄經》補正。

[八] 「形」原誤作「刑」，據《太平御覽》卷十六、二八引《太玄經》改。

冬至夜半，黄鍾以應。」《白虎通》曰：「十一月，律謂之黄鍾何？黄者[一]，中央之色。鍾者，動種也[二]。言陽氣動於黄泉之下，種養萬物。」《白虎通》曰：「冬至，陽氣始起，反大寒何？陰氣推而上[三]，故大寒。」《白虎通》曰：「冬至前後，君子安身靜體，百官絶事，不聽政，擇吉辰而後省事。絶事之日，夜漏未盡五刻，京都百官皆衣阜。聽事之日，百官皆衣紵。」

崔寔《四民月令》曰：「十一月冬至之日，薦黍、羔[四]，先薦玄冥于井，以及祖禰。齊饌，掃滌，如薦、黍豚。其進酒尊長，及脩謁判賀君、師、耆老，如正月[五]。是月也，陰陽爭，血氣散。先後日至各五日，寢別外內。研水凍，命男童讀《孝經》《論語》《篇》《章》、入小學[六]。

[一] 原脱「黄」字，據淮南書局本《白虎通疏證》補。
[二] 今本《白虎通》無「種」字。
[三] 「而上」原互倒，據淮南書局本《白虎通疏證》乙正。
[四] 「羔」原作「羊」，據《初學記》卷四、《歲時廣記》卷三八引《四民月令》改。
[五] 《初學記》卷三、《北堂書鈔》卷一五六引「月」作「日」，《太平御覽》卷二八引作「旦」。
[六] 原脱「入」字，據石聲漢《四民月令校注》補。

乃以漸饌黍、稷、稻、粱，諸供臈祀之具。可釀醢，伐竹木。買白犬養之[一]，以供祖禰[二]。

糴秔稻、粟、米、小豆、麻子。」

[一]「犬」原誤作「大」，據《初學記》卷三、《北堂書鈔》卷一五六、《太平御覽》卷二八引《四民月令》改。

[二]「以供」原互倒，「禰」原誤作「祀」，據《初學記》卷三、《北堂書鈔》卷一五六、《太平御覽》卷二八引《四民月令》改。

附說曰：十一月建子，周之正月[一]，冬至，日南極，景極長，陰陽日月爲萬物之始[二]。律當黃鍾，其管最長，故至節有履長之賀，諸書傳記并近代家儀，論之詳矣。陳思王《冬至獻絉頌表》云[三]：「拜表奉賀，并白紋履七量，絉若干副[四]。」案《詩·齊風》云：「葛履五兩[五]。」《字訓》云：「世人履及履屬，皆云一量，余謂應爲兩義，同車轂。」崔駰《韈銘》云：「機衡建子，万物含滋，黃鍾育化，以養元其[六]。」《字苑》曰：「韈，足衣，亡伐反[七]。」並其事也[八]。魏北京司徒崔浩《女儀》

[一]「正」原誤作「五」，據《白氏六帖》卷一、《初學記》卷四、《太平御覽》卷二八引《玉燭寶典》改。

[二]原無「冬至日南極景極長陰陽日月」十四字，「爲萬物之始」五字原在「其管最長」下。據《白氏六帖》卷一、《初學記》卷四、《太平御覽》卷二八引《玉燭寶典》補正。

[三]原脱「至」字、「頌」字，據《藝文類聚》卷七一、《初學記》卷四、《北堂書鈔》卷一五六、《太平御覽》卷二九引《冬至獻韈頌表》補。

[四]「若干」原誤作「自」，據《初學記》卷四、《太平御覽》卷二九引曹植《冬至獻韈頌表》改。

[五]「履」原誤作「膢」，據《毛詩正義》改。

[六]《藝文類聚》卷七十一、《古文苑》卷十三引《襪銘》「其」作「基」，二字古通。

[七]「亡伐」原誤作「已代」，「韈」《經典釋文》卷二十、《太平御覽》卷二八引作「襪」字，并作「亡伐反」，今據改。

[八]「其」原誤作「具」，據《古逸叢書》本、《玉燭寶典考證》改。

云[一]：「近古，婦常以冬至日進履袜於舅姑[二]，今世不服履，當進鞾，鞾亦履類，踐長之義也。皆有文詞，祈永年，除凶殃。」《鞾文》曰：「履端踐長，陽從下還。利見大人，嚮兹永年。」《蒼頡篇》云：「履上大者曰鞾。」《釋名》云：「鞾，跨也，兩足各以一跨騎也[三]，胡中所名[四]。」魏武《与楊彪書》曰：「今遺足下貴室織成鞾一量，使其柬修。」又案《急就章》云：「褐袜巾。」衣旁作末[五]，与崔氏《儀》同。舊書作「韈」或「絉」者，蓋今古字異也。

《荊楚記》云：「冬至日作赤豆粥，説者云：共工氏有不才子[六]，以冬至日死[七]，爲人厲，畏赤豆，故作粥以攘之。」《風土記》則云：「天正日南，黄鍾踐長，粥饘萌徵。」注云：「黄鍾始動，陽萌地内，日長，律之始也。是日俗尚以赤豆爲糜[八]，所以象色也。南方多呼粥爲糜，

[一]「北」原誤作「壯」，據《初學記》卷四、《太平御覽》卷二八引改。

[二]「舅」原誤作「男」，據《太平御覽》卷二八引改。

[三]原無「跨也兩足各以一」七字，據《經訓堂叢書》本《釋名疏證補》補。

[四]「中」原誤作「内」，據《經訓堂叢書》本《釋名疏證補》改。

[五]原脱「末」字，據《玉燭寶典考證》補。

[六]原脱「有」字，據《初學記》卷四、《北堂書鈔》卷一五六、《太平御覽》卷二八引《荊楚歲時記》補。

[七]原脱「至」字，據《初學記》卷四、《北堂書鈔》卷一五六、《太平御覽》卷二八引《荊楚歲時記》補。

[八]「糜」原誤作「麈」，據下文改。

猶是一義。北土貧，家在冬，殆是常食，非必攘災。又采經霜蕪菁、葵等雜菜以乾之。」《詩·邶風》云：「我有旨蓄，亦以御冬[一]。」毛傳曰：「旨[二]，美。御，禦。」鄭箋云：「蓄聚美菜者[三]，以禦冬日乏無之時[四]。」馬融《与謝伯向書》乃云：「黄棘下菟雜乾葵以送餘日[五]，又鹽藏蘘荷，爲一冬儲備。」

亦云防以蠱。《急就》則云：「老菁蘘荷冬日藏。」崔寔《月令》此事在九月，今在仲冬者，蓋南土晚寒。干寶云：「外姊夫蔣士先得疾下血，以爲中蠱，密以蘘荷，置於其席下。忽咲曰：『蠱食我者，張小也。』乃收小，小走。《周禮》治毒周嘉草，其蘘荷乎？」案《秋官》「庶氏掌除毒蠱，以嘉草攻之」，注云：「嘉草，藥物，其狀未聞，不名蘘荷爲草嘉。」《本草經》云：「白蘘荷主治中蠱及瘧。」注云：「今人乃呼赤者爲蘘荷，白者爲覆首葉，同一種耳。於食之赤者爲

[一]「亦以」原互倒，據《毛詩正義》乙正。
[二]「旨」上原衍「云」字，據《毛詩正義》删。
[三] 原脱「蓄」字，據《毛詩正義》補。
[四]「乏」原誤作「之」，據《毛詩正義》改。
[五]「葵」原誤作「蔡」，據上文及《古逸叢書》本改。

勝，藥用白者。」《離騷·大招》云：「醢豚苦狗[一]，膾苴蓴只[二]。」注云：「苴蓴，蘘荷也，言香以蘘荷備衆味也[三]。苴，音子余反。蓴，音上均反。」亦無嘉草之名，未知所據[四]。北方無此菜，此月據南土也[五]。

家家並爲鹹菹，有得其和者，作金釵色菹之供饌，自古有之。《周官》有昌本、菁菹、芹菹、荇菹、深蒲菹[六]、落菹[七]、荀菹等。《春秋傳》：「周公閲來聘[八]，饗有昌歜。」注云：「昌歜，昌本之菹。」《吕氏春秋》：「文王好食昌蒲菹[九]，孔子蹙頞而食之。」高誘注云：「昌

[一]「豚」原誤作「勝」，據《楚辭補注》改。
[二]原無「只」字，據《楚辭補注》補。
[三]此句《四部叢刊》本《楚辭》王注作「切蘘荷以爲香，備衆味也」。
[四]原無「未」字，據《古逸叢書》本補。
[五]「土」原誤作「上」，據《古逸叢書》本改。
[六]「深」原誤作「染」，據《古逸叢書》本改。
[七]「落」原誤作「苔」，據《玉燭寶典考證》改。
[八]「聘」原誤作「躬」，據《春秋左傳正義》改。
[九]原脱「蒲」字，據《四部叢刊》本《吕氏春秋》補。

本之菹也[一]。今以經冬，故須加鹹味，雷時稍暖，恐壞，故棄所餘。」《白澤圖》云：「雷，精名，攝提，雷則呼之。」蓋其意也。《離騷・招魂》云[二]：「西方之害，流沙千里，旋入雷淵。」注云：「雷淵[三]，公室也，乃在西方。」《漢書》云：「布鼓過雷門者，爲此諭耳，不論其處。」《詩・邵南》：「殷其雷，在南山之陽。」毛傳云：「山南曰陽，雷出地奮，震驚百里。」酈炎《對事》云：「問者曰：『古者帝王封建諸侯，皆云百里，取象於雷，何取乎？』炎曰：『《易》震爲雷，亦爲諸侯，雷震驚百里，故取象焉。』問者曰：『何以知爲百里[四]？』炎曰：『以其數知之。夫陽動爲九，其數卅六；陰靜爲八，其數卅二。震一陽，動二陰，故曰百里。』」《詩》下章乃云「在南山之側」，毛傳云：「或在其陰，与其左右。」又云：「在南山之下。」毛傳云：「或在其下。」鄭箋云：「下謂山足，此之發聲，便無定所。其

[一] 原脱「之」字，據《四部叢刊》本《吕氏春秋》補。

[二] 案「離騷」當作「楚辭」。

[三] 原無「淵」字，案此所引注文不見今本《招魂》王逸注。今本《招魂》王逸注云：「旋，轉也。淵，室也。」則「雷」下當有「室」字，今據以補。

[四] 「曰何」原互倒，據《古逸叢書》本乙正。

雷淵者，當據本室。」王充《論衡》云：「畫工圖雷之狀，壘壘如連鼓之形。又圖一人，若力士之容[一]，謂之雷公，使之左手引連鼓[二]，右手推椎，以爲雷。雷者，大陽之擊氣也[三]。陰陽分爭，則激射，激射爲毒，中人輒死。夫雷，火也，火氣燎人，狀似文字，謂天記書其過[四]，此虚妄也[五]。」[六]

[一] 原無「之容」二字，據《四部叢刊》本《論衡》補。

[二] 原無「使之」、「連」三字，據《四部叢刊》本《論衡》補。

[三] 今本《論衡》「擊」作「激」。

[四] 原脱「記」字，據《四部叢刊》本《論衡》補。

[五] 原無「妄」字，據《四部叢刊》本《論衡》補。又，此段所引爲節引《論衡》之文，故多有文字脱落，以致有影響文意者。

[六] 依田利用云：「案《白澤圖》以下，雖因雷時言及，頗涉支蔓，或疑他簡錯亂在此而無所系，姑仍其舊。」

玉燭寶典卷第十二

十二月季冬第十二[一]

《禮・月令》曰：「季冬之月，日在婺女，昏婁中，旦氐中。鄭玄曰：「季冬者，日月會於玄枵，而斗建丑之辰。」律中大呂[二]。季冬氣至，則大呂之律應。高誘曰：「万物萌動於黄泉，未能達見，所以呂旅去陰即陽，助其成功，故曰大呂也。」」

鴈北向[三]，鵲始巢，雉雊，鷄乳。雊，雉鳴也[四]。《詩》云「雉之朝雊，尚求其雌」也。《淮南子・時則》云：「鵲加巢，鷄呼卵。」高誘云：「雞呼，鳴求卵也。」顧氏問：「鷄生伏無時，記於此，何也？」庾蔚之曰：「雞生乳，雖無時，蓋亦言其所宜之盛也[五]。」此乃顧、庾二君並未進雞體亡間，雞至九月後，便不復乳，故俗稱下雞。

[一]「月」原爲武則天造字，只有個別作「月」者，今統一改爲「月」字。

[二]「律中大呂」上《禮記正義》有「其日壬癸，其帝顓頊，其神玄冥，其介蟲，其音羽」。

[三]「雁北向」上《禮記正義》有「其數六，其味鹹，其臭朽，其祀行，祭先腎」。

[四]「雉」原誤作「雄」，據《禮記正義》改。

[五]依田利用云：「案《隋書・經籍志》『《禮答問》六卷，庾蔚之撰』，此蓋其書中語也。」

十二月方呼卵，俗謂之歌子，入春始生也。

天子居玄堂右个，玄堂右个，北堂東偏也。命有司大難，旁磔，出土牛，以送寒氣。此難，難陰氣也。難陰氣始於此者，陰氣右行，此月之中，日歷虚、危，虚、危有墳墓四司之氣[一]，氣爲厲鬼[二]，將隨强陰出害人也。旁磔，於四方之門磔攘也。出，猶作也。作土牛者[三]，丑爲牛，牛可牽止者也。送，猶畢也。征鳥厲疾。殺氣當極也。征鳥，題肩。齊人謂之擊征，或名曆。仲春化爲鳩也。乃畢山川之祀，及帝之大臣、天之神祇。四時之功成於孟冬[四]，月祭其宗，至此可以祭其佐也。帝之大臣，勾芒之屬也。天之神祇[五]，司中、司命[六]、風師、雨師是也[七]。

［一］原不重「虚危」二字，「司」又誤作「同」，據《禮記正義》補正。

［二］《禮記正義》無「氣」字。

［三］原無「作」及上「也」字，據《禮記正義》補。

［四］「孟冬」原互倒，據《禮記正義》乙正。

［五］「天」原爲武則天造字，只有個别原作「天」者，今統一改爲「天」字。

［六］「司」字原脱，據《禮記正義》補。

［七］依田利用云：「注疏本無『是也』二字，《考文》引古本、足利本有『之屬是也』四字。」

命漁師始漁，天子親往，乃嘗魚，先薦寢廟。天子必親往視漁[一]，明漁非常事[二]，重之也，此時魚絜美也。顧氏問：「《王制》云『獺祭魚，然後虞人入澤梁』，此月始漁，何也？既此月始漁，孟冬便命水虞、漁師收水泉池澤之賦乎？」庾蔚之曰：「此月漁始美，故可以始漁。孟春轉勝而多，故獺祭之。孟冬收賦者，謂今將復漁，去年之賦宜收入之。《王制》不同記者，所聞之異也。」[三]冰方盛，水澤複堅。命取冰，複，厚也。此月日在北陸，冰堅厚之時也。北陸，謂虛也，今《月令》無「堅」也。冰已入[四]。令告民出五種，冰既入，而令田官告民出種，明大寒氣過，農事將起也[五]。命農計藕耕事，脩耒耜，具田器。耜者，耒之金也，廣五寸。田器，兹箕之屬也。命樂師大合吹而罷，歲將終，与族人大飲，作樂於太寢，以綴恩也[六]。言罷者，此用禮樂於族人最盛，後年若時乃復然也[七]。凡用樂必有禮，而禮有不用樂者。《王居明堂禮》：「季冬，命國爲酒，以合三族，君子悦，

[一]「親往」原互倒，又脱「視」字，據《禮記正義》正補。

[二]「事」原誤作「力」，據《禮記正義》改。

[三]依田利用云：「此亦疑《禮答問》之文也。」

[四]《禮記正義》「已」作「以」。

[五]「事」原誤作「力」，據《禮記正義》改。下「事」字同。

[六]「恩」原誤作「甚」，據《禮記正義》改。

[七]「復」原誤作「優」，據《禮記正義》改。

小人樂也。」乃命四監收秩薪柴，以供郊廟及百祀之新燎。四監，主山川林澤之官也。大者可析謂之薪，小者合束謂之柴。薪施炊爨，柴以給燎。今《月令》無「及百祀之薪燎」也[一]。

日窮于次，月窮于紀，星迴于天[二]，數將幾終，言日月星辰運行，於此月皆周匝於故處也。次，舍也。紀，猶會也。歲且更始，專而農民，毋有所使。而，猶女也。言專壹女農民之心，令人豫有志於耕稼之事，不可徭役[三]，徭役之則志散失業也[四]。天子乃與公[五]、卿、大夫共飾國典，論時令，以待來歲之宜。飾國典者[六]，和六典之法也。《周禮》以正月爲之建寅而縣之，今用此月，則所因於夏殷也。乃命太史次諸侯之列，賦之犧牲，以供皇天、上帝、社稷之享。此所与諸侯共者也。列，謂國有大小也[七]。賦之犧牲，大者

［一］「令」原誤作「合」，據《禮記正義》改。

［二］「星」原爲武則天造字，今統改爲今字。

［三］「徭」原誤作「繇」，據《禮記正義》改。下「繇」字同。

［四］原脱「散」字，據《禮記正義》補。

［五］原脱「公」字，據《禮記正義》補。

［六］「飾」原誤作「敕」，據《禮記正義》改。

［七］原無「有」字，「國」字泐爲「一」字，據《禮記正義》補正。

出多，小者出少[一]。享，獻。乃命同姓之邦共寢廟之芻豢。此所与同姓共者也。芻豢，猶犧牲也。命宰歷卿大夫至於庶民[二]，土田之數，而賦之犧牲，以供山林名川之祀。此所与卿[三]、大夫、庶民共者也。歷，猶次也。卿、大夫菜地亦有大小，其非菜地，以其邑之民多少賦之也。凡在天下九州之民者，無不咸獻其力，以供皇天上帝、社稷寢廟、山林名川之祀。民非，神之福不生也，雖其有封國菜地，此賦要由民出也。今案《説文》曰[四]：「堯遭洪水，民居水中高土，故曰九州。州，疇，各疇其土而王之也[五]。」黄義仲《記》曰[六]：「堯遭洪水[七]，唯九鎮不没，點首附焉，因號曰九州。州者，周也，言水中積土可居而水周其表，故言州也。」《風俗通》

[一]「小」原誤作「少」，涉下「少」字而訛，據《禮記正義》改。

[二]「民」字缺筆，避李世民諱。下同。

[三]「所」原誤作「數」，據《禮記正義》改。

[四]「案説」原互倒，今乙正。

[五]原脱「各疇」二字，「而」又誤作「西」，據中華書局影印孫星衍刻本《説文解字》補正。

[六]即《華陽國志》所載「黄恭《交州記》」。

[七]「堯」原誤作「遶」，據《古逸叢書》本、《玉燭寶典考證》改。

曰[一]：「《周禮》五黨爲州，州有長，使之相周足也[二]，字從重川。堯遭洪水，居水中高土曰州。」《釋名》曰：

「州，注也，郡國所注仰。」

季冬行秋令，則白露蚤降，介虫爲妖，戌之氣乘之也。九月初尚有白露，月中乃爲霜。丑爲鼈蟹。四鄙入保。畏兵避寒之象也。行春令，則胎夭多傷，辰之氣乘之也[三]。夭，少長者也。此月物甫萌牙，季春乃區者畢出，萌者盡達。胎夭多傷者[四]，生氣蚤至，不充其性也。國多固疾，生不充牲，有久疾也[五]。命之曰逆。衆害莫大於此。行夏令，則水潦敗國，時雪不降，冰凍消澤。」未之氣乘之也。季夏大雨時行也[六]。

蔡雍季冬章句曰：「今曆季冬大雪節日在須女二度[七]，昏明中星，去日八十三度，婁六度

[一] 原重「通曰」二字，抄手點去。

[二] 「使」原誤作「相」，「周」原誤作「桐」，據《周禮注疏》改。

[三] 原脫「也」字，據上注例及《禮記正義》補。

[四] 原脫「胎」字，據《禮記正義》補。

[五] 「久」原誤作「多」，據《禮記正義》改。

[六] 原脫「雨」字，據《禮記正義》補。

[七] 依田利用云：「按『女』上脫『須』字。」今從其說補。

半中而昏，氐七度中而明[一]。『雉雊。』雊[二]，鳴也。是月升陽起於地之中，雷動而未聞於人，雉性精剛[三]，故獨知之，應而鳴也。『天子居玄堂右个。』右个，丑上之堂[四]。『九州之民。』周之九州：東南曰楊州，正南曰荊州，河南曰豫州，正東曰青州[五]，河東曰兖州，正西曰雍州，東北曰幽州[六]，河内曰冀州，西北曰并州。唐虞有徐、梁而無幽、并，漢有司、益而無雍、梁。」

右章句爲釋《月令》。

《詩·豳風》曰：「二之日栗烈，無衣無褐，何以卒歲？」《毛詩傳》曰：「二之日，殷之正月。栗列，寒氣。」鄭箋云：「褐，毛布。卒，終。人之貴者無衣，賤者無褐，將何以終其歲乎？」又曰：「二之日

[一] 「氐」原誤作「亦」，據上《禮記·月令》正文改。

[二] 原不重「雊」字，據蔡邕注例補。

[三] 「精」原作「情」，據《埤雅》卷六、《六家詩名物疏》卷十引改。

[四] 「上之」原互倒，據《古逸叢書》本、《玉燭寶典考證》乙正。

[五] 「州正」原互倒，據《古逸叢書》本、《玉燭寶典考證》乙正。

[六] 原脱「州」字，據蔡邕注例補。

其同，載纘武功[一]，言私其豵，獻豜于公。纘，繼功事。一歲曰豵，三歲曰豜。大獸公之，小獸私之。箋云：「其同者，君臣及民因習兵俱出田也[二]，不用仲冬，亦豳地晚寒[三]。豕生三日豵也。」二之日鑿冰沖沖。」冰盛水腹[四]，則令取冰於山林。沖沖，鑿水之意也。《詩周頌》曰[五]：「潛，季冬薦魚，春獻鮪也。」毛傳曰[六]：「冬魚之性定[七]。春鮪新來，薦獻之者，謂祭於宗廟。」《周官・天官》下曰：「淩人掌冰，鄭玄曰：「淩，冰室。」正歲十二月，冰方盛時。今斬冰三其淩。」三之者，爲消釋度。杜子春云：「三其淩，三倍其冰[八]。」《周官・春官》上曰：「天府掌季冬陳玉，以貞來歲之美惡。」鄭玄曰：「問事之正

[一]「載」原誤作「戴」，據《毛詩正義》改。

[二]「出田也」原誤作「虫丑」，據《毛詩正義》改。

[三]「地」原誤作「生」，據《毛詩正義》改。

[四]「冰」原誤作「水」，據《毛詩正義》改。

[五]「詩周頌」原作「周詩頌」，據《古逸叢書》本改。

[六]「傳」字原闕，據《古逸叢書》本補。

[七]「性」原誤作「牲」，據《毛詩正義》改。

[八]「三倍其冰」原誤作「信其水」，據《周禮注疏》改。

曰貞。問歲美惡，謂問於龜。陳玉，陳禮神之玉也[一]。」《周官·春官》下曰：「占夢掌季冬聘王夢，獻吉夢于王，王拜受之。」鄭玄曰：「聘，問。夢者，事之祥。吉凶之占，在日月星辰。季冬，日窮於次，月窮於紀，星廻於天[二]，數將幾終，於是發幣而問焉[三]。若休慶云爾，因獻群臣之吉夢於王，歸美焉。」

《周官·夏官》上曰：「羅氏掌羅鳥，鳥蜡則作羅襦。」鄭司農云：「蜡謂十二月，大祭萬物[四]。襦，細密之羅也[五]。」《禮記·郊特牲》曰：「天子大蜡則八，鄭玄曰：「所祭有八神也。」伊耆氏始爲蜡。伊耆氏，古天子號也。蜡也者，索也，謂求索也。歲十二月而合聚万物而索饗之。」歲十二月，周之正數[六]，謂建亥之月。饗者，祭其神[七]。《韓詩章句》曰：「二之日栗烈，夏之十二月也。」《周書·時訓》曰：

[一] 原脱「陳玉」及「之」字，據《周禮注疏》補。
[二] 原無「日窮於次」至「星廻於天」諸字，據《周禮注疏》補。
[三] 「幣」原誤作「弊」，據《周禮注疏》改。
[四] 「萬」原誤作「一」，蓋「萬」本寫作「万」，下部忘鈔，遂成「一」，據《周禮注疏》改。
[五] 「密」原誤作「蜜」，據《周禮注疏》改。
[六] 原脱「正」字，據《禮記正義》補。
[七] 「祭」原誤作「終」，據《禮記正義》改。

「小寒之日，鴈北鄉。又五日，鵲始巢。又五日，雉始雊。鴈不北鄉，民不懷主[一]。鵲不始巢，國不寧。雉不始雊，國乃大水。大寒之日，雞始乳[二]。又五日，鷙鳥厲疾。又五日，水澤腹剛堅[三]。雞不始乳，淫女亂男。鷙鳥不厲，國不除兵。水澤不腹堅[四]，言乃不從。」《周書·周月解》曰：「夏數得天，百王所同。其在商湯[五]，用師于夏，順天革命，改夏正朔，變服殊號，一文一質，示不相沿，以建丑爲正，易民之眡。若天時大變，亦一代之事[六]。」《禮·夏小正》曰：「十有二月，鳴弋。弋也者，禽也。先言鳴而後言弋者何也[七]？鳴而後知其弋也。玄駒賁。玄駒者，蟻也。賁，何也？走於地中也。今案《方言》曰：「蚍蜉，梁、益謂之玄駒。」楊子《法言》曰：「玄

[一]「民」字原缺筆，避李世民諱。下「民」字同。

[二]「雞」原誤作「雉」，據下文及《四部叢刊》本《逸周書》改。

[三]今本《逸周書》無「剛」字，據下文「水澤不腹」云云，則「剛」字當爲衍文。

[四]原脱「堅」字，據《四部叢刊》本《逸周書》補。

[五]「湯」原誤作「陽」，據《四部叢刊》本《逸周書》改。

[六]「代」原誤作「伐」，據《四部叢刊》本《逸周書》改。

[七]原脱「者何也」三字，據《大戴禮記解詁》補。

駒之步。」郭璞《蚍蜉賦》云：「感萌陽以潛步。」牛亭問：「蟻曰玄駒何也？」董仲舒答曰：「河内人見有人馬數千万，皆大如朱黍米[一]，旋動往來[二]，從朝至暮，家人以火燒煞之[三]，人皆是蚊蚋[四]，馬皆成大蟻[五]，故今人呼蚊蚋曰黍民[六]，蟻曰玄駒。」[七]納卵蒜。卵蒜也，本如卵者也。納者何也？納之君也。虞人入梁。虞人，官。梁者，主設網罟者也。隕鹿角，蓋陽氣且睹也。」

[一] 原脱「黍」字，據《太平御覽》卷九四七、《事類賦》卷三十引《古今注》補。

[二] 原脱「旋」字，據《太平御覽》卷九四七、《事類賦》卷三十引《古今注》補。

[三] 「以」原誤作「人大」，蓋一字而分爲二，又誤爲「人大」，又無「之」字，據《太平御覽》卷九四七、《事類賦》卷三十引《古今注》改。

[四] 「是蚊蚋」原誤作「蚤」，據《太平御覽》卷九四七、《事類賦》卷三十引《古今注》改。

[五] 原脱「成」字，據《太平御覽》卷九四七、《事類賦》卷三十引《古今注》補。

[六] 「呼蚊蚋曰」原誤作「吁蚤蚋内」，「黍」原誤作「季」，據《太平御覽》卷九四七、《事類賦》卷三十引《古今注》改。

[七] 案此條出自崔豹《古今注》，《太平御覽》卷九四七、《事類賦》卷三十徵引。

《易通卦驗》曰：「小寒合凍，虎始交[一]，豺祭[二]，虵垂首，曷旦入穴[三]。鄭玄曰：「交，合牝牡也[四]。祭，祭獸也。垂首，入穴，寒之徵也。」晷長丈二尺四分[五]，倉陽雲出氐[六]，南倉北黑。小寒於坎宜九二，九二得寅氣，寅，木也，爲南倉。從坎[七]，坎，水也，爲北黑。大寒雪隆[八]，草木生心，鵲始巢。隆，盛也，多也。生心，陽氣起。晷長丈一尺八分，黑陽雲出心，南黑北黃。」大寒於坎值六三，六三得亥氣，亥，水也，爲南黑。季冬，土也，爲北黃也。又曰：「十二月，物生白。」《詩紀歷樞》曰：

[一] 原無「始」字，據《武英殿聚珍版叢書》本《易緯通卦驗》補。

[二] 原無「豺」字，據《禮記正義》卷十七引《易通卦驗》補。又《禮記正義》卷十七引《易通卦驗》「祭」下有「獸」字，據下文鄭玄「祭，祭獸也」，則不應有「獸」字。

[三] 原脱「穴」字，據注文及孫詒讓《札迻》卷一《易緯通卦驗》郑康成注補。

[四] 「牡」原誤作「牲」，據《武英殿聚珍版叢書》本《易緯通卦驗》改。

[五] 「丈」原誤作「又」，據《武英殿聚珍版叢書》本《易緯通卦驗》改。

[六] 「氐」原誤作「烝」，據墨海金壺本《古微書》卷十四改。

[七] 「從」原誤作「猶」，據趙在翰《七緯》輯本改。

[八] 依田利用云：「墨海金壺本《古微書》作『降雪』，《七緯》作『雪降』，俱誤。」

「丑者，好也，陽施氣，陰受道[一]，陽好陰，陰好陽，剛柔相好，品物厚，制禮作樂，道文明也。」宋均曰：「厚，猶盛。」《樂稽曜嘉》曰：「殷以十二月爲正，《息卦》受臨注物之牙[二]，其色尚白，以雞鳴爲朔。」宋均曰：「牙，物萌牙。」《春秋元命苞》曰：「衰中於丑。丑者，紐也[三]。宋均曰：「紐心不進，避陽之解紐當生也，於是紐合義[四]。」律中大吕。大吕者，略睹起。」略，較略也。万物於是萌漸，故出較略可見也。《春秋元命苞》曰：「殷[五]，黑帝之子，以十二月爲正，物牙，色白。」宋均曰：「水見日故白。」

《爾雅》：「十二月爲塗。」李巡曰：「十二月，万物始牙，陽氣尚微，故曰塗。塗，微也。」孫炎曰：「物

[一] 「受」原誤作「爰」，據《古逸叢書》本、《玉燭寶典考證》改。下「受」字同。

[二] 「注」原誤作「法」，據《禮記正義》卷六引《樂稽曜嘉》改。

[三] 「紐」原誤作「細」，《史記》《淮南子》《白虎通》《釋名》《廣雅》俱言「丑，紐也」，今據改。注文二「紐」字同。

[四] 疑「於是紐合義」句當有訛脱。

[五] 原無「殷」字，依田利用云：「案孟春篇云『夏白帝之子』，前篇云『周蒼帝之子』，此當有『殷』字，今增。」今從其說補。

始牙，生生通也。」《尚書大傳》曰：「殷以季冬爲正者，其貴萌也。」《史記·律書》曰：「牽牛者，言陽氣牽引，万物出之。牛者，冒也[一]，言地雖凍，能冒而生也[二]。牛者，耕殖種万物也。東至於建星。建星者，建諸生也。」徐廣曰：「此中闕，不説大吕及丑。今爲此録牽牛以當其位，餘月皆不取星也。」《淮南子·時則》曰[三]：「季冬之月，招搖指丑。十二月官獄，其樹櫟[四]。」高誘曰：「十二月，歲盡，刑斷，故官獄也。櫟可以爲小車轂，木不出火，惟櫟爲然，亦應陰氣也[五]。」《白虎通》曰：「十二月律謂之大吕何？大者，大也。吕者，拒也。言陽氣欲出，陰不許也。吕之爲言拒，旅抑拒難之也[六]。」

[一]「冒」原誤作「冨」，據《史記》改。

[二]「冒而」原誤作「昌雨」，據《史記》改。

[三]「子」下原有「曰」字，涉下「曰」字而衍，徑删。

[四]「櫟」原誤作「稟」，注文「櫟」字同，據何寧《淮南子集釋》改。

[五]「櫟可以爲小車轂，木不出火，惟櫟爲然，亦應陰氣也」原誤作「稟耳以爲小車穀不示出大以爲昭亦鷹陰氣陰氣」，據何寧《淮南子集釋》改。又，何寧《淮南子集釋》高誘注無「小」字。

[六]原脱「抑」字，據淮南書局本《白虎通疏證》補。

《風俗通》曰：「禮傳曰：『夏曰嘉平，殷曰清祀，周曰大蜡，漢改曰臘。臘者，獵也，田獵取獸，祭先祖。或曰：獵[一]，接也，新故交接，狎獵大祭以報功也。漢火行[二]，衰於戌[三]，故此日臘也[四]。』」《續漢書·禮儀志》曰：「季冬之月，星迴，歲終，陰陽已交，勞農夫享臘以送故焉[五]。先臘一日大難，謂之逐疫也。」晉博士張亮議曰：「案《周禮》及《禮記》：蜡者[六]，謂合聚百物而索饗之；臘者，祭廟則初玄；蜡則黄服。蜡、臘不同，總之非也。《傳》曰『臘，接也』，上祭宗廟，旁祭宜在新故交接也。」

《風土記》曰：「進清醇以告蜡，竭敬恭於明祀，乃有行彄。」注云：「彄，蓋婦人所作金環，

[一] 原重一「獵」字，據《四部叢刊》本《風俗通義》删。

[二] 「火」原誤作「大」，據《四部叢刊》本《風俗通義》改。

[三] 「戌」原誤作「成」，據《四部叢刊》本《風俗通義》改。

[四] 原脱「此」字，據《四部叢刊》本《風俗通義》補。

[五] 原無「焉」字，據《太平御覽》卷三三《續漢書》引補。

[六] 原無「者」字，下與「臘者」對文，據《世説新語》卷引補。

以鍇指而縫者也。臘日祭祀後，叟嫗兒僮[一]，各隨其儕，爲藏彄之戲。分二曹以效勝負，以酒食具，如人偶。即敵對人奇者[二]，即使奇人爲遊附，或屬上曹，或屬下曹，名爲飛鳥，以濟二曹人數。一彄藏在數十手中，曹父當射知所在，一藏爲一籌[三]，五籌爲一都，提者捕得，推手出彄，五籌盡，最後失爲負，都主部使起拜謝勝曹。」

崔寔《四民月令》曰：「十二月日[四]，薦稻、鴈。前期五日，煞豬；三日，殺羊。前除二[五]，齊饌，掃滌，遂臘先祖五祀。其明日，是謂『新小歲』[六]，進酒降神。其進酒尊長，及脩刺賀君、師、耆老，如正日。其明日又祀，是謂『烝祭』。後三日，祀家事畢，乃請召宗族、

[一]「叟」原誤作「優」，據《藝文類聚》卷七十四引《風土記》改。
[二]「即」下原空一字。
[三] 原脱下「一」字，據《藝文類聚》卷七十四引《風土記》補。
[四] 據《四民月令》體例，石聲漢以爲「日」上當脱「二」字，是。
[五] 唐鴻學、石聲漢皆以爲「二」下當有「日」字，是。
[六]「新小」原互倒，據《太平御覽》卷三三引《四民月令》乙正。

婚、賓旅[一]，旅，客。講好和禮，以篤恩紀。休農息役，惠必下浹。是月也，群神頻行，頻行，並行。大蜡禮興。乃家祠君、師、九族、友朋，以崇慎終不背之義。遂合耦田器，養耕牛，選任田者，以俟農事之起。去豬盍車骨，後三歲，可合倉膏。及臈時祠祀，炙箑。燒飲，治刺入肉中[二]。及樹瓜田中，四角去蟗虫[三]。瓜中虫謂之蟗，音胡監反。東門磔白雞頭，可以合注藥。求牛膽，合少小藥。」

[一] 依田利用云：「疑『婚』下脱『姻』字。」

[二] 「入」字原作空格，據《齊民要術》卷三引《四民月令》補。

[三] 此句原爲小注，據《太平御覽》卷三三引移入正文。《玉燭寶典考證》亦據《齊民要術》《太平御覽》入正文。

正說曰：臘同異及祭月早晚，先儒既無定辨，頗以爲疑。案《郊特牲》記云：「天子大蜡八。伊耆氏始爲蜡。蜡也者，索也，歲十二月，合聚万物而索饗之。」鄭注：「十二月，周之正數，謂建亥之月。」從上文勢相連，「伊耆始爲蜡」唯隔「蜡者，索也」一句，便次「歲十二月」，想非別起。至「索饗」以來，悉是上屬，於下廣陳蜡義。夏后氏以建寅之月爲正，「伊耆」注云：「古天子號。」既在夏前，年代久遠，未應已從周之正朔，明蜡即在夏十二月矣。鄭君據周以建子爲正，《禮記》興於周世，故云十二月建亥，取孔子云「行夏之時」，夏之建亥，乃是十月，於十二月文理不消。《月令》「臘先祖五祀」在孟冬者，當以於周爲十二月，故移就之，恐非不刊定法。

《記》云：「皮弁、素服而祭。素服，以送終。葛帶、榛杖，喪煞也。」注云：「送終、喪煞，所謂老物。」《周官·籥章職》云「國蜡則吹《豳頌》，擊土鼓，以息老物」是也。《記》又云：「黄衣、黄冠而祭，息田夫。」注云：「祭謂既臘先祖五祀，於是勞農以休息之。」「野夫黄冠。黄冠，草服也。」注云：「言祭以息民，服象其時物之色[一]，季秋而草木黄落。」《記》又云：「八蜡以祀四方[二]。」注云：「四方，方有祭。」「四方年不順成，八蜡不通。順成之方，其蜡乃通。

[一]「其」原誤作「具」，據《禮記正義》改。
[二]「祀」《禮記正義》作「記」。

既蜡而收，民息已。」注云：「收，謂收斂積聚也[一]。」息民与蜡異，則黄衣、黄冠而祭，爲臘必矣。詳據前後，蜡祭則皮弁、素服、葛帶、榛杖，既祭四方，明在於郊；臘則黄衣、黄冠祭先祖，理在廟中。張亮《議》曰：「初玄者，餘祭所服耳[二]。」此祭别出黄衣、黄冠，明不在常例。

《禮運》云：「仲尼与於蜡賓。」注云：「蜡者，索也。祭宗廟時，孔子仕魯，在助祭之中。」「事畢，出遊於觀之上，喟然而嘆[三]。」注云：「觀，闕也。孔子見魯君於祭禮有不備，又睹象魏舊章之處[四]，感而歎之。」鄭君附文而解，以仲尼出遊於觀之上，知在國都，故云宗廟，此乃祭宗廟謂之蜡。

《月令》孟冬「天子祈來年於天宗[五]，大割牲祀于公社及門閭，臘先祖五祀」，注云：「《周禮》

[一] 原無「謂收」二字，據《禮記正義》補。

[二] 「祭」原誤作「察」，據《玉燭寶典考證》改。。

[三] 「喟」原誤作「昌」，據《禮記正義》改。

[四] 《禮記正義》「又」上有「於此」二字。

[五] 《禮記正義》「子」下有「乃」字。

所謂蜡。天宗，謂日、月、星、辰。臘，以田獵所得禽祭也[一]。或言祈年，或言大割，或言臘，互文。」言互文，則天宗、公社亦得名臘。《禮・雜記下》云[二]：「子夏觀於蜡[三]。孔子曰：『賜也樂乎？』對曰[四]：『一國之人皆若狂，賜未知其樂。』」注云：「國索鬼神而祭祀，則黨正以禮屬民，飲酒于序，以正齒位。於是時，民無不醉。」「子曰：『百日之蜡，一日之澤，非爾所知。』」注云：「蜡之祭，主先嗇，大飲烝，勞農以休息之，言民皆勤稼穡，有百日之勞，喻久也。今一日使之飲酒燕樂，是君子之恩澤也[五]。」鄭君亦以一國語廣，非止蜡人，故云黨正飲酒。然則大飲烝，黨正飲酒，以其蜡月行事，普亦名蜡。

《廣雅》云：「夏曰清祀，殷曰嘉平，周曰大蜡，秦曰臘。」蔡雍《章句》乃云：「臘，祭名，

[一] 原脱「祭也」二字，據《禮記正義》補。

[二] 「雜記下」原作「下雜」，據《古逸叢書》本改。

[三] 「子夏」今本作「子貢」。

[四] 「對」上原衍「觀」字，涉上「觀」字而衍，據《禮記正義》删。

[五] 《禮記正義》無「子」字。

夏曰嘉平，殷曰清祀，周曰大蜡：總謂之臘。《傳》曰：『虞不臘矣[一]。』」《風俗通》則云「漢改曰臘」，餘同。《春秋傳》宮之奇云「虞不臘」者，此意當爲晋若滅虞，宗廟便不血食，故專以臘爲辭，然無廢是總。周則蜡、臘並見，夏殷無文。儒者或言，俗指十二月建丑之月爲臘者，蓋設此則拘文束教，難以踵行。夏以建寅爲正，仍有清祀之號，明自用其家十二月，不離建丑。殷以建丑爲正，又有嘉平之號，更用建子爲十二月矣。周用建亥，如上來所說。秦以十月爲歲首，臘豈不移？《史記》秦始皇廿六年，并天下，推五德之傳，改年、始朝賀，皆自十月朔。卅一年十二月更名臘曰嘉平。《大元真人茅盈内記》云[二]：「始皇卅一年九月庚子，盈曾祖父蒙於華山中乘雲駕龍，白日升天。先是，其邑謡歌曰：『神仙得者茅初成[三]，駕龍上升入大清。時下玄州戲赤成，繼世而往在我盈。帝若學之臘嘉平[四]。』始皇聞謡歌，忻然乃有尋仙之志，因改臘曰嘉平。」此據夏正，即以建丑爲臘矣。漢改曰臘者，改嘉平也。案《尚書・堯典》分命

[一] 此條蔡邕章句不見於十二月之章句，可補其脱文。

[二] 「茅」原誤作「第」，今改。

[三] 「茅」下原有「蒙」字，據《史記集解》引《太原真人茅盈内紀》删。

[四] 「帝」原誤作「章」，據《史記集解》引《太原真人茅盈内紀》改。

羲和東作、南僞、西成，朔易，寒暑，時候悉与夏同。又《禮・誥志》云：「虞夏歷正建於孟春，於時氷泮發蟄，百草權輿。」此乃唐虞及夏正朔不變。《春秋》説雖云正朔三而改，其下即云夏白帝之子，以十三月爲正。上古質略，書籍罕記，便似三正起於夏后。

班固《漢書・律曆志》云：漢興，庶事草創，襲秦正朔。武帝元封七年，漢興百二歲矣，太中大夫公孫卿、壺遂、大史令司馬遷等言[一]：「曆紀壞廢，宜改正朔。」乃詔御史大夫倪寛与博士共議，皆曰：「王帝必改正朔，易服色，所以明受令於天。推傳序文，則合夏時也[二]。」光武中興，無更改易。故崔寔《四民月令》云：「十二月，臈先祖五祀。」寔即後漢桓帝時人也。《魏文帝詔》引「行夏之時，今正朔當依虞夏服色，自随土德」[三]。至明帝，詔：魏當以建丑爲正，青龍五年三月爲景初元年。魏齊王作尚書，奏復夏正，爲明帝以建丑之正月一日崩，不得以正日元會。博士樂詳議，正旦可受貢贄，後五日乃會，作樂。大尉朱誕議：可因宜改之際，還用建寅

[一] 原脱「壺遂」、「司」三字，「令」又誤作「公」，據《漢書》補正。
[二] 「合」《漢書》作「今」。
[三] 即曹丕《定服色詔》。

月爲正，夏數得天也。晉大始二年，奏曰：「行夏之時，通爲百代之言也[一]，宜用前代正朔。」詔可。晉司空裴秀《大蜡詩》云：「日躔星紀，大呂司辰。」此並依聖典，行夏之時，非爲俗誤。

或問：「蔡邕《章句》云：『夏嘉平，殷清祀，周大蜡，總謂之臘。』何耶？」張亮議云：「《傳》曰：臘者，接也。言上祭宗廟，旁祭五祀，且新故之交接矣。孟同一日臘祭，宗廟八蜡。群祀有司行事，俗謂臘之明日爲初歲，古之遺言也。日同名異，祭俱服殊。」崔氏《月令》亦云：「臘明日，是謂新小歲，進酒降神。及脩刺賀君、師、耆老，如正日。」此以逼近歲暮，便立歲名，指元正爲大，故云小耳。

舊解蜡得兼臘，臘不兼蜡。今謂枝而析之，蜡報八神，臘主先祖。總而言之，蜡即是蜡、臘，臘亦是蜡。《周官》有「蜡」而無「臘」，《月令》有「臘」而無「蜡」，先聖當以同在一月之中，名義兼通，隨機而顯。伯喈釋云總號，康成解爲互文，張亮又言新故交接，足相扶成，頗謂愜允。

其同一日者，案《禮》「蜡賓」及「一日之澤」，似是同日。若并勞農飲酒，恐事廣難周。《禮》文唯云：「是月也，大飲蒸，臘先祖五祀。」乃無甲丁等定尅。孔子云「一日之澤」者，自據飲酒爲一日。張亮云「同日」者，別敘蜡、臘爲同。前後縱逕信宿，計亦非爽。

[一] 原脱「爲」字，據《宋書・禮志》補。

《國語》云：「日月會于龍豬，天明昌作，群神頻行。國於是乎蒸嘗[一]，家於是乎嘗祀[二]。」《春秋》有「閉蟄而蒸」，《月令》祭行先賢，迎冬北郊，大夫、士首時仲月祭薦羔、豚，庶人又有稻、鴈之饋。所及便廣，足稱群神。或可據龍豬以後，非專一月。

其季冬嘗魚，先薦寢廟，及大合樂而罷。注：「《王居明堂》：『命國爲酒，以合三族。』」亦是蜡、臘之流。若休勞已畢，不應復酒，此禮兼施季、孟，彌會總名。蔡《章句》及《風俗通》論夏殷嘉平、清祀二祭顛到，與《廣雅》不同者，更無經典正誼，故兩傳焉。

[一] 原脱「於是乎」三字，據《四部叢刊》本《國語韋氏解》補。
[二] 原脱「於是乎嘗」四字，「祀」下原衍「者」字，據《四部叢刊》本《國語韋氏解》補刪。

附説曰[一]：十二月八日沐浴，已具内典。温室經俗，謂爲臈月者，《史記·陳勝傳》有臈月之言。劉歆《列女傳》云[二]：「魯之母師，臈日休作者[三]。」曹大家注云[四]：「臈，一歲之大祀。」魏世華歆常以臈日宴子弟，王朗慕之，蓋其家法。諺云：「臈鼓鳴，春草生。」

案《周官》：「方相氏蒙熊皮，黄金四目，玄衣朱裳，執戈揚楯，帥百隸而時儺[五]。」「籥章掌土鼓豳籥[六]。」杜子春注云：「土鼓以瓦爲匡[七]，以革爲两面，可擊也[八]。」又曰：「國祭蜡，吹《豳頌》，擊土鼓以息老物[九]，此即臈鼓也。」《論語·鄉黨》云：「鄉人儺，孔子

[一]「附」下原有「正」字，據本書體例當衍，蓋爲抄手誤抄，今删。

[二]原無「列」字，據《玉燭寶典考證》補。

[三]原脱「作者」二字，據《四部叢刊》本《古列女傳》補。

[四]原脱「曹大」二字，今補。

[五]「帥百」原誤作「師伯」，據《周禮注疏》改。

[六]「掌」原誤作「常」，據《周禮注疏》改。

[七]原脱「土」、「匡」二字，「瓦」原誤作「風」，據《周禮注疏》補。

[八]「也」原誤作「老」，據《周禮注疏》改。

[九]「老物」原誤作「者勿」，據《周禮注疏》改。

朝服而立於阼階。」注云：「儺者，謂驅疫鬼。朝服立於阼階者，爲鬼神或驚怖，當依人。」今世村民打細要鼓，戴胡公頭，及作金剛力士逐除，即其遺風。《呂氏春秋・季冬紀》注云[一]：「今人臈歲前一日，擊鼓驅疫，謂之逐除。」《玄中記》云：「顓頊氏有三子，俱亡，處人宮室，善驚小兒。漢世，以五營千騎，自端門送至洛水。」《續漢書・禮儀志》云：季冬之月，先臈一日，逐疫，侲子持炬火，送疫出端門。門外騶騎傳炬出宮，司馬闕門外五營騎士傳火棄洛水中。」張衡《東京賦》云：「卒歲大儺，驅除群厲。方相秉鉞，巫覡操茢[二]。侲子万童，丹首玄製。」注云：「丹首，赤幘。玄製，皂衣。」蓋逐除者所服也。

金剛、力士，世謂佛家之神。《大涅槃經》云：「有一童子在屏隱處盜聽説戒[三]，密迹力士以金剛杵碎之如塵。是金剛神極成暴惡。」《河圖玉板》云：「天立四極，各有金剛力士兵，長三千丈。」抑亦其義。儒書唯荀卿《荊楚歌賦》云：「嫫母刁父，是之憘也。」漢議郎龐品《大

[一] 原脱「季」、「注」二字，據《呂氏春秋》高誘注補。
[二] 原無「方相秉鉞，巫覡操茢」八字，據《四部叢刊》本《六臣注文選》卷二張衡《二京賦》補。
[三] 原無「聽」字，「戒」又誤作「或」，據《乾隆大藏經》本《大般涅槃經》補改。

儺賦》云[一]：「弦桃莿棘，弓矢斯張，赭鞭朱朴擊不祥。彤戈丹斧，芟蕘凶殃。投妖匿于洛裔，連絶限于飛梁。」《異苑拾遺》云[二]：「孫興公常著戲頭与逐除，人共至桓宣武處[三]，宣武覺其應對不凡[四]，推問乃驗。」並其事也。

其夜爲藏鉤之戲。辛氏《三秦記》云：「昭帝母鉤弋夫人手拳而國色，今世人學藏鉤法此。」《藝經》云：「鉤弋夫人手捲，世人藏鉤法此[五]。」成公綏[六]、周處並作「彄」字[七]，《藝經》則作「鉤」。庾闡《藏鉤賦》云：「歎近夜之藏鉤，賞一時之戲望。以道生爲元帥，以子仁爲佐相。蓋當時人名之。鉤運掌而潛流，手乘虛以密放。示微迹於可嫌，露疑似之情狀。輒爭材

[一] 原無「議」字，今補。
[二] 《異苑拾遺》不見諸書著録，《荊楚歲時記》此文作「《小説》」，抑或《小説》之别名。
[三] 原脱「宣」字，據下文及《荊楚歲時記》引《小説》補。
[四] 原脱「其應」二字，據《荊楚歲時記》引《小説》補。
[五] 原脱「此」字，據上引《三秦記》，當脱「此」字，今據補。
[六] 「綏」原誤作「經」，據《古逸叢書》本、《玉燭寶典考證》改。
[七] 「彄」上原衍「張」字，涉「彄」字形近而誤衍，今删。

以先叩[一]，各鋭志於所向。」《荊楚記》：「俗云，此戲令人生離，有物忌之家，則癡而不脩也[二]。」

其日並以豚、酒祭竈神。《禮器》云：「竈者，老婦之祭。罇於缾，盛於盆。」言以缾爲罇，以盆盛饌也。許慎《五經異義》云：「顓頊有子曰黎，爲祝融火神也，祀以爲竈神[三]。」《庄子》皇子見桓公曰：「竈有髻[四]。」司馬彪注云：「髻，竈神也，狀如美女，衣赤衣。」《竈書》云：「竈神姓蘇，名吉利，婦名博頰[五]。」《雜五行書》又云：「竈神名禪，字子郭。衣黃衣，從竈中被髻而去。以名呼之，則除凶。」《五行書》又云：「三月甲寅、四月丁巳，以豚頭爲祭，

[一]「材」原作「杖」，據《藝文類聚》卷七十四引《藏鈎賦》改。

[二] 原無「則」、「而」二字，據《荊楚歲時記》補。

[三] 原無「神」字，據《荊楚歲時記》引《五經異義》補。

[四]「竈」上原有「有」字，涉下「有」字誤重，據王先謙《莊子集解》删。

[五]《荊楚歲時記》引《竈書》「婦」下有「姓王」二字。

其利万倍[一]。」《抱朴子》云：「月晦日[二]，竈鬼亦上天，白人罪狀。大者奪紀[三]，紀者，三百日也。小者奪筭，筭者，一日也。」《世説》云：「王朗以識度推華歆，歆蜡日嘗集子姪燕飲，王亦學之。」朗《雜箴》云[四]：「家人有嚴君焉[五]，井竈之謂。」《搜神記》云：「漢陰子方當臘日晨炊而竈神形見[六]，子方再拜受慶。家有黄羊，因以祠之。至識三世，而遂繁昌，故後常以臘日祀竈而薦黄羊焉。」《荊楚記》云：「以黄犬祭之，謂之黄羊，陰氏世蒙其福。」

[一]「倍」原誤作「信」，據森立之父子校本、《古逸叢書》本《玉燭寶典》改。

[二]今本《抱朴子》「日」作「之夜」。

[三]「紀」原作「記」，不重下「紀」字，據《四部叢刊》本《抱朴子》改增。

[四]「雜箴」原誤作「竈藏」，據《藝文類聚》卷八十、《錦繡萬花谷後集》卷十五、《事文類聚續集》卷十引王朗《雜箴》改。

[五]「家人有」原誤作「有家」，原無「焉」字，據《藝文類聚》卷八十、《錦繡萬花谷後集》卷十五、《事文類聚續集》卷十引王朗《雜箴》改。

[六]原脱「子」字，據下文及《津逮秘書》本《搜神記》補。原無「神」字，據《津逮秘書》本《搜神記》《藝文類聚》卷五、《北堂書鈔》卷一五五、《太平御覽》卷三三引《搜神記》補。

《古今注》：「狗，一名黃羊。」《莊子》云：「臘者之有膍、胲[一]。」注云：「膍，牛百葉也。胲，足大指也。臘，大祭，物備而肴有膍、豚。」《養生要》云：「臘夜令人持椒臥井旁[二]，毋与人語，内椒井中，除温病。」

歲陰已及，俗多婚嫁。張華《感婚賦》云：「逼來年之且至，迨星紀之未移。競奔騖於末冬，咸起趣於吉儀。」《師曠書》云：「人家忌臘日煞生形於堂上，有血光，不祥。」

過臘一日謂之「小歲」。《史記·天官書》：「凡候歲前[三]，臘明日，人衆一會飲食[四]，發陽氣，故曰初歲。在官者並朝賀。」今世多不行。《荆楚記》云：「歲暮，家家具肴蔌。《詩·大雅》云：「其蔌惟何。」毛傳云：「蔌，菜肴。」謂宿歲之儲[五]，以入新年也。相聚酣歌，《古

[一]「胲」原誤作「豚」，據王先謙《莊子集解》改。下「胲」字同。

[二]「生」原誤作「而」，「人」下原衍「時」字，「臥」下原衍「師」字，則形近而誤重，據《白孔六帖》卷二、《藝文類聚》卷五、《歲時廣記》卷三十九引《養生要》刪。

[三]今本《史記》「前」作「美惡」。

[四]今本《史記》「人衆」下有「卒歲」二字。

[五]原脱「之」字，據《太平御覽》卷十七引《荆楚歲時記》補。

文尚書》云：「酣歌于室，時謂巫風。」請爲送歲[一]。今世多解除、擲去破幣器物，名爲送窮。留宿歲飯，至新年十二日，則棄於街衢，以爲去故納新，除貧取富。又，留此飯，須發蟄雷鳴，擲之屋扉，令雷聲遠也[二]。」今世逕宿炊飲入年，一日内食盡，亦不棄擲。《雜五行書》云：「掘宅四角[三]，各埋一石，名爲鎮宅。」《淮南萬畢術》則云：「埋員石於四隅，雜桃弧七枚，則無鬼殃之害。」非獨今也。

玉燭寶典卷第十二　十二月[四]

[一] 據上文例，疑「請」當作「謂」。

[二] 今本《荊楚歲時記》無「除貧取富」以下二十二字，可補其闕文。

[三] 「掘」原誤作「握」，據《荊楚歲時記》引《雜五行書》改。

[四] 此行原無，據本書體例補。

終篇説曰[一]：案《尚書》：「朞三百又六旬又六日，以閏月定四時成歲。」孔安國注云：「匝四時曰朞。一歲，十二月。月，卅日。正三百六十日也。除小月六爲六日，是爲歲有餘十二日，未盈三歲，是得一月，則置閏焉。以定四時之氣節，成一歲之曆象。」此言三百六旬外有六日，与小月之六日，并爲十二日也，三年合卅六日，故置閏焉。後王肅注則云：「朞稱時，謂日一周天三百日又六旬六十日又六日[二]，其實五日四分日之一，入六日之四分一，舉全數以言之。」《易通卦驗》云：「廿四氣始於冬至，終於大雪，周天三百六十五日四分日之一。」与王氏注同。

《周官》[三]：「大史職[四]，閏月則詔王居門，終月。」鄭玄注：「門，謂路寢門也。鄭司農云：『《月令》十二月分在青陽、明堂、總章、玄堂左右之位，唯閏月無所居，居于門，故於文王在門謂之閏。』」古者稱字爲文，此言「閏」字之體，以「王居門」爲義。《禮·玉藻》：

[一]「終篇説」以下，原接續上文，據杜臺卿所撰體例，今別起一頁，以清眉目。
[二] 原重「三」字，據《玉燭寶典考證》删。
[三]「周」原誤作「同」，據《玉燭寶典考證》改。
[四] 原重「大」字，據《玉燭寶典考證》删。

「玄端而朝日於東門之外，聽朔於南門之外，閏月則闔門左扉[一]，立于其中。」鄭注云：「東門、南門，皆謂國門也。天子廟及路寢，皆如明堂制[二]。明堂在國之陽，每月就其時之堂而聽朔焉。卒事，反宿[三]，路寢亦如之。閏月，非常月也[四]，聽其朔於明堂門中，還，處路寢門，終月。是乃闔扉於明堂，終月於路寢，以無正位，故内外在門。」

《周書·周月解》云[五]：「日月俱起于牽牛之初，右回而行月[六]，一周天進一次[七]，而与日合宿。日行月一次，十有二次而周天歷舍于十有二辰，終則復始，是謂日月權輿。閏無中氣，斗指兩辰之間[八]。」

[一]「月」原誤作「門」，又脱「門」字，據《禮記正義》改。

[二]原脱「明堂制」三字，據《禮記正義》補。

[三]原脱「宿」字，據《禮記正義》補。

[四]原脱「月也」二字，據《禮記正義》補。

[五]原無「解」字，據《玉燭寶典考證》補。

[六]「回而」原誤作「月」，據《四部叢刊》本《逸周書》改。

[七]「進」原誤作「起」，涉上「起」字而誤，據《四部叢刊》本《逸周書》改。

[八]原脱「斗」两，據《四部叢刊》本《逸周書》補。

《春秋》文元年傳「於是閏三月，非禮」，服注云：「周三月，夏正月也。是歲距僖公五年辛亥歲卅年，閏餘十三，正月小雪，閏當在十一月後。」不數此文元年，計唯廿九年。一月有七小餘，一年合八十四。十二小餘成一閏餘，是爲年有閏餘七，廿九年合二百三餘，十九餘爲一閏，百九十餘成十閏，猶有十三餘。在文元年正月以後，猶少六閏餘。正月、二月、三月止有廿一餘，計十二月小餘爲一閏餘，并往年十三，始滿十四，長九小餘，豈得置閏？若計三月後，猶小五閏餘，從正月盡十一月，小餘七十七，始得六閏餘，方可置閏，長五小餘，故服注云「十一月後」。

《傳》又云：「歸餘於終。」注云：「餘，餘分也。終，閏月也。謂餘分成閏，中氣在月每，則後月無中，斗柄邪指二辰之間，餘分之所，終以爲閏月。閏月不失，則斗建。古得其正。舊説云：周天凡三百六十五度十二辰，一辰有卅度，十二辰合三百六十度，餘有五度分之十二辰，辰有七小餘，辰一有卅度七小餘，日行遲一日行一度猶不盡，計一月，唯行廿九度，其一度八十分度之卅一焉，其長者積而成閏。」《易坤靈圖》云：「五勝迭用事，各七十二日，合三百六十日爲歲。」注云：「五勝，五行也。」此不計月小及五度耳。文六年冬「閏月不告朔，猶朝於廟」，《傳》曰「非禮」，下云「閏以正時」，注云：「閏，殘分之氣，三年得一，五年得二。」此言十九中有三年得一閏者，有五年得二閏者。其三年、六年、九年，唯有乘長閏餘，猶是三年之內。至第十一年向土數，爲五年得二，猶長一閏餘。還從三年數，又至第十九年復，必年得二，其閏餘悉盡，還更發初，故《周易·繫辭》云：『五歲再閏，再扐而後掛[一]。』」王輔嗣注云：「凡閏六歲再閏，又五歲再閏，又三歲一閏，凡十九歲七閏爲一章，五歲再閏者二，故略舉其凡[二]。」亦如三百六十日。

領驤注：「《書》云閏月定四時成歲，云定然後成歲，是爲日數不充，則朞不成歲。然則周日爲歲，周月朞無多，而其贏縮，贏縮無常，故舉其中數三百六十，是贏縮之中也。」《漢書·律曆志》云「十一歲四閏，十九歲七閏」是也。《尚書考靈曜》曰：「閏者，陽之餘。」注云：「陽，日也。日以一歲周天爲十二次月，一歲十二，及日而不盡周天，十九分次之七，故言『閏者，日之餘』。」《春秋元命苞》云：「人兩乳者，象閏月，陰之紀。」注云：「兩乳，巽生也，巽生則象閏餘也，以陰之二數。」《白虎通》云：「月有閏何？周天三百六十五度四分度之一[三]，

[一]「扐」原誤作「初」，據《周易正義》改。

[二] 原脱「故略」二字，據《周易正義》補。

[三] 原無「度之一」三字，據《四部叢刊》本《白虎通德論》補。

歲十二月[一]，日過十二度[二]，故三年一閏，五歲再閏也。明陰不足，陽有餘。閏者，陽之餘也。」《易乾鑿度》云：「乘皇英者，戲。」注云：「謂天數也。」《通卦驗》云：「宓戲氏作《易》，仲命德，維紀衡。」注云：「仲謂四仲之卦[三]，震、兑、坎、離也。命德者，震則命曰木德，兑則金德，坎則水德，離則大德。維者，四角之卦，艮、巽、坤、乾也。紀，猶數也。衡，猶當也。維者起數所當，謂若艮當立春[四]。」《孝經援神契》云：「戲傷《易》立卦以應樞。」注云：「應斗樞，發節移度，故作八卦紀方。」

《尚書考靈曜》云：「天地開闢，曜滿舒元，歷紀名月，首甲子冬至，日月五星俱起牽牛初，日月若懸璧，五星若編珠。」《禮含文嘉》云：「推之以上元爲始，起十一月甲子朔旦夜半冬至，日月五星俱起牽牛之初，斗左回，日月五星右行。」《樂動聲儀》云：「天地一復，五星日月俱合起牽牛，日月更易氣，星辰更易光。」注云：「牽牛前五度。」《世本》：「容成作曆。」注云：

[一] 原無「歲」字，據《四部叢刊》本《白虎通德論》補。
[二] 原脱「日」字，「過」又誤作「不」，據《四部叢刊》本《白虎通德論》補正。
[三] 原無「仲」字，據趙在翰《七緯》輯本補。
[四] 趙在翰《七緯》輯本「艮」下有「於四時之數」五字。

「黃帝臣。」當是上古質略，至容成，始復委曲戴之文字[一]，非爲創造。

《春秋傳》：「郯子云：『少昊，鳥師而鳥名，鳳鳥氏曆正。』」服注云：「猶堯之義和[二]。」杜注云：「鳳鳥知天時，故以名曆正之官。」《史記·曆書》云[三]：「少昊氏之衰也，九梨亂德。顓頊受之，乃命南正重司天以屬神，火正梨司地以屬民。其後，閏餘乖次，孟陬殄滅[四]，攝提無紀。堯復重黎之後，立羲和之官。明時正度，則陰陽調，風雨節，茂氣至。」《春秋元命苞》《易乾鑿度》皆爲以開闢至獲麟二百七十六万歲。《漢書·律曆志》云：「僖公五年正月辛亥朔旦冬至，是歲距上元十四万二千五百七十六歲。」明開闢以後，即有年月可推，故《律曆志》又云「曆數之起尚矣」。衆諸據驗閏曆之事，与造化俱興，其時候早晚，皆依所閏之月，縱有盈縮，非遇懸殊。以季冬歲終，故總附於此。《春秋》以閏月非正例，不見經，六年「閏月不告朔，猶朝于廟」，書者爲失禮，故哀五年閏月，叔還如齊，葬齊景公，書者見諸侯五月而葬，以閏數也。

[一]「戴」即「載」義，二字古通。

[二]「堯」原誤作「嘵」，「羲」原誤作「義」，今改。

[三]「史記曆書」以下，森立之父子校本、依田利用《玉珠寶典考證》并闕。

[四]原脱「滅」字，據《史記》補。

《玉燭寶典》解題

林文月 譯

《玉燭寶典》十二卷，隋杜臺卿撰，中國記載年中行事，歲時節令之書也。以一月爲一卷，故凡十二卷。此書在中國早已亡佚，僅有前田侯尊經閣文庫之舊寫本流傳於世。今所複製者即其本。唯尊經閣本亦非全豹，實闕季秋九月一卷，是天壤間所存者只十一卷耳。

著者杜臺卿《隋書》卷五十八有傳。略云臺卿字少山，博陵郡曲陽縣（即今河北省曲陽縣）人也。父弼，爲北齊衞尉卿。臺卿其次子，少好學，博覽書記，解屬文，仕齊奉朝請，歷司空西閤祭酒、司徒户曹、著作郎、中書黄門侍郎。性儒素，每以雅道自居。及周武帝平齊，歸于鄉里，以《禮記》《春秋》講授子弟。開皇初，被徵入朝。嘗采《月令》，觸類而廣之，爲書名《玉燭寶典》，十二卷。至是，奏之，賜絹二百匹。臺卿患聾，不堪吏職，請修國史。文帝許之，拜著作郎。十四年，上表請致仕，敕以本官還第。數載，終於家。有集十五卷，撰《齊記》二十卷，並行於世。無子。此外他書所記，又有可補《隋書》之不足者。《北齊書・杜弼傳》云：「北齊天保末，臺卿爲廷尉監，以得罪文宣帝，徙東豫州。孝昭帝乾明初還鄴。」《初學記》引臺卿《淮賦序》云：「後主天統初，出除廣州長史。」《北齊書・文苑傳》序云：「武成帝河清天統之辰，以臺卿參知詔敕。」《隋書・李德林傳》云：「後主武平元年，臺卿以中書侍郎上《世祖武成皇帝頌》。」《北齊書・文苑傳》序又云：「武平三年，以衞尉少卿參與《文林館御覽》撰修。」《杜弼傳》又云：「武平末，以國子祭酒領尚書左丞。」要之，其人生於北朝世宦之家，仕北齊，官職頗隆。入北周而不得志。入隋之後雖再仕，仍未顯達。《隋書》本傳記其兄蕤之，學業不如臺卿而幹局過之。《杜弼傳》記諸子云：「臺卿文筆尤工，見稱當世。」然則政事似非臺卿所長，其所長蓋文學也。本傳云「隋初，以《玉燭寶典》上於朝」，書必成於其前。臺卿《自序》云「昔因典掌餘暇，考校藝文」云云，蓋仕北齊時，即已起稿矣。至以《玉燭寶典》命名之由，亦見於自序，曰：「《爾雅》『四氣和爲玉燭』，《周書》武王説周公，推道德以爲寶典。」案：「玉燭」見《爾雅・釋天篇》；所謂《周書》，乃《逸周書・寶典解》序也；此則以記四時政令之重文，假古書之吉祥字以名之耳，今本《爾雅》及《逸周書》之文，固未必同於臺卿所引之意也。

此書撰述之旨，蓋集古來時令之書以爲總彙者。中國人自古信天人相關之説，其政法以順應自然之序爲職志，而諸學術亦無不循此。是以《尚書・堯典篇》既有「敬授民時」之説，又相傳《夏小正篇》爲夏禹之法。降及周季戰國之世，推步之術大闢，節候之測愈密，五行之説紛起，而禁忌之語遂繁。秦呂不韋總括之以爲十二紀，冠於《呂氏春秋》之首，而漢儒編《禮記》，彙鈔十二紀入編，是爲《月令篇》。此外，《逸周書》有《時訓解》，《淮南子》有《時則解》，體皆近《月令》。哀、平之世，前漢之祚將绝，緯候之説興起，復盛言天人之際，後漢崔寔《四民月令》之屬，則別爲農庶而作。凡此諸書，均見於臺卿書中，其間有述己見者，亦有注「今案」二字者。又每卷之末有「正説」，有「附説」。「正説」爲商訂前聞疑誤者，「附説」則雜載今俗瑣事，皆博雅可喜。「附説」頗涉閭巷俗習，尤多他書所未道。論中國民俗者固非必探源於此，蓋中國上世之俗，《禮記·月令篇》書之，宋以後近世之俗可徵之於《歲時廣記》以下諸方志。獨魏晋南北朝之俗，上承秦漢，下啟宋元，舍此書無由求之，此其所以尤爲貴。非僅其記事可供欣賞也，其議論亦有足以窺世風者。如四月孟夏卷「正説」曰：《春秋》莊公七年經謂「夏四月辛卯夜，恒星不見，夜中星隕如雨」，乃遥記佛誕之異者。以釋説儒，以儒説釋，於今足以駭俗，於當時則未必然也。

此書之可貴處別有二端。唐以前舊籍，全書早亡者，此書或載其佚文，一也；雖全書尚存，賴此書所引之文可校正今本，二也。

全書既亡而佚文存於此者，以蔡邕《月令章句》爲最。蔡氏漢末大儒，後人所宗仰，前清之世，漢學大行，諸儒乃爭作蔡氏《月令》輯本，而觀覽不周，東鱗西爪，僅足以成卷，不知此書所引裒然章列，幾得其全也。崔寔《四民月令》亦類此。其餘斷圭零璧，亦殊堪捃拾，備見於吾友新美寬君之研究，兹不贅言。

此書所引足以校正文字者，以《禮記·月令》爲最。今試言其一端：孟春之月曰：「魚上負氷。」今本《禮記》均無負字，作「魚上氷」，然《毛詩·匏有苦葉》正義所引有「負」字，此書獨與之合。又曰：「宿離不忒，無失經紀，以初爲常。」今本《禮記》「無」字多作「毋」，獨足利學校遺蹟圖書館所藏舊寫本作「无」。案唐孔穎達正義所引「無失經紀」者云云，《寶典》之本又與之合。又「律中大簇」，鄭注曰：「於藏值脾。」獨足利本同此書，今本「值」作「直」，而孔氏正義所見者爲「值」，非直。又「季春之月，具曲植籧筐」，鄭注曰：「皆所以養蠶器也。」「兵革並起」之注曰：「金氣勝也。」獨足利本同此，餘本「皆」字作「時」，「金」字作「陰」，觀其文義，當以作「皆」、作「金」爲勝。類此者尚多，以煩瑣不復舉。且非僅限於《月令篇》，其餘經史亦比比然，但在好學之士善用之耳。

此書在中國未知佚於何時。《隋書·經籍志》子部雜家類收之，《舊唐書·經籍志》亦然。唐時頗盛行於世，徐堅《初學記》引《玉燭寶典》之文凡十條，其中九月九日條曰：

《玉燭寶典》曰：『食餌者其時黍秫並收，以因黏米佳味，觸類嘗新，遂成積習。《周官·籩人職》曰：「羞籩之實，糗餌粉餈。」干寶注曰：「糗餌者，豆米屑米而蒸之以棗豆之味，今餌餻也。」《方言》：「餌謂之餻，或謂之餈。」

蓋今本所闕卷九之佚文也。《新唐書·藝文志》收入子部農家。尤袤《遂初堂書目》同《唐志》，陳氏《直齋書録解題》收入史部時令類，是南宋之世全書當具存；然宋末陳元靚《歲時廣記》所引此書，其爲曾覩原書？抑鈔諸類書所引？則頗爲可疑。《宋史·藝文志》復收入子部農家。元以後流傳漸稀。明萬曆時，陳第《世善堂書目》列於諸子百家類各家傳世名書中，餘未聞見。至於清，而此書遂绝不可覩。及光緒初，楊守敬氏隨公使何如璋來我國，始知此書尚存，遂勸公使黎庶昌刻於《古逸叢書》中。《古逸叢書》者，集鐫我國所傳而彼土早亡之書也，中以此書爲白眉，於是彼土人士皆驚爲稀世之珍。

此書何時傳入我國乎？藤原佐世《日本國現在書目》已著録於雜家，然則清和天皇御宇時即有傳本矣。又藤原賴長之日記《臺記》中康治三年五月五日條曰：

依敦任《玉燭寶典》之意，殺蟾蜍，以血著方尺之布，令蒙侍宗廣首頭，居庭前，東面。無動矣。是見百鬼之術也，而無其驗。

乃見本書五月之卷引《淮南萬畢術》所記而試之。康治以後，顯晦不詳。今複製之尊經閣本乃現存最古本，卷六尾署「貞和四年八月八日書寫畢」，貞和爲光明院天皇年號，實當後村上天皇正平三年也。卷五尾有「嘉保三年六月七日書寫了並校畢」等字，蓋録舊跋，非書寫之年月也。此本紙背連綴若干文書以成，其中所見年號有卷三紙背所見「貞和二年」、「三年」，卷六紙背所見「貞和三年」，卷七紙背所見「建武三年」、「曆應二年」、「貞和四年」，其爲貞和時所鈔愈益著明，實距今五百九十餘年矣。再者，此書宫内省圖書寮亦藏一本，爲舊幕時佐伯侯毛利高翰影鈔此前田侯尊經閣本而獻於幕府者，澁江全善於《經籍訪古志》中所謂楓山官庫本者即是。但圖書寮本卷三尾云「貞和五年四月十三日面山叟」，又卷八尾云「貞和四年十一月十六日校合了，面山叟」，尊經閣本反無之，其故不明。《古逸叢書》底本則又爲圖書寮本之轉寫。世間諸本皆出於此，則讀《玉燭寶典》者當以此本爲依歸，可勿論矣。島田翰氏《古文舊書考》謂別有一寫本，卷七闕半，然他人均未得見。

予草此解題，得友人新美寬君助力最多[一]，見於《臺記》之記載又承新村重山先生示教，記之以表謝意。

昭和十八年六月　寫於京都東方研究所　吉川幸次郎

[一]「寬」原誤作「寮」，今改。

附録一　杜臺卿本傳

杜臺卿字少山，博陵曲陽人也。父弼，齊衛尉卿。臺卿少好學，博覽書記，解屬文。仕齊奉朝請，歷司空西閤祭酒、司徒户曹、著作郎、中書黄門侍郎。性儒素，每以雅道自居。及周武帝平齊，歸于鄉里，以《禮記》《春秋》講授子弟。開皇初，被徵入朝。臺卿嘗采《月令》，觸類而廣之，爲書名《玉燭寶典》十二卷。至是奏之，賜絹二百匹。臺卿患聾，不堪吏職，請修國史。上許之，拜著作郎。十四年，上表請致仕，敕以本官還第。數載，終於家。有集十五卷，撰《齊記》二十卷，並行於世。無子。有兄蕤，學業不如臺卿，而幹局過之。仕至開州刺史。子公贍，少好學，有家風，卒於安陽令。公贍子之松，大業中，爲起居舍人。

唐魏徵《隋書》卷五十八列傳第二十三

附録二 著録

《隋書·經籍志》雜家類

《玉燭寶典》十二卷。著作郎博陵杜臺卿撰。

《舊唐書·經籍志》雜家類

《玉燭寶典》十二卷。杜臺卿撰。

《新唐書·藝文志》農家類

杜臺卿《玉燭寶典》十二卷。

《遂初堂書目》農家類

《玉燭寶典》。

宋 陳振孫《直齋書録解題》卷六時令類

《玉燭寶典》十二卷。隋著作郎博陵杜臺卿少山撰。以《月令》爲主，觸類而廣之，博采諸書，旁及時俗，月爲一卷，頗號詳洽。開皇中所上。

《宋史·藝文志》農家類

杜臺卿《玉燭寶典》十二卷。

元 馬端臨《文獻通考·經籍考》時令類

《玉燭寶典》十二卷。

陳氏曰：「隋著作郎博陵杜臺卿撰。以《月令》爲主，觸類而廣之，博采諸書，旁及時俗，月爲一卷，頗號詳洽。開皇中所上。」

清 耿文光《萬卷精華樓藏書記》卷四十一

《玉燭寶典》十一卷，隋杜臺卿撰。

《古逸叢書》本。遵義黎氏覆刊舊抄卷子。陳《録》十二卷，今缺第九卷。臺卿字少山，博陵人，官著作郎。此《古逸叢書》之十四。杜氏自序不著年月，書内亦不署名。每月爲一卷，序後爲正月孟春第一。先《禮・月令》，有注。次蔡邕《月令章句》。次總釋春時在孟春之末。次集諸說，間有注。各月皆然。每葉十八行，行大小皆二十字，如其手書刻之。書末有「星吾東瀛訪古記」印。

杜氏自序曰：「昔因典掌餘暇，考校藝文，《禮記・月令》最爲備悉，遂分諸月，各以冠篇首。先引正注，逮及衆說，續書月別之下，增廣其流。史傳百家，時亦兼采。詞賦綺靡，動過其意，除非顯著，一無所取。載風土者體民生，而積習論俗誤者，冀勉之以知方。始自孟陬，終於大吕，以中央戊己附季夏之末，合十二卷，總爲一部。其文不審，則注稱『今案』以明之。若事涉疑殆，理容河漢，則别起正說以釋之。世俗所行節者，雖無故實，伯升之諺載於經史，亦觸類援引，名爲附說。又有序說終篇，括其首尾。按《爾雅》四氣和爲玉燭，《周書》武王說周公推道德以爲寶典，因以《玉燭寶典》爲名焉。」

黎氏序目曰：「其書用《小戴記・月令》爲主，博引經典集證之，較《周書・月令解》《吕覽・四時紀》《淮南・時則訓》加詳，此爲專書故也。開皇中奏上，號爲詳洽。《直齋書録》猶載之，其亡當在宋以後耳。」

《經籍訪古志》：「《玉燭寶典》十二卷，貞和四年鈔本，楓山官庫藏。末有『貞和四年某月某日校合畢，面山叟記』。五卷末有『嘉保三年六月七日書寫并校畢』舊跋。按此書元明諸家書目不載之，則彼土早已亡佚耳。此本爲佐伯元利氏獻本之一，從加賀侯家藏卷子本抄出。」原按，嘉保三年，宋哲宗紹聖三年；貞和四年，元順帝至正八年也。

孫猛撰《日本國見在書目録詳考》考證篇 卅雜家

0738 玉燭寶典十二卷 隋著作郎（松）［杜］臺卿撰。

【著録】

隋志 玉燭寶典十二卷 著作郎杜臺卿撰。

舊唐 玉燭寶典十二卷 杜臺卿撰。

新唐 杜臺卿玉燭寶典十二卷（農家類）

遂初 玉燭寶典（農家類）

直齋 玉燭寶典十二卷 隋著作郎博陵杜臺卿少山撰（時令類）

宋志 杜臺卿玉燭寶典十二卷（農家類）

【校訂】

原「杜」誤作「松」，今正。

【存佚】

殘。

【著者】

杜臺卿（生卒年不詳），字少山。博陵曲陽（治今河北定縣）人。歷仕東魏、北齊。齊亡，歸鄉里。隋文帝開皇初，徵入朝，拜著作郎。十四年（594年）致仕，數載卒。生平事蹟見《北齊書》卷二四、《隋書》卷五八、《北史》卷五五。嘗預修《修文殿御覽》。著《齊記》二十卷，有集十五卷，皆佚。

【考證】

《隋書》本傳曰：「開皇初，被徵入朝。臺卿嘗采《月令》，觸類而廣之，爲書名《玉燭寶典》，十二卷。至是奏之，賜絹二百匹。」

杜臺卿《自序》：「昔因典掌餘暇，考校藝文，《禮記·月令》最爲備悉，遂分諸月，各以冠篇首。先引正注，逯及衆説，續書月別之下，增廣其流。史傳百家，時亦兼采；詞賦綺靡，動過其意，除非顯著，一無所取。載土風者，體民生而積習；論俗誤者，冀勉之以知方。始自孟陬，終於大吕，以中央戊己附季夏之末，合十二卷，總爲一部。」「案：《爾雅》『四氣和爲玉燭』，《周書》武王説周公推道德以为『寶典』，玉貴精，自壽長寶，則神靈滋液，將令此作，義兼衆美，以《玉燭寶典》爲名焉。」此書引《禮記·月令》，附以蔡邕《月令章句》，採輯《四民月令》《逸周書》《夏小正》等衆文獻成書，乃民俗歲時文化的代表作之一。

此書宋時尚存。《直齋書録解題》卷六：「以《月令》爲主，觸類而廣之，博採諸書，旁及時俗，月爲一卷，頗號詳洽。開皇中所上。」

今存十一卷，闕卷九。卷九佚文見《初學記》卷四《歲時部》下。

【流佈】

最早著録見於《日本國見在書目録》。之後，多見各種圖書引用，如《年中行事秘抄》《本朝月令》等。

中土亡於宋末，日本尚存数種鈔本：其一，尊經閣藏日本南北朝時北朝光明院天皇貞和四年（1348年）抄本。其卷五末題云：「嘉保三年（1096年）六月七日寫了並校畢。」卷六末題記曰：「貞和四年八月八日書寫畢。」貞和四年，值元順帝至正八年。其二，毛利高翰影鈔本，澁江全善、森立之《經籍訪古志》卷五著録楓山官庫本即此本：「此本爲佐伯毛利氏獻本之一，聞加賀侯家藏卷子足本，未见。」今藏國立公文書館。其三，森立之、約之抄校本，出毛利本，今藏專修大學圓書馆，楊守敬借此本影鈔刊入《古逸叢書》（參看（《清客筆話》，《楊守敬集》第13册，湖北人民出版社，1997.6）。其四，東北大學圖書館藏残本等。案：石川三佐男撰文介绍十二種文本（含影印本等），諸本均闕卷九。島田翰《古文舊書考》卷一「玉燭寶典」條：「今是書裝成卷子，相其字様纸質，當在八九百年外矣。而卷第九尚儼存，却佚卷第七後半。貞和本末卷往往用武后製字，餘卷悉然。今是書，比之於貞和本語辭更多，且通篇用新字，其數多至十三字，知其来比御本更在遠也。（原註：卷第九長，不録，收在《群書點勘》中。）」所見另本，卷九完，唯卷七殘。島田除《古文舊書考》外尚撰有《群書點勘》，石川三佐男嘗作追踪，未果。《群書點勘》似乎未能刊行，書稿亦未見收藏信息。小林市郎《七夕與摩睺羅考》（《支那佛教史學》4之3，1940.11）注10云：近衛華陽明文庫藏有完本，經守屋美都雄查證，與貞和本係同一系统（《中国古歳時記の研究》第1章第4節第3部分注，帝國書院，1963.3）。

《懷風藻》藤原不比等《元日應詔》「正朝觀萬國」句之「正朝」出此書云。源順《和名類聚抄》十卷本卷二（廿卷本卷四）「門鷄」條、《撮壤集》引有此書。

【参考】

通行本：光緒十年黎庶昌日本東京使署影刻《古逸叢書》本（牌記謂「影舊抄卷子本」，誤，所據乃森立之、約之父子鈔校本，楊守敬校訂，其影印本入《叢書集成初編·自然科學類》《續修四庫全書》等），《尊經閣叢刊》本（附吉川幸次郎《解題》，侯爵前田家育德財團，1943；藝文印書館編輯《歲時習俗資料彙編》1、2，臺北藝文印書館，1970.12；依田利用《玉燭寶典考證》所據似亦此本），石川三佐男譯注《玉燭寶典》（明德出版社，1988.4）。

有關研究：劉培譽《玉燭寶典引緯文》（《勵學》第1卷第3、4期，1935），依田利用《玉燭寶典考證》（成書於江户末期1840年，今存國會圖書館、東洋文庫藏稿本，王寧撰《介紹》及《玉燭寶典序點校》，見《知北游的BLOG》，2013.7），新美寬《玉燭寶典について》（《東方學報（京都）》1943.6），吉川幸次郎《尊經閣文庫舊寫本複製本解題》（1943.6），石濱純太郎《玉燭寶典の舜典孔傳》（《支那學論考》，全國書房，1943.7），今江廣道《前田本玉燭寶典紙背文書とその研究》（續群書類從完成會，2002.2），石川三佐男《古逸叢書の白眉玉燭寶典について—近年の學術情報、卷九の行方など》（《秋田中國學會50周年記念論集》，秋田中國學會，2005.5），崔富章、朱新林《古逸叢書本玉燭寶典底本辨析》（《文獻》2009年第3期）。案：

劉培譽一文，乃最早利用本書輯佚者，凡一百七十五則，七十二則不見黄奭《黄氏逸書考》。

王寧《玉燭寶典序點校》（《知北游的 BLOG》，2013.7.；據《古逸叢書》本，校以依田利用《考證》）。

日本　澀江全善、森立之等撰《經籍訪古志》

《玉燭寶典》十二卷，貞和四年鈔本，楓山官庫藏。隋著作郎杜臺卿撰。缺第九一卷。每册末有貞和四年某月某日校合畢面山叟記。五卷末有嘉保三年六月七日書寫並校畢舊跋。按：此書元明諸家書目不載之，則彼土蚤已亡佚耳。此本爲佐伯毛利氏獻本之一。聞加賀侯家藏卷子本，未見。

日本　島田翰撰《古文舊書考》

玉燭寶典十二卷 卷子本

《隋志・雜家》：「《玉燭寶典》十二卷，著作郎杜臺卿撰。」《唐志》同。《新書》《宋史》列之農家，《直齋書録解題》收之時令。其餘，《遂初堂書目》載之，《崇文總目》《郡齋讀書志》、鄭樵《通志》皆不著録，獨明陳第《世善堂書目》載足本。蓋自宋初，如存如亡，不甚顯於世，故《太平御覽》《事類賦》《海録碎事》等諸類書，所引用亦已少矣。而後來諸家書目希載，則其寥寥亦可知也。是書所引用諸書，如《月令章句》，蔡雲所輯，馬國翰所集，捃摭詳贍無遺，而猶且不及見也。其他《皇覽》《孝子傳》《漢雜事》、緯書、《蒼頡》《字林》之屬，皆佚亡不傳。又有漢魏人遺説，僅藉此以存。所謂吉光片羽，所宜寶重也。蓋本邦古昔文物之盛，收書之多，隋、唐《志》所載者無不悉備焉，觀之藤原佐世《見在書目》可徵也。其後寓内板蕩，數百年之中干戈接踵，典籍隨而散佚，雖其僅存者亦不能無殘缺。而是書不爲兵火所燬，不爲風雨澌滅，幸存于今矣。而歷年之久，傳寫繆誤，浸失舊文，缺脱紛錯，殆不可句，不亦可嘆乎！卷子之制，每張烏絲欄，高八寸一分，一款八厘，十九行，行二十三字，注雙行二十三四五字。「世」字、「民」字，避唐諱缺畫，蓋從唐鈔所傳録也。首有《玉燭寶典序》。卷端題「玉燭寶典卷第一。杜氏撰。」一行直書。次行記「正月孟春第一」。是書黎氏《古逸叢書》本，以影録祕府貞和鈔本爲藍本，貞和鈔本，德川氏時佐伯侯毛利高翰所獻，鈔手極精。而卷第九則屬闕逸。今是書裝成卷子，相其字様紙質，當在八九百年外矣，而卷第九尚儼存，卻佚卷第七後半。貞和本末卷，往往用武后制字「𠀑」、

「埊」、「囝」、「圀」、「□」、「𠡦」之類，餘卷不悉然。今是書比之於貞和本，語辭更多，且通篇用新字，其數多至十三字，知其來比御本更在遠也。聞侯爵前田氏又藏足本，惜未見。

蔡伯喈雖缺其守操，獨其文學則可謂東京鴻匠矣。其所著《月令章句》，天文、禮、樂、車服《志》，《女訓》，《勸學》，《聖皇篇》之屬，皆佚亡不傳，而其存于今者僅《獨斷》而已，而亦不完，深以爲恨。《月令》先秦古書，而《章句》實與鄭君并駕，其失傳尤爲可嘆。唯是書所載，其文多於他書，而蔡、馬之徒皆不得見，故其爲説往往憑虚臆裁，錯亂失次，可議者不鮮矣。學者以是爲底基，蒐羅旁搜，雖不能復舊觀，庶幾乎次叙可考。嗚呼，王者謹時令，急民事，故《小正》紀之夏時，《月令》係之周公，然則是豈獨止好奇搜異云乎哉？卷第九長文不録，收在《群書點勘》中。

由雲龍輯，李慈銘《越縵堂讀書記》史部政書類

閲日本《古逸叢書》中《玉燭寶典》本，十二卷，卷爲一月，今缺九月一卷。其書先引《月令》，附以蔡邕《章句》，其後引《逸周書》《夏小正》《易緯》《通卦驗》等及諸經典，而崔實（寔）《四民月令》蓋全書具在，其所引諸緯書可資補輯者亦多。於四月八日佛生日，羅列佛經，並證恒星不見之事；於七月織女渡河，亦多所考辨，謂六朝以前並無其説。其每月下往往有正説曰云云，

附說曰云云；末又有終篇說，考朞閏之事。其書皆極醇正，可寶貴；惜闕一月，又舛誤多不可讀。當更取它書爲悉心校之，精刻以傳，有裨民用不少也。

光緒丙戌（一八八六）七月初四日

清 黎庶昌《拙尊園叢稿》

覆舊抄卷子本《玉燭寶典》十一卷。

隋著作郎杜臺卿少山撰。原十二卷，今缺第九卷。其用《小戴禮記·月令》爲主，博引經典集證之，較《周書·月令解》《吕覽·四時紀》《淮南·時則訓》加詳，此爲專書故也。開皇中疏上，號爲詳洽。陳直齋《書録解題》猶載之，其亡當在宋以後耳。

清 丁立中《八千卷樓書目》史部時令類

《玉燭寶典》十二卷，隋杜臺卿撰，《古逸叢書》本。

胡玉縉《四庫未收書目提要續編》史部時令類

《玉燭寶典》十一卷。

隋杜臺卿撰。臺卿字少山，博陵陽曲人，官著作郎，事跡具《隋書》本傳。是編以《禮記・月令》爲主，附以蔡邕《章句》，其後博采諸書，旁及時俗，卷爲一目，每月下往往分正說、附說，末又有終篇說，考期閏之事，體例極爲精善。開皇中奏上，原十二卷，《隋書・經籍志》、陳振孫《書録解題》均著於録。今缺第九卷，爲《古逸叢書》覆舊鈔卷子本。中引崔寔《四民月令》，幾及全書。又引經、子古注，足資補輯者甚夥。如卷三引《論語》鄭注云：「暮春」者，季春。所製征（當是「儛」之剥文）衣服已成，謂祭之服。「雩」者，祀上公，祈穀實，四月龍星見而爲之，故季春成其服。「五六七」者，雩祭儛者之數。「風晞儛雩」者，浴沂於水上自潔清，身晞而衣此服以儛雩，且詠而饋之，禮（當爲「記」）此禮者，憂人之本。此與《論衡》說不同，足正《論語》家以王申鄭之非。又如卷十二引文元年及六年《左傳》服注云云，一曰故服注云十一月後，一曰故《周易繫詞》王輔嗣注云云。此必沈文何［阿］、蘇寛、劉炫之舊說，尤足爲劉文淇《舊疏考正》闢一涂徑。史稱隋禁七緯，發使四出，凡讖緯相涉者皆焚之，爲史所糾者至死，故此爲經進之書，其卷一仍取《春秋潛潭巴》之文，與其兄子公贍所著《編珠》每採《括地象》《通卦驗》諸緯同例，則知史爲駮文。朱彝尊爲高士奇撰《編珠補序》云，或當日所焚，不過王明鏡《閉房》《金雄》等記，非蓋畀之炎火。理或然也。其他於四月八日佛生日羅列佛經，並證恒星不見之事，足備異聞。於七月七日織女渡河，亦多所考辨，謂六朝以前並無其説，更爲純正。惜譌字甚多，又闕一月。黎氏敘目，以其見於陳氏《解題》，謂其亡當在宋後。今考陳氏《世善堂書目》，尚載十二卷，是明代尚有完書。朱彝尊嘗入閩訪陳氏後人，不復可得，然則殆亡於明末國初歟。

嚴紹璗撰《日本藏漢籍珍本追蹤紀實——嚴紹璗海外訪書志》

十一、在尊經閣文庫訪「國寶」

1. 11世紀至14世紀寫本《玉燭寶典》（殘本）十一卷

尊經閣文庫所藏漢籍中，有《玉燭寶典》一種。此書隋代杜臺卿編輯，國内不存，日本卻有寫本傳世。今尊經閣文庫藏《玉燭寶典》一種，系日本11世紀至14世紀寫本。《玉燭寶典》全本十二卷，此本凡十一卷，缺失卷第七。卷子本六軸。原爲江户時代加賀藩主前田綱紀等舊藏。

日本孝謙天皇天平勝寶三年（751）編纂成日本第一部書面漢詩集《懷風藻》，其收入作品曾徵引《玉燭寶典》中的典故，如第二十九首正一位太政大臣藤原朝臣史《元日應詔》中有句曰「正朝觀萬國，元日臨兆民」，其「正朝」一詞則取自《玉燭寶典》「正月爲端月……其一日爲元日……亦雲正朝」之説。這可能是《玉燭寶典》進入日本古代文學的最早記録。

9 世紀藤原佐世《本朝見在書目録》第三十「雜家」著録《玉燭寶典》十二卷，題「隋著作郎杜臺卿撰」。此爲《玉燭寶典》傳入日本最早之目録學記録。

此尊經閣文庫藏本，每半葉九行，注文雙行。卷一正文與注文皆每行二十字，卷二以下正文與注文自十四字至十八字不定。

首有《玉燭寶典序》。此本今缺卷七「秋七月」一卷，實存十一卷。

此本系 11 世紀與 14 世紀不同寫本的合綴本，卷後有鈔録識語如次：

（卷二）「貞和五年四月十二日一校了　面山叟。」（編撰者注，貞和系日本 14 世紀南北朝時北朝崇光天皇之年號，實乃 1349 年）

（卷五）：「嘉保三年六月七日書寫了　並校畢。」（編撰者注，嘉保系日本 11 世紀時代崛河天皇年號，實乃 1096 年）

（卷六）：「貞和四年八月八日書寫畢。」

（卷八）：「貞和四年十月十六日校合了 面山叟。」

18世紀日本江户時代佐伯侯毛利高翰曾經命工匠從前田侯家所藏《玉燭寶典》重新鈔録成書，後獻予德川幕府，藏於楓山官庫。森立之《經籍訪古志》卷五著録楓山官庫藏貞和四年鈔本《玉燭寶典》十二卷，即系此本。森氏識文曰：

隋著作郎杜臺卿撰。缺第九一卷。每冊末有「貞和四年某月某日校合畢，面山叟記」。五卷末有「嘉保三年六月七日書寫並校畢」。舊跋按此書元明諸家書目不載之，則彼土早已亡逸耳。此本爲佐伯侯毛利氏獻本之一，聞加賀侯家藏卷子本，未見。

森氏所言此本爲貞和年間寫本，甚誤；所言缺卷九，或字誤。明治中期，黎庶昌、楊守敬編作《古逸叢書》，誤信森氏之言，録入此江户時代之覆寫本，而未審當時日本尚有此前田家卷子本。

嚴紹璗撰《日本漢籍善本書録》

（七）類書類（隋唐五代人編纂之屬）

玉燭寶典（殘本）十一卷

（隋）杜臺卿編撰

日本十一世紀及十四世紀寫本 卷子本六軸

尊經閣文庫藏本 原江户時代加賀藩主前田綱紀等舊藏

【按】每半葉九行，注文雙行。卷一正文與注文皆每行二十字，卷二以下正文與注文自十四字至十八字不定。

首有《玉燭寶典序》。

是書全十二卷，此本今缺卷七「秋七月」一卷，實存十一卷。

此本係十一世紀與十四世紀不同寫本的合綴本，卷後有鈔録識語如次：

卷二：「貞和五年四月十二日一校了 面山叟。」（編撰者注，貞和係日本十四世紀南北朝時北朝崇光天皇之年號，實乃 1349 年）

卷五：「嘉保三年六月七日書寫了 并校畢。」（編撰者注，嘉保係日本十一世紀時代崛河天皇年號，實乃 1096 年）

卷六：「貞和四年八月八日書寫畢。」

卷八：「貞和四年十月十六日校合了 面山叟。」

【附録】日本孝謙天皇天平勝寶三年（751年）編纂成日本第一部書面漢詩集《懷風藻》，其收入作品曾徵引《玉燭寶典》中的典故，如第二十九首正一位太政大臣藤原朝臣史《元日應詔》中有句曰：「正朝觀萬國，元日臨兆民。」其「正朝」一詞則取自《玉燭寶典》「正月爲端月……其一日爲元日……亦云正朝」之説。

九世紀日本藤原佐世《本朝見在書目録》第三十「雜家」著録《玉燭寶典》十二卷，題「隋著作郎杜臺卿撰」。此爲《玉燭寶典》傳入日本最早之記録。

十八世紀江户時代佐伯侯毛利高翰命工從前田侯家所藏《玉燭寶典》重新鈔録成書，後獻與德川幕府，藏於楓山官庫。森立之《經籍訪古志》卷五著録楓山官庫藏貞和四年鈔本《玉燭寶典》十二卷，即係此本。森氏識文曰：

「隋著作郎杜臺卿撰。缺第九一卷。每册末有『貞和四年某月某日校合畢，面山叟記』。五卷末有『嘉保三年六月七日書寫并校畢』舊跋。按此書元明諸家書目不載之，則彼土蚤已亡佚耳。此本爲佐伯侯毛利氏獻本之一，聞加賀侯家藏卷子本，未見。」

森氏所言此本爲貞和年間寫本，甚誤；所言缺卷九，或字誤。明治中期，黎庶昌、楊守敬编作《古逸叢書》，誤信森氏之言，録入此江户時代之覆寫本，而未審當時日本尚有前田家卷子本。

附録三　論評

《典式》八篇，賈充妻李婉。謹按見《婦人集》《世説・賢媛篇》注引。《御覽》卷三十、《玉燭寶典》均引作《典誡》。本書《賈充傳》言李氏著《女訓》行於世，即此書也。

《異同志》李軌。謹按見《玉燭寶典》二月下引。

丁辰《補晉書藝文志》卷三，清光緒刻常熟丁氏叢書本

按今新彫《古逸叢書》中有《玉燭寶典》、原本《玉篇》及外藩傳來《大藏音義》百卷，引此書特多，皆諸家所未覩。

姚振宗《隋書經籍志考證》卷四經部四，民國師石山房叢書本「宋史藝文志子部農家蔡邕月令章句一卷」條

《顧道士論》三卷，顧谷。《隋志》道家類：「梁有《顧道士新書論經》三卷，晋方士顧谷撰，亡。」谷，始末未詳，今《玉燭寶典》内引一條。

佚名《唐書藝文志注》卷三，清藕香簃鈔本

論者遂以《修文殿御覽》爲古今類書之首，今亦亡之。惟隋著作郎杜臺卿所撰《玉燭寶典》十二卷見於連江陳氏《世善堂書目》，予嘗入閩訪陳後人，已不復可得。

朱彝尊《曝書亭集》卷三十五《杜氏編珠補》序，《四部叢刊》本

當更取它書爲悉心校之，精刻以傳，有裨民用不少也。

《越縵堂日記·荀學齋日記》辛集上，光緒丙戌秋七月壬辰初四日條

是書所引用諸書，如《月令章句》蔡雲所輯、馬國翰所集，捃摭詳贍無遺，而猶且不及見也。其他《皇覽》《孝子傳》《漢雜事》、緯書、《倉頡》《字林》之屬，皆佚亡不傳，又有漢魏人遺説，僅藉此以存。所謂吉光片羽，所宜寶重也。

島田翰《古文舊書考》，杜澤遜、王曉娟點校，上海古籍出版社，2017年1月，第94頁

案日本國卷子本《玉燭寶典》於每月之下，《月令》之後，詳載此書，諸搜輯家皆未之見。好古者若能一一輯出，合以《原本玉篇》、慧琳《一切經音義》所引，則中郎此書，雖亡而未亡也。

曾樸《補後漢藝文志並考》十卷，光緒二十一年（1895）家刻本

「也」是語已及助句之辭，文籍備有之矣。河北經傳，悉略此字，其間字有不可得無者，至如「伯也執殳」，「於旅也語」，「回也屢空」，「風，風也，教也」，及《詩傳》云：「不戢，戢也；不儺，儺也。」「不多，多也。」如斯之類，儻削此文，頗成廢闕。《詩》言：「青青子衿。」《傳》曰：「青衿，青領也，學子之服。」按：古者，斜領下連於衿，故謂領爲衿。孫炎、郭璞注《爾雅》，曹大家注《列女傳》，並云：「衿，交領也。」鄴下《詩》本，既無「也」字，群儒因謬說云：「青衿、清領，是衣兩處之名，皆以青爲飾。」用釋「青青」二字，其失大矣！又有俗學，聞經傳中時須也字，輒以意加之，每不得所，益成可笑。

王利器《顏氏家訓集解》（增補本），中華書局，1993年12月，第436—437頁。

宋本、《續家訓》及各本「成」都作「誠」，今從抱經堂校定本。器案：六朝、唐人鈔本古書，多有虛字，後人往往加以删削，日本島田翰《古文舊書考》卷一於《春秋經傳集解》下言之甚詳，其言曰：「又是書『之也』、『矣也』、『也矣』之類極多，《詩·小雅·四月》：『六月徂暑。』毛傳：『六月火星中暑盛而往矣。』《玉燭寶典》引『矣』下有『也』字。《群書治要》引《書·君陳》：『爾無忿疾于頑。』注：『無忿疾之也。』宋本以下皆去『也』字。（元和活字本《群書治要》，校讐頗粗，多不足據，誤脱「之也」二字，今從祕府舊鈔原本。）《周官·春官》：『以冬至日，致天神人鬼。』鄭注：『致人鬼於祖廟。』《寶典》引『廟』下有『之也矣哉也乎也』七字，（黎純齋《古逸叢書》所收《寶典》以影貞和鈔本爲藍本，而頗有校改，貞和本本子「致」字並作「鼓」，又無「於」字，黎本蓋依《注疏》本改，今據舊鈔卷子十二卷足本。又案：如此七字語詞，更無意義，是恐書語辭以取句末整齊，以爲觀美耳。但古書實多語辭，學者宜分别見之也。）《地官》：『日至景尺有五寸，謂之地中。』鄭注：『今潁川陽城爲然。』《寶典》引『然』下有『之者也』三字。（貞和本無「今」字，『潁』譌『頭』：黎本作『潁』，是據《注疏》本改也，今依卷子本。）《寶典》引《禮記·月令》：『天子乃難以達秋氣。』鄭注：『《王居明堂禮》曰：「仲秋，九門磔禳，以發陳氣，禦止疾疫之者耳也。」』而附《釋音》本以下，皆删『之者耳也』四字。（祕府舊鈔注疏七十卷本有「也」字，貞和本「止」譌「王」，無「疫」字，黎本從注疏本改，今依卷子本。）《寶典》引《易通卦驗》玄曰：『反舌者，反舌鳥之矣。』（「驗」下疑脱「注」字，上「反」字當作「百」字，貞和本「曰」作「□」，「也」上無「之矣」二字，黎本校改「□」作「曰」，今從卷子本。案：此蓋《通卦驗》鄭玄注文也，（案：此説非是。）而《藝文類聚》引此文，亦不爲注語，恐非是。貞和本無下「舌」字，《藝文類聚》引有，卷子本同《類聚》，今從之。）陸善經《文選音決鈔》，（《音決鈔》已佚，今據金澤稱名寺舊藏《文選集注》所引。）及《藝文類聚》引，並省「之矣」二字，《隸釋》載《熹平石經》殘碑云：『鳳兮鳳兮，何而德之衰也。』與《莊子・人間世》所載同，自開成石本始脱『而』字，而後來印本，併删『而也』二字。《尚書大傳》：『在外者皆金聲。』注：『金聲其事煞。』《寶典》引『煞』下有『矣也』二字。（貞和本「煞」作「然」，「煞」即「殺」字俗體，黎本從本書改，今據卷子本。）《寶典》引《尚書考靈曜》：『仲夏一日，日出於寅，入於戌。』而《五行大義》《七緯》所引，則無二『於』字。（貞和本作「夏仲」，卷子本作「仲夏」，案上下例，卷子本似是。）《白虎通》：『萬物孚甲，種類分也。』（貞和本無「甲」字，黎本據本書補，卷子本有「甲」字。）《寶典》引『分』下有『之』字，與卷子本《集注文選》所引合。然則之也者，蓋漢、隋之語辭，又傳注之體乃然也。（又案：間有增置語助，以爲句末整齊者，然不可爲例。）至唐初遺意頗存，李隆基開元初注本《孝經・事君》章：『進思盡忠。』注：『進見於君，則思盡忠節之也。』而石、臺以下，皆省「之也」二字。其他，唐鈔本《楊雄傳注》，金澤文庫卷子本《集注文選》等，皆多有語辭。由是而觀，其書愈古者，其語辭極多；其語辭益尠者，其書愈下。蓋先儒注體，每於句絶處，迺用語辭，以明意義之深淺輕重，漢、魏傳疏，莫不皆然；而淺人不察焉，迺擅删落、加之。及刻書漸行，務略語辭，以省其工，併不可無者而皆删之，於是蕩然無復古意矣。顔之推北齊人，而言：『河北經傳，悉略語辭。』然則經傳之災，其來亦已久矣。」

王利器《顔氏家訓集解》（增補本），第438—440頁。上文注文［十五］

是書二字重文，多於每字下加二畫而識之，如「仲、子」是也。又是書「之也」、「矣也」、「也矣」之類極多。《詩・小雅・四月》「六月徂暑」，毛傳「六月火星中，暑盛而往矣」，《玉燭寶典》引「矣」下有「也」字。《群書治要》引《書》「君陳，爾無忿疾于頑」注「無忿疾之也」，宋本以下皆去「也」字。元和活字本《群書治要》校讐頗粗，多不足據，誤脱「之也」二字。今從祕府舊鈔原本。《周官・春官》「以冬日至，致天神人鬼」鄭注「致人鬼於祖廟」，《寶典》引「廟」下有「之也矣哉也乎也」七字；黎蒓齋《古逸叢書》所收《寶典》以影印貞和鈔本爲藍本，而頗有校改。貞和本本于「致」字并作「鼓」，又無「於」字，黎本蓋依注疏本改。今據舊鈔卷子十二卷足本。又案，如此七字語辭更無意義，是恐書語辭以取句末整齊，以爲觀美耳。但古書實多語辭，學者宜分別見之也。《地官》「日至景，尺有五寸，謂之地中」鄭注「今穎川陽城爲然」，《寶典》引「然」下有「之者也」三字。貞和本無「今」字，「潁」譌「頭」。黎本作「潁」，是據注疏本改也。今依卷子本。《寶典》引《禮記・月令》「天子乃難以達秋氣」鄭注「《王居明堂禮》曰，仲秋九門，磔禳以發陳氣，禦止疾疫之者耳也」，而附釋音本以下皆刪「之者耳也」四字。祕府舊鈔注疏本七十卷本有「也」字，貞和本「止」譌「王」，無「疫」字。黎本從注疏本改。今依卷子本。《寶典》引《易・通卦驗》「玄曰，反舌者，反舌鳥之矣也」，「驗」下疑脱「注」字，上「反」字當作「百」字。貞和本「曰」作「口」，「也」上無「之矣」二字。黎本校改「口」作「曰」。今從卷子本。案，此蓋《通卦驗》鄭玄注文也，而《藝文類聚》引此文亦不爲注語，恐非是。貞和本無下「舌」字，《藝文類聚》引有。卷子本同《類聚》，今從之。陸善經《文選音訣鈔》《音訣鈔》已佚，今據金澤稱名寺舊藏《文選集注》所引。及《藝文類聚》引并省「之矣」二字。《隸釋》載《熹平石經》殘碑云「鳳兮鳳兮，何而德之衰也」，與《莊子・人間世》所載同，自開成石本始脱「而」字，而後來印本并刪「而」「也」二字。《尚書大傳》「在外者皆金聲」注「金聲其事煞」，《寶典》引「煞」下有「矣也」二字。貞和本「煞」作「然」，「煞」

即「殺」字俗體。黎本從本書改。今據卷子本。《寶典》引《尚書考靈曜》「仲夏一日，日出於寅，入於戌」，而《五行大義》《七緯》所引則無二「於」字。貞和本作「夏仲」，卷子本作「仲夏」。案上下例，卷子本似是。《白虎通》「萬物孚甲，種類分也」，貞和本無「甲」字，黎本據本書補。卷子本有「甲」字。《寶典》引「分」下有「之」字，與卷子本《集注文選》所引合。然則「之也」者，蓋漢隋人之語辭，又傳注之體乃然也。又案，間有增置語助以爲句末整齊者，然不可爲例。至唐初，遺意頗存，李隆基開元初注本《孝經·事君章》「進思盡忠」注「進見於君，則思盡忠節之也」，而石臺以下皆省「之也」二字。其他唐鈔本《揚雄傳》注、金澤文庫卷子本《集注文選》等，皆多有語辭。由是而觀，其書愈古者，其語辭極多；其語辭益鮮者，其書愈下。蓋先儒注體，每於句絶處，廼用語辭以明意義之深淺輕重，漢魏傳疏莫不皆然。而淺人不察焉，視爲繁蕪，廼擅删落，加之及刻書漸行，務略語辭以省其工，并不可無者而皆删之，於是蕩然無復古意矣。顔之推，北齊人，而言河北經傳悉略語辭，然則經傳之災，其來亦已久矣。

（日）島田翰撰，杜澤遜、王曉娟點校，《古文舊書考》卷一「春秋經傳集解三十卷」條，上海古籍出版社，2017年，第61—63頁。

顏之推，北齊人，則北齊時既知雕版矣。《玉燭寶典》引《字訓解》「淪」字曰：「其字或草下，或水旁，或火旁，皆依書本。」已曰「皆依書本」，亦可以證其對墨版也。是隋以前有墨版之證。

（日）島田翰撰，杜澤遜、王曉娟點校，《古文舊書考》卷二「雕版淵源考」條，上海古籍出版社，2017年，第154頁。

13.《小雅·出車》：「執訊獲醜。」箋云：「執其可言問，所獲之衆以歸者，當獻之也。」P.2570「執其」前有「執訊」二字，「所獲」前有「及」字。寫本文義暢順，是也。又《杕杜》：「征夫不遠。」箋云：「不遠者，言其來，喻路近」，辭義晦澀，不知所云。P.2570作「不遠者，言其來愈近也」。知今本「喻」乃「愈」字之誤，「路」則衍文耳。

寫本與今本相校，「也」字奪衍數量最多，羅振玉云：「諸卷傳箋中，句末多有語助，校以山井鼎所撰《七經孟子考》文中所載古本，十合八九。」我們知道，西漢今文、古文經的差異，也以語助詞的差異最多。王正己《孝經今考》指出，古文比今文少了22個「也」字。可見古人並不認爲語助詞無關宏旨。日人島田翰《古文舊書考》於卷一《春秋經傳集解》下舉了很多例子，如《詩·小雅·四月》「六月徂暑」，毛傳：「六月火星中，暑盛而往矣。」《玉燭寶典》引「矣」

下有「也」字。《周禮·地官》「日至景尺有五寸，謂之地中」，鄭注：「今潁川陽城爲然。」《玉燭寶典》引「然」下有「之者也」三字。《禮記·月令》「天子乃難以達秋氣」，鄭注：「《王居明堂禮》曰：仲秋，九門磔禳，以發陳氣，禦止疾疫。」《玉燭寶典》引「疾疫」下有「之者耳也」四字。《周禮·春官》「以冬日至，致天神人鬼」，鄭注：「致人鬼於祖廟。」《玉燭寶典》引「廟」下有「之也矣哉也乎也」七字。島田翰還説：「如此七字語辭，更無意義，是恐書語辭以取句末整齊，以爲觀美耳。但古書實多語辭，學者宜分別見之也。」「其書愈古者，其語辭極多；其語辭益鮮者，其書愈下。蓋先儒注體，每於句絶處，乃用語辭，以明意義之深淺輕重。漢魏傳疏，莫不皆然。而淺人不察焉，視爲繁蕪，乃擅删落加之。及刻書漸行，務略語辭，以省其工，並不可無者而皆删之，於是蕩然無復古意矣。」我的體會，這些語助詞，多與句意無涉，還恐怕與「講經」時之聲氣有關。

敦煌寫本中以一字訓一字者，句尾多有「也」字。如 P. 2669《大雅·文王》「殷士膚敏，裸將於京。厥作裸將，常服黼冔」，傳云：「殷士，殷後也。膚，美也。敏，疾也。裸，灌鬯也，周人尚臭。將，行也。京，大也。黼，白與黑也。冔，殷冠也。」又「無遏爾躬，宣昭義問，有虞殷自天」，傳曰：「遏，止也。義，善也。虞，度也。」《下武》「昭茲來許，繩其祖武」，傳云：「許，進也。繩，戒也。武，跡也」。較今本傳文多溢「也」字。陳灃《東塾讀書記》卷六云：「毛傳連以一字訓一字者，惟於最後一訓用也字，其上雖纍至數十字，皆不用也字，此傳例也。」看來陳氏的歸例未必正確。《顔氏家訓·書證》講到當時用「也」字的情況説：

> 「也」是語已及助句之辭，文籍備有之矣。河北經傳，悉略此字，其間字有不可得無者，至如「伯也執殳」，「於旅也語」「回也屢空」「風，風也，教也」，及《詩傳》雲：「不戢，戢也。不儺，儺也。」「不多，多也。」如斯之類，倘削此文，頗成廢闕。《詩》言：「青青子衿。」傳曰：「青衿，青領也，學子之服。」按：古者，斜領下連於衿，故謂領爲衿。孫炎、郭璞注《爾雅》，曹大家注《列女傳》，並云：「衿，交領也。」鄴下《詩》本，既無「也」字，群儒因謬説云：「青衿、青領，是衣兩處之名，皆以青爲飾。」用釋「青青」二字，其失大矣！又有俗學，聞經傳中時須也字，輒以意加之，每不得所，益成可笑。

「河北經傳，悉略此字」，而在寫本中多數保存下來，其間有抄手「輒以意加之」，「益成可笑」者之外，更多的則保存了漢以來經傳之原貌。曾運乾先生認爲讀古書，最重要的是通辭氣；辭氣，就是古人説話的語法、語氣。辭氣一通，佶屈聱牙如周誥殷盤，也會文從字順。曾先生之《尚書正讀》正因此而作。寫本中大量的語助詞，對我們研究中古時代語法、語氣至關重要，其意義即在於此。

伏俊璉，敦煌文學總論（修訂本），上海古籍出版社，2019年4月，第77—79頁。

附録四 依田利用《玉燭寶典考證叙》

《隋志》雜家《玉燭寶典》十二卷，著作郎杜臺卿撰，《唐志》同。《新史》《宋史》列之農家，其餘《遂初堂書目》收之，《崇文總目》《郡齋讀書志》、鄭樵《通志》、陳振孫《書録解題》皆不著録。蓋自宋初不甚顯於世，故《太平御覽》《事類賦》《海録碎事》諸類書所引亦寥寥矣。元明而降，諸家書目絶無所見，其亡可知也。

本邦古昔，文物之盛，收書之多，隋、唐二《志》所出者，無不悉備焉。觀之藤原佐世《見在書目》可見也。其後寓内板蕩數百年間，干戈接踵，典籍隨而散佚，雖僅有存者，亦不能無殘缺。是書不爲兵燹所毁，不爲蟲鼠被害，幸存於今矣，而歷年之久，傳寫紕繆，浸失舊文，烏三寫而爲舃者，不可更僕而紀也，加以缺脱紛錯，殆不可讀，良可恨也。

庚子首夏，予宿疾微動，不好外出，乃取諸書校讎對勘，略加是正。又揆椎魯，間附管窺，以之自遣，且以爲消夏之具，至七月畢矣。烏乎！王者謹時令，急民事，故《小正》紀之夏時，《月令》係之周公。然則予是舉非徒好奇，亦必在所不惜云爾。

附録五　依田利用《玉燭寶典考證》例言

一、舊注正文下，細字分行，今大字別行低一字，仿《水經》《荊楚歲時記注》之例考證，細字分行。要其不相混淆，庶俾讀者取之便展閱。

一、末卷往往用武后製字，𠀑、埊、囸、圀、〇、𠦚之類。其所流傳，唐時本無疑也。惣字，唐人俗字而用之，及避唐諱之類亦可見。而全帙不悉然，故今不法。

一、是書所引用《詩》毛傳、鄭箋，《尚書》孔傳、三禮鄭注等，皆與通行疏本小異，如《月令章句》，蔡雲所輯，捃摭詳贍，而猶且不及見也。其餘《尸子》《皇覽》《孝子傳》《漢雜事》，緯書，《倉頡》《字林》之類，皆佚亡不傳，吉光片羽，所宜寶貴也。

一、第九卷各本闕逸，仄聞某侯所藏獨爲完善，而不可得見，以俟博洽君子有得而補之。

附録六　依田利用《玉燭寶典考證》叙録

《玉燭寶典》在長期的流傳過程中，魯魚豕亥在所難免，訛脱衍奪的現象十分嚴重，故「當更取它書爲悉心校之，精刻以傳」[一]。日本學者依田利用所作《玉燭寶典考證》（以下簡稱《考證》），依靠日本所藏善本和傳世文獻對《玉燭寶典》多所訂正，代表了迄今爲止校勘《玉燭寶典》的最高成就。

依田利用（1782—1851），家出「清和源氏滿快流」。初名利和，通稱惠三郎；後改名利用，通稱源太左衛門[二]。他年輕時代在昌平阪學問所學習，歷昌平阪學問所寄宿稽古人、學問所稽古人頭取、學問所出役、儒者勤方見習、儒者見習等職，後因學問淵博，被「大學頭」林述齋推

[一]《越縵堂日記·荀學齋日記》辛集上光緒丙戌（1886）秋七月壬辰初四日條，第11139頁，廣陵書社，2004年5月。

[二] 山本岩《依田利用小伝》將其改名時間定爲1813年，依田利用時年32。參山本岩《依田利用小伝》，《宇都宮大學教育學部紀要》第1部第42號，平成四年（1992）3月，宇都宮大學教育學部。

薦爲「儒者」，並很快榮升爲「奥儒者」。其主要著作有《韓非子校注》《國鑒》《考證》和《古佚窺斑》等書。事俱福井保《依田利用の履历》、山本岩《依田利用小伝》。[一]

《考證》十二卷，卷九缺，手稿本，凡四册，卷一至卷二爲第一册，卷三至卷五爲第二册，卷六至卷八爲第三册，卷十至卷十二爲第四册。每册首頁有「從某月某季至某月某季」，下鈐「麒麟」圖畫印，次「《玉燭寶典》第幾第幾」，如第一册首頁云：「從正月孟春至二月仲春」、「《玉燭寶典》第一第二」。

是書首《考證》序，次例言，次杜臺卿序，下鈐「島田翰讀書記」（陰文），次正文。卷端題「玉燭寶典卷第一」，次行「依田利用考證」，次入正文，上鈐「帝國圖書館藏」（陽文）。卷三之首自上而下分别鈐有「篁村島田氏家藏圖書」、「島田重禮」、「敬甫」、「帝國圖書館藏」（陽文）諸印記。卷五首鈐「島田翰讀書記」（陽文）。版心鐫「樂志堂」。今案島田重禮（1838—1895），字敬甫，號篁村，日本明治時期著名漢學家，在東京大學執教多年。家有雙桂精舍，藏書兩萬餘卷。島田翰（1877—1915），島田重禮次子，號彦楨，受業於竹添光鴻，在版本學方面

[一] 参福井保《依田利用の履历》，古典研究会编《汲古》第14号，昭和六十三年（1988）12月，汲古书院。山本岩《依田利用小伝》，《宇都宫大學教育學部紀要》第1部第42號，平成四年（1992）3月，宇都宫大學教育學部。

深有研究。據此，則此書經島田重禮、島田翰父子相繼收藏。1909年5月，當時的日本東京帝國圖書館將此書購入，即現在的日本國立國會圖書館，今藏於國會圖書館古籍資料室。

是書《例言》云：「舊注正文下細字分行，今大字別行低一字，仿《水經》《荊楚歲時記》注之例，考證細字分行。要其不相混淆，庶俾讀者取之便展閲[一]。」又云：「末卷往往用武后制字，其所流傳，唐時本無疑也，而全帙不悉然，故今不法。」其考證語或書於天頭，或以細字夾于正文，其間塗乙處尚不在少數，似非一時之作，殆遞有改定，非爲定本。筆者經過仔細查考，認爲文中細注爲依田利用初次校訂者，書於天頭者爲嗣後所補苴。

關於此書的撰寫緣起及經過，依田利用序云：「庚子首夏，予宿疾微動，不好外出，乃取諸書校讎對勘，略加是正。又揆椎魯，間附管窺，以之自遣，且以爲消夏之具，至七月畢矣。」依田利用生於1782年，卒於1851年，此「庚子」當爲1840年，依田利用時年59歲。據此，依田利用在1840年四月始撰《考證》，歷時四閲月。

專修大學藏本卷二末有「山田直温、野村温、依田利和、豬飼傑、横山樵同校畢」字樣，山本岩《依田利用小傳》將此同校訂《玉燭寶典》之事定在日本光格天皇文化二年（1805），依田

[一] 依田利用《玉燭寶典考證》，日本國會圖書館藏作者手稿本。以下凡引是書者，不俱出。

利用（利和）時年24歲。由於此次集體校訂《玉燭寶典》工作的出色，此五人得到了「大學頭」林述齋的嘉獎。[一] 據此，在作《考證》之前，依田利用已經參加校勘過《玉燭寶典》，爲他作《考證》提供了良好的基礎，這也是他之所以能够在短時間内完成《考證》的主要原因。在集體校訂《玉燭寶典》的基礎上，依田利用又因工作和職務之便，得以參考楓山官庫和足利學校等所藏典籍。其書中所言「古本」、「足利本」等多數出自楓山官庫和足利學校所藏古本。由於上述有利的主觀和客觀條件，使依田利用在校勘《玉燭寶典》上取得了顯著的成績。

其所校勘，抉發幽微，考案舊次，左右采獲，訛者正之，脱者補之，皆據傳世本、古本與《玉燭寶典》所引文獻相比勘，創獲良多，於《玉燭寶典》功莫大焉。如卷一《莊子》「連灰其下，百鬼畏之」，依田利用考證云：「舊『百』作『而』，今依《荊楚歲時記》《初學記》《白六帖》改。案《莊子》今本無此文，而《御覽》引莊周云亦同，此蓋或逸文也。」卷二「城市尤多鬥雞卵之戲」，依田利用考證云：「舊『卵』上有『門』字，《初學記》《白六帖》《事類賦》《荊楚歲時記注》無，今據删去。《倭名鈔》作『城市多爲鬥雞之戲』。」卷三「皇后躬桑，始得將一條」，

[一] 參見《日本教育史資料》卷二十一《古記錄》所收《昌平阪學問所書付留抄（從享和元酉年到文化4卯年）》中的《褒美願》，臨川書店，1969年版。

依田利用考證云：「《初學記》《藝文類聚》無『得』字，案得、將字形相近而誤重。」卷四「三分宫去一，以生徵，徵數五十四，屬火者，以其徵清事之象也」，依田利用考證云：「《注疏》『徵清』作『微清』，阮元《校勘記》云閩、監、毛本作微，此本微誤徵。舊無『也』字，今依注疏本增。」卷五鄭玄注「昴爲天獄，主殺之者」，依田利用考證云：「舊無『天』字，今依《注疏》本增。《注疏》本無『昴』字、『之者』字，《考文》引古本有『昴』字，『殺』下有『之也』二字。《校勘記》引嚴傑云：『《考文》所云古本多不足據。《開元占經》云：黄帝曰昴，天牢獄也。又云巫咸曰畢爲天獄，是昴、畢並爲天獄之證，注文必不舍畢而言昴，古本『爲』上有『昴』字，非也。』而以此證之隋時本亦有『昴』字。古本與此正合，則其以爲不足據者非是。『之者』當作『也』。」卷六「今月令四爲田也」，依田利用考證云：「舊『今』作『令』，『田』作『日』，今依《注疏》本改。而『今月』至『丘隰水潦』注『戊之氣乘錯』，出下文『精明』注『宫以之菊』下，今移正。」卷七鄭玄注引高誘云：「太陽氣衰，太陰氣發，萬物雕傷。」《考證》云：「此蓋《吕覽》注也，而吕注『雕傷』作『肅然』，《淮南》注同此。」卷八「日夜分，雷乃始收」，《考證》云：「《注疏》本作『雷始收聲』，《考文》云『雷』下有『乃』字，足利本同。《校勘記》云：『唐石經「始」作「乃」，王引之云本作「雷乃始收」，《初學記》《周禮·韗人》疏可證，《淮南・時則篇》同。』與此正合。」卷十「日之行冬，北從黑道，閉藏萬物，月爲之佐時，萬物懷任於下，揆然萌芽也」，《考證》云：「舊『揆』作『癸』，『芽』下有『之』字，今依《注疏》本改刪。《注疏》本『冬』作『東』，《考文》云足利本作『冬』。《校勘記》云：『觀上孟春注云「春東從青道」，是其句法一例，諸本疑「冬」爲「東」誤而改之，謬矣。』」卷十一引《詩草木疏》「漁陽、代郡、上党皆饒」，《考證》云：「舊『漁陽』作『鰒魚』，今依《齊民要術》改。本書及《齊民要術》『代郡』作『遼東』。」卷十二引「河内人無何而見有人馬數千萬騎」，《考證》云：「舊無『人無何而』四字及『騎』字，今依《御覽》《事類賦》增。」諸如此類，在書中還有很多，不煩枚舉。

依田利用的《玉燭寶典考證》則是目前爲止校勘水準最高的本子，但由於其爲未定稿，丹黄拉雜，故亟需整理以供研究者參考使用。以前的研究者在使用《古逸叢書》本校勘古書時，由於條件的限制，既未見到日本所藏古本《玉燭寶典》，亦没有利用依田利用的校勘成果。因此，在今後的研究中，學界在使用《古逸叢書》時尚要參看日本所藏古本以及依田利用的校勘成果，以免「捃吐核，拾藥滓」之嫌。

附録七　孫詒讓以《玉燭寶典》校《易通卦驗》鄭玄注

說明：本附録以清光緒二十年（1894）籀廎刻二十一年正修本《札迻》爲録文底本，摘録孫氏以《玉燭寶典》校《易通卦驗》鄭玄注的部分，其中正文加粗，孫氏案語附於其後。文中「官本」指武英殿聚珍版本。

《易通卦驗》鄭康成注　聚珍版本。張惠言《易緯略義》校。

卷上

權合寶。案杜臺卿《玉燭寶典》引「合」作「舍」，又引注云：「北方爲坎，權稱錘，在北方，北方主用藏，故曰含寶之也。」之字疑衍。今本注全捝。以注推之，似當以作「舍」爲正。

虙羲作《易》，仲仲命德，維紀衡。案《玉燭寶典》引「仲」字不重，「衡」當作「衡」，是，當據正。

注云：「衡，猶當也。維卦起數之所當，謂若艮於四時之數當上春。」案《寶典》引「衡」作「衡」，「維卦」作「維者」，「上春」作「立春」，竝當據正。**以日冬至日始，人主不出宮。注云：「冬至時，陽炁微，事欲靜，以得其著定也。」**案《寶典》引「宮」下有「室」字，注「冬至」下有「日」字，「陽氣」下有「微」字，「得」作「待」，是，當據正。

天下人眾亦在家從樂五日，以迎日至之大禮。案《寶典》引「在家」作「家家」。又引注云：「從，猶就也。日旦冬至，君臣俱就大司樂之宮，臨其肄樂。肄與肆通。祭天，圜丘之樂以爲祭，事莫大此焉，重之也。天下衆人亦家家往者，時宜學樂，此之謂。」今本注全挩，當據補。

人主致八能之士，或調黃鍾，或調六律，或調五聲，或調五行，或調律曆，或調陰陽，政德所行。官本校云：「按《禮記·月令》孔疏作『夏至，人主從八能之士，或調黃鍾，或調六律，或調五音，或調五聲，或調五行，或調律曆，或調陰陽，或調政德所行』，與此文異。」案《寶典》引「或調黃鍾」以下竝與孔同。又引注云：「致八能之士者，謂選於人眾之中，取於習曉者。使之調焉，謂和調之。五行者，五英也。律曆者，《六莖》也。陰陽者，《雲門》《咸池》也。政德所行者，《大夏》《大護》《大武》三者也。」今本竝挩。

人敬稱善言以相之。注云：「相，助。差若言助之明心扣。」案《寶典》引作：「相，助也。善言助之明心和，此之謂也。」是，當據正。

然擊黃鍾之磬。案《寶典》引「然」下有「後」字，當據補。

鼓用革焉。官本校云：「按孫瑴《古微書》作『鼓用馬革』。」案此與後「夏至鼓用黃牛皮」文正相對，孫本是也。《寶典》引亦同。又引注云：「鼓必用馬革者，冬至，坎氣也，於馬爲美脊爲亟心也。」今本全挩。

鼓黃鍾之琴，瑟用槐木，瑟長八尺；吹黃鍾之律，間音以竽補，竽長四尺二寸者。案《寶典》引作「瑟用槐長八尺一寸」。又引注云：「瑟用槐者，槐棘醜橋，《爾雅·釋木》「橋」作「喬」。取橑象氣上也。「取」下疑當有「其」字。上下代作謂之閒，閒則音聲有空時，空時則補之以吹竽也。」今本全挩。

天地以扣應。注云：「扣者，聲也。」案「扣」竝當爲「和」形之誤也。《寶典》引注云：「天地以和，神應先見也。」今本挩。

五官之府，各受其當。案《寶典》引注云：「五府各受其職，所當之事，愛敬之至，無侵官也。」今本挩。

此謂冬日至成天文，夏日至成地理。注云：「天文者，謂三光也。地理者，謂五土也。三光行炤天下，冬至而數訖。五土以生萬物養人，夏至而功定。於是時祭而成之，所以報之也。」案《寶典》引注「行炤天下」作「運行照天下」，「養人」下有「民」字。

故曰冬至之日立八神，樹八尺之表，日中規其晷之如度者則歲美，人民和順；晷不如度者則其歲惡，人民爲譌言，政令爲之不平。晷進則水，晷退則旱。進尺二寸則月食，退尺則日食。案《周禮》馮相氏賈疏引「立」作「置」，「規其晷」作「視其影」，《寶典》引作「視其晷」，下無「之」字。「人民爲譌言」作「人僞言」，「僞」、「譌」聲同，古字通。《寶典》及賈疏引注云：「神，讀如引題喪漸之引，書字從音耳。「引題喪漸」未詳，賈引無此十字[二]。立八引者，椓杙於地，賈引「立」作「言」，「椓」作「樹」。四維二字《寶典》無，從賈引補。四中，《寶典》作「仲」，今從賈正。引繩以正之，因名之曰引。賈引「因」上有「故」字。必立引者，先正方面賈引無「必」字，又「表」作「引」。於視日晷審也。賈引無「晷」字。又「也」作「矣」。譌言使政令不平，人主聞之，不能不或。惑、或通。爲表，或爲木也。」「譌言」以下二十一字，賈未引。又云：「晷進，謂長於度也。賈無此字。日行黃道外，則晷長，「日」下賈引有「之」字。晷長者陰勝，故水。《寶典》不重「晷長」二字，今從賈引補。晷短於度者，日行「日」

[二]「十」當作「四」。

下賈有「之」字。入進黃道之內，賈引無「之」字。故晷短，晷短者陽勝，是以旱。進尺二寸則月食者，月《寶典》無此字，今從賈引補。以十二爲數也，賈無此字。以勢言之，宜爲月不食。「不」字疑衍，賈引無。退尺今本《周禮》疏引緯文及注，此下並衍「二寸」二字，非。《寶典》引無，今刪。則日食，賈引有「者」字。日賈引有「之」字。數備於十也。」賈引無。今本注全捝，當據補。

謹侯日。冬至之日見雲，送迎從下鄉來。案「下」《寶典》引作「其」，是，當據正。

卷下

炁出右，萬物半死。案《寶典》引「死」作「不生」，注同。

注云：「霜物未徧收。」張云：「霜下脱降字。」案《寶典》引「降」字不捝，當據補。

炁出右，天下旱；炁出左，涌水出。案《寶典》引「旱」作「大旱」，「涌水出」，「出」上有「大」字。

注云：「冬至右，小雪之地。大、小雪，二炁方凝，其下難，故旱。小雪，水方盛，水行而出涌之象也。」張云：「『小雪』當爲『大雪』。『大小雪』，『小』字衍。『小雪』，『雪』當爲『寒』。」案《寶典》引作「冬至之右，大雪之地；左，小寒之地。大雪，雨氣方凝，其下難，

故旱。小寒，水方盛。」此與張校合。竝當據正。張校未當。

炁出右，萬物霜；炁出左，山崩，涌水出。注云：「萬物之生，而艮炁見於大寒之地，故霜。艮炁見於驚蟄之地，山崩，涌水則出也。」張云：「霜當爲傷。注同。」案《寶典》引仍作「霜」。注同。萬物之生，「之」作「方」。「山崩涌水則出也」作「山崩之象也，山崩水則出也」。文較今本爲備。

炁出右，萬物半死。注云：「物未可盡生，故半死。」案《寶典》引「物」字上有「雨水之時」四字。

人民疾溼。案「溼」《寶典》引作「溫」。

炁出右，風櫪木。注云：「今失其位，爲之風。」案《寶典》引作「今失其位，故爲傷物之風也。」

炁出左，赤地千里。注云：「赤地千里，言旱甚，且廣千里。穿井，井乃得泉。」案《寶典》引作「穿井乃得泉也」。

兑，西方也，主秋分，日白，炁出值兑，此正炁也。案《寶典》引「日」下有「入」字，當據補。

炁出右，萬物不生。注云：「兑主八月，其所生唯薺與麥。」案《寶典》引「生」下有「物」字。

又云：「兑失位，虎則爲害。」案「兑」下《寶典》引有「氣」字。

故曰八卦變象，皆在於己。注云：「己，人君也。上列八卦炁之非常而爲交異而著。」案注末當作「而爲灾異者」，灾、交、者、著，皆形近而譌。「而」字衍。

期在百二十日内有兵。注云：「百二十日内有兵，臣下欲試之兵也。」張云：「試當爲殺。」案當作「弑」。

晷長丈三尺，陰炁去，陽雲出其，莖末如樹木之狀。張云「其，古箕通。」案「其」《寶典》引作「箕」，亦卽「箕」字。隸草从竹字多變从艸，漢碑及《急就篇》皇象本竝如是。

注云：「晷者，所立八尺之表，長丈三尺，長之極，後有減矣。陽始也起，故陰炁去於天，不復見，而陽雲出箕焉。」案《寶典》引作「晷者，所立八尺表之陰也」，「後有減矣」作「後則日有減矣」，「陽始」下無「也」字，疑衍。

又云：「二十四炁，冬至芒種爲陽，其位在天漢之南；夏至大雪爲陰，其位在天漢之北。」案《寶典》引二「至」下竝有「至」字，當據增。

又云：「術候陽雲於陽位而以夜。」案「術」上《寶典》引有「此」字。

小寒合凍，虎始交，祭，虵垂首，曷旦入空。張云：「《月令》疏引作「豺祭獸」，此脱。」案《寶典》引無「空」字。又引注云：「交，合牝牡也。祭，祭獸也。垂首、入穴，寒之徵也。」

今本全挩。以杜所引注校之，緯文當作「豺祭」，今本及《寶典》竝挩「豺」字。注以「祭獸」釋之，明正文無「獸」字也。《月令》疏疑以意增，不足據。「入空」疑當作「入穴」，《寶典》所引挩「穴」字，而注則不誤。

倉陽雲出平。張云：「孫轂《古微書》引『平』作『氐』。」案《寶典》引「平」作「炁」，未詳。據注云宿次，當爲出尾，而言平，似誤者也。《寶典》未引。則孫引作「氐」亦非。

注云：「九二得寅炁，木也，爲南倉；從坎也，爲北黑。」案《寶典》引作「寅，木也。」，無「炁」字。「從坎也」作「猶坎坎水也」。

大寒雪降，草木多生心。注云：「陰盛也。多生心，陽炁起也。」案《寶典》引作「雪隆，草木生心」，注作「隆，盛也，多也，疑衍。生心，陽氣起。」今本「隆」誤作「降」，校者又改注以就之，大繆。

楊柳椲。注云：「柳青楊色也。椲讀如柘。楊稊狀如女桑秀然也。」張云：「『柳青楊』當作『柳楊青』。『柘』疑當爲『梯』。」案《寶典》引「椲」作「桋」，注作「柳青楊也。桋讀如枯。楊生稊，《易·大過》九二爻辭，釋文云：「稊，鄭作荑。」此仍與王弼本同。狀如女桑秀然也」。「椲」杜作「桋」是也。《爾雅·釋木》云：「女桑，桋桑。」緯字本與《爾雅》同，故鄭云如女桑矣。

杜引注文亦較完備，竝當據正。今本注「柘」字即「枯」之譌，張校未當。

晷長丈一尺二分。官本校云：「按《後漢書·律曆志》注作『晷長一丈一寸六分』。」案《寶典》引作「一丈一寸二分」，與《漢志》注略同。

注云：「之雲如積水，似誤。」案《寶典》引「之」作「云」是也，當據正。注末又有「也」字。

雨水凍氷釋。案《寶典》引無「凍」字，今本似衍。

鶬鶊鳴。注云倉庚鳴伏地張云鶊當爲鶬。案《寶典》引「鶊」作「鴳」，注云：「倉，鴳蒼狀也。」杜氏又引《爾雅·釋鳥》「雇鴳」經注以釋之，云鴳字與鶊字不同。則緯本自作「鴳」字，張校誤。注有譌，未詳。

驚蟄雷應北。**注云：「電者雷之光。」**舊本「電」、「雷」二字互易，今從《寶典》及張校正。案《寶典》引作「雷電候鴈北」，是也，當據補正。

桃始花。案《寶典》引無「始」字。

正陽雲出張，如積鵠。官本校云：「《編珠》《古微書》引作『白鵠』，此本疑挩『白』字。」案《寶典》引有「白」字。

注：「春分於震值初九，初九，辰在子，震爻也。」張云：「乾初爻辰子。」案《寶典》引作「初

在辰，震爻也」，似誤。

玄鳥來。注云：「鳥隨炁和乃至。」案「隨」《寶典》引作「陽」。

立夏清明風至而暑，鵠聲蜚，電見。早出。龍升天。張云：「《初學記》引「鵠鳴聲，博穀蜚」，按注宜然，經注竝脱耳。」案《寶典》引亦作「鵠鳴聲，搏穀蜚」。杜注云：「古飛字也。」又引注云「電見者，自驚蟄始候至下疑捝「此」字。而著。早出，未聞。龍，心星」云云。今本注捝「電見者」以下十五字，當據補。

當陽雲出觜，紫赤如珠。注云：「立春張校改夏。**於震直九四，九四，辰在午也，午爲火，互體，坎炁相亂也，故紫赤色皆如珠也。」**張云：「春當爲夏。」案《寶典》引「當陽」作「常陽」，注「立春」正作「立夏」，竝當據正。直九四，「直」作「在」。「坎」作「故」。「皆如珠」作「如連珠」。

小滿雀子蜚。注云：「於此更言雀子蜚者，鳴鳥類也有先張本作似。**大人之。」**案《寶典》引「小滿」下有「小雨」二字，注作「鳴類已有光大」，疑當作「鳥類已有先大」。

上陽張本有雲字。**霍七星赤而饒。注云：「小滿於震直六五，六五，辰在卯，與震木同位，震木可曲可**張本無此字。**直。五六，離爻，亦有互體。坎之爲輪也。饒，言其刑行四也。」**張云：「『五六』當爲『六九』，『爲』當爲『象』，『刑行四』當爲『形紆曲』，『饒』蓋當爲『撓』。」案《寶典》引作「上陽雲出七星赤而饒饒」，此與「芒種雲赤如曼曼」文例正同。注作小滿於震值六五，辰在震疑衍卯，與震同位，木可曲直。六五，離爻也，亦有互體坎，坎爲弓輪之。疑「也」之譌。饒饒，列當爲「形」。紆曲者也。」當據校正。

芒種蚯蚓出，晷長二尺四分。長陽雲集，赤如曼曼。官本校云：「按《後漢書》注作『晷長二尺四寸四分』，此本缺『四寸』二字。」案《寶典》引「蚯」作「丘」，「二尺」下正有「四寸」二字，「集」作「雜」，注同。今本作「集」，亦誤。

注云：「巽又長，故曼之也。」張云：「『之』當爲『曼』。」案《寶典》引作「巽又爲長，故曼曼也」。今本挩「爲」字，「曼曼」當依張校正。

鹿解角，木莖榮。注云：「木莖，柳欃。榮，華也。」案《寶典》引作「鹿角解，水堇榮」，「堇」字與注不相應，疑誤。

晷長四寸八分。張云：「《後漢書》注『一尺四寸八分』，此脱『一尺』。」案《寶典》引作「尺四寸八分」，當據補。

少陰雲出，如水波崇崇。注云：「夏至離用事，位直初九，辰子也，故水波崇崇，微輪轉出也。」案《寶典》引作「夏至離始用事，位值初九，初九，辰在子，故如水波崇崇，微輪出也」。

文較今本爲詳，惟末句仍有捝誤。

黑陰雲出，南黃北黑。注云：「巽爲故北黑也。」張云：「『爲』字下有捝字。巽色不宜黑，所未詳。」案《寶典》引「爲」下有「黑」字，當據補。

大暑雨溼。案《寶典》引作「大暑暑雨而温」。

腐草爲嗌，蜻蚓鳴。張云：「《文選》注引作『蜻蛚鳴』，按《説文》『腐草爲蠲』，『嗌』蓋『蠲』字之誤耳。」案《寶典》引作「腐草化爲嗌，蜻蛚鳴」，注同，當據正。杜又釋云：「嗌恐非蟲類，似取益聲，還爲『蠲』之別體。」與張説正同。

注云：「舊説腐草爲鳴。」張云：「『鳴』當爲『螢』。」案「鳴」《寶典》引作「蝎」，未詳。

處暑雨水，寒蟬鳴。注云：「雨水，多雨。寒蟬，秋蟬。」案《寶典》引作「雨水多而寒也」，與今本句讀不同，疑誤。

晷長五尺三寸二分。案《寶典》引作「尺三寸二分」。

赤陰雲出，南黃北黑。注云：「六五辰在卯，得震炁，震爲故南黃也。」案《寶典》引「震爲」下有「玄黃」二字，當據補。

白露雲炁五色，蜻蚓上堂，鷹祭鳥，燕子去室，鳥雌雄別。注云：「燕子去室，不復在於巢，

習飛騰也。鳥雌雄別，生乳之炁上者。」案《寶典》引「蜻蛚」作「精列」，是也。張本亦作「蛚」。當據正。又引鄭注云：「雲氣五色，眾物皆成盡氣候。精列上堂，始避寒也。鷹將食鳥，先以祭也。鸞子去室，不復在科，習飛騰。鳥雄雌別，生孚之氣止也。」今本「先以祭也」以上並挩，又「止也」誤「上者」，並當據補正。

黃陰雲出，南黑北黃。注云：「白露於離直上九，上九，艮爻也，故北黃。辰在戌，得乾炁，君成，故南黑也。」張云：「『君成』字有誤。」案《寶典》引作「於離值九三，九三，艮爻」，「君成」作「乾居上」三字，當據正。

秋分風涼慘。案《寶典》引無「風」字。

昌盍風至。注云：「昌盍，蓋藏物之風也。」案《寶典》引作「閶闔，藏萬物之風也」。

白陽雲出。官本校云：「按《古微書》作『白陰雲』。」案《寶典》引作「白陰雲出」。

立冬不周風至。注云：「立冬應用事，陽炁生異，故不周風至。」張云：「『應』下挩『鍾』字。『異』誤字。」案《寶典》引「應」作「陰」，「異」作「畢」，並當據正，張校非。

晷長丈一寸二分，陰雲出接。注云：「立冬，於兌直九四，九四，辰在午，火性炎上，故接。」案《寶典》引「一寸」作「一尺」，「出接」作「上接接」。注作「九四震」。又「辰在午故接」

作「故接接也」。

雉入水爲蜃。注云：「雉入水亦爲蜃蛤。」案《寶典》注作「雉入水，水氣化爲蜃蛤。」

陰雲出而黑。注云：「九五，兑爻。」張云：「『兑』當爲『坎』。」案《寶典》引正作「坎」。

長雲出黑如介。案《寶典》引作「長陰雲出黑如分」，今本挩「陰」字，當據補。

注云：「上六，辰在巳，得巽旡爲長。始分，或如介，未聞。」張云：「蓋本或爲『始分』。」案《寶典》引作「得巽爲黑分。或如介，未聞者」。以杜所引推之，正文蓋當作「分」，注當作「如分，或爲如介，未聞也」。此「分」疑即「氛」之省。《稽覽圖》云：「黑之異，在日中分分也。」亦作「分」字。張説未塙。

附録八　日藏《玉燭寶典》鈔校本論考——《古逸叢書》底本辨析

《玉燭寶典》十二卷，隋著作郎杜臺卿撰。杜臺卿字少山，博陵曲陽縣（今河北定縣）人，歷北齊、北周、隋三朝，事蹟具《隋書》本傳。「開皇初，被徵入朝。臺卿嘗采《月令》，觸類而廣之，爲書名《玉燭寶典》十二卷。至是奏之，賜絹二百匹。臺卿患聾，不堪吏職，請修國史。上許之，拜著作郎。十四年，上表請致仕，敕以本官還第。數載，終於家。有集十五卷，撰《齊記》二十卷，並行於世[一]。」《玉燭寶典》全本久佚，直至清光緒年間，楊守敬在日本發現《玉燭寶典》鈔校本十一卷（缺卷九），黎庶昌影刻輯入《古逸叢書》。此後的《叢書集成初編》本、《續修四庫全書》本，均源出《古逸叢書》本。

但是，人們不難發現，《玉燭寶典》文本存在著較多的缺陷，訛誤衍脱現象比較嚴重。當年李慈銘既敏鋭地覺察到《玉燭寶典》的不可替代的文獻價值，又不無遺憾地説「當更取它書爲悉

[一]《隋書》，中華書局，1994年，第1421頁。

心校之，精刻以傳」[一]。李慈銘或許説的是《玉燭寶典》引用文獻的原始典籍，但《古逸叢書》影刻《玉燭寶典》的底本問題，無疑應該被納入到我們的考察視野之内。日本所藏《玉燭寶典》寫本不止一種，黎庶昌、楊守敬選擇哪一種作爲影刻底本呢？真的是《古逸叢書》本卷前牌記所標識的「影舊鈔卷子本《玉燭寶典》」嗎？回答是否定的。

一、《玉燭寶典》日本鈔校本簡述

《玉燭寶典》十二卷，是杜臺卿以《禮記·月令》、蔡邕《月令章句》爲綱，採集大量文獻，附以「正説」、「附説」，綴輯而成的歲時民俗類著作。它上承《禮記·月令》、梁宗懔《荊楚歲時記》，下啟杜公瞻《荊楚歲時記注》、宋陳元靚《歲時廣記》，反映了先民時令風俗的演變軌跡，對我們認識兩漢、魏晉南北朝至隋唐時期的天文、曆法、農學、時令等諸多文獻具有重要意義，對中國歲時文化的傳播和發展産生了重要影響。《隋書·經籍志》《舊唐書·經籍志》著録於子部雜家類，《新唐書·藝文志》《宋史·藝文志》則著録於子部農家類。元、明間，陶宗

[一]（清）李慈銘：《越縵堂日記·荀學齋日記》，廣陵書社，2004年，第11139頁。

儀摘編一卷，輯入《説郛》[一]。嗣後，見於明末陳第《世善堂書目》。「蓋自宋初，如存如亡，不甚顯於世，故《太平御覽》《事類賦》《海録碎事》等諸類書所引用亦已少矣[二]。」其殘文剩義偶見徵引于宋、明諸書中，如宋蕭贊元《錦繡萬花谷》、羅璧《識遺》、趙與旹《賓退録》，明方以智《通雅》、李時珍《本草綱目》等書，其中每書所引少則一條，多不過三條，内容又大多相同，皆輾轉引自唐宋類書。清初，朱彝尊曾經搜討此書，但無果而終。他説：「論者遂以《修文殿御覽》爲古今類書之首，今亦亡之。惟隋著作郎杜臺卿所撰《玉燭寶典》十二卷見於連江陳氏《世善堂書目》，予嘗入閩訪陳後人，已不復可得[三]。」直到清光緒年間，楊守敬在日本發現《玉燭寶典》鈔校本十一卷（缺卷九），黎庶昌影刻輯入《古逸叢書》，立即引起國内學者的注意。光緒十二年（1886），李慈銘（1830—1895）在日記中寫道：「其書先引《月令》，坿以蔡邕《章句》，其後引《逸周書》《夏小正》《易緯通卦驗》等，及諸經典，而崔寔《四民月令》蓋全書具在。

[一] 參《説郛三種》，上海古籍出版社，1988年，第3220—3221頁。

[二] （日）島田翰：《古文舊書考》，《日本藏漢籍善本書志書目集成》第三册，北京圖書館出版社，2003年，第175頁。

[三] （清）朱彝尊：《曝書亭集》卷三十五《杜氏編珠補》序，《四部叢刊》本。

其所引諸緯書，可資補輯者亦多[一]。」曾樸（1872—1935）作《補後漢藝文志並考》十卷，其中「劉歆《爾雅注》」條轉引《玉燭寶典》所載文獻，其卷二「蔡邕《月令章句》」條按語云：「日本國卷子本《玉燭寶典》於每月之下，《月令》之後，詳載此書，諸搜輯家皆未之見。好古者若能一一輯出，合以《原本玉篇》、慧琳《一切經音義》所引，則中郎此書，雖亡而未亡也[二]。」近人向宗魯以《玉燭寶典》校《淮南子》，王叔岷以校《莊子》《列子》，均取得了很好的校勘成果。

日本寬平三年（公元891年，當唐昭宗大順二年），朝臣藤原佐世奉敕編《本朝見在書目録》（今通稱《日本國見在書目録》），雜家類著録「《玉燭寶典》十二，隋著作郎松臺卿撰」（「松」爲「杜」之訛）。據筆者所知，日本現有《玉燭寶典》鈔校本四種[三]，它們分别是：

[一]（清）李慈銘：《越縵堂日記·荀學齋日記》，廣陵書社，2004年，第11139頁。

[二]（清）曾樸：《補後漢藝文志並考》十卷，光緒二十一年（1895）家刻本。

[三]又島田翰稱别有一本，卷子裝，存第九，却佚卷第七後半。但諸家皆未見。參《古文舊書考》，《日本藏漢籍善本書志書目集成》第三册，北京圖書館出版社，2003年，第176—177頁。

一　日本1096年至1345年寫本，十一卷（缺卷九），卷軸裝（六軸），此即所謂「日本舊鈔卷子本」，舊藏於日本舊加賀藩前田侯尊經閣文庫[一]。卷五寫於嘉保三年（1096），卷六、八寫於貞和四、五年（1344—1345）。1943年，東京侯爵前田家育德財團用尊經閣文庫藏舊鈔卷子本影印行世，即《尊經閣叢刊》本，後附吉川幸次郎（1904—1980）撰《玉燭寶典解題》。1970年12月，臺北藝文印書館用日本前田家舊鈔卷子本影印出版，附林文月[二]所譯吉川幸次郎所撰《玉燭寶典解題》，此即《歲時習俗資料彙編》本。

二　日本圖書寮鈔本，十一卷（缺卷九），册葉裝，爲江户時代毛利高翰（1795—1852）命工影鈔加賀藩主前田家所藏貞和四年（1344）寫本，又稱毛利高翰影鈔本，現藏於日本國立公文書館[三]。

三　森立之、森約之父子鈔校本，此本係據毛利高翰影鈔本傳鈔（據森氏跋文，「唯存其字，不存其體耳」，非

[一]　尊經閣文庫位於今東京都目黑區駒場，其收藏以江户時代加賀藩主前田家舊藏爲基礎。

[二]　林文月（女，1933年—），自幼接受日本教育，後回到臺灣，畢業於臺灣大學中文系。1958年（就讀碩士班期間）開始在台大任教，1969年時赴日本京都大學人文科學研究所就讀，1993年從台大退休，移居美國。

[三]　今位於東京都千代田區，其藏書以江户時代德川氏楓山官庫、昌平阪學問所、原近江西大路藩主市橋長昭、豐後佐伯藩主毛利高標等舊藏爲基礎。

影鈔也），十一卷（缺卷九），凡四册[一]。據森約之題記，自孝明天皇嘉永甲寅（公元1854年）至慶應二年（公元1866年），森氏父子合校完畢。森氏本今藏日本專修大學圖書館，鈐「森氏」「東京溜池靈南街第六號讀杜草堂寺田盛業印記」「天下無雙」「專修大學圖書館之印」諸印記。「東京溜池靈南街第六號讀杜草堂寺田盛業印記」「天下無雙」爲日本著名藏書家寺田望南藏書印，由是知森氏本曾經著名藏書家寺田望南[二]（1849—1929）收藏，最後歸於專修大學圖書館。

四　依田利用（1782—1851）《玉燭寶典考證》十一卷（缺卷九），裝訂四册。此本先鈔寫《玉燭寶典》正文、舊注（大字），次考證（細字分行，或書於眉端，内容屬校讎類）。依田利用初名依田利和，原是江户時代末期毛利高翰命工影鈔前田家所藏十一至十四世紀寫本《玉燭寶典》的參加者，五名鈔校者之一。此本《例言》稱卷子本「末卷往往用武后制字，其所流傳，唐時本無疑也」，則《考證》所載《玉燭寶典》正文、舊注，當出自前田家藏本（今尊經閣文庫本），且與藤原佐世《本朝見在書目録》著録之唐寫本一脈相承。依田氏

[一]　案此本卷二與卷三有兩處大段錯簡。第三十二頁至第四十四頁卷二「降山陵不收」至卷末「此言不經，未足可采」爲卷三季春之語，當置於第四十七頁卷三「人多疾疫，時雨不」下。卷三「玄鳥至，至之日」至卷末「或當以此受名也」爲卷二仲春之語，當置於卷二小注「治獄貴知」下。

[二]　寺田望南（1849—1929），名弘，别名盛業，字士弘，號望南、讀杜草堂。明治時期日本著名藏書家。

此本，先後經島田重禮（1838—1895）、島田翰（1877—1915）父子收藏，1909年5月，入日本東京帝國圖書館（即現在的日本國立國會圖書館），今藏於國會圖書館古籍資料室。

二、《古逸叢書》影刻《玉燭寶典》底本辨析

那麽，《古逸叢書》影刻《玉燭寶典》的底本是上述鈔校本的哪一種呢？答曰：森立之、森約之父子鈔校本也。考森立之《清客筆話》卷一載明治十四年（1881）三月廿九日，楊守敬拜訪森立之（「○」表示分隔）：

楊守敬云：「貴邦古書爲我國所佚者，如《姓解》《史略》《玉篇》殘本、《玉燭寶典》，皆欲刻之。尤煩先生爲校刊，可乎？」（第521頁）

○楊守敬云：「高氏《史略》，再《姓解》《史略》《玉燭寶典》等書，如有鈔本，弟願得之。」

《玉燭寶典》（森注：以棭齋校本，出以示之。）

楊守敬云：「貴邦所有皆缺一卷乎？」

森立之云：「《寶典》原本一卷缺，余所藏本，棭齋舊藏，同人以朱筆校正者也。」

楊守敬云：「此似影鈔，何以有誤字？」

森立之云：原卷則唐人傳來舊鈔本也，故往往有訛字，其訛字亦一一有所原，不能容易改正。是宋版以前之鈔本，可貴重，可貴重。（以上第522頁）

○森立之云：「《玉燭寶典》，世上《寶典》皆以此本爲原。」

楊守敬云：「守敬不敢奪愛。但古書今日不刻，他日恐又失，故欲借鈔刻之耳。先生不欲此書刻乎？小生亦不取此書到家中。即煩先生屬寫工而鈔之上木，可乎？

楊守敬：所有《玉燭寶典》本，祈屬工鈔之爲感。（以上第523頁）

又有楊守敬借條云：「借《玉燭寶典》《儀禮注》鈔本，楊惺吾立，辛巳七月初四日。」（第539頁）[一]

《清客筆話》是日本學者森立之將自己和楊守敬會面時以筆代言的部分筆談真跡及名片、短簡、留言、借條等有關資料整理粘貼而成的一部筆談資料集。根據這一實録性文獻，我們可以作出判斷：楊守敬與森立之有實質性交往，「欲借鈔刻之」，並事先聲明「不取此書到家中，即煩先生屬寫工而鈔之上木」，森立之則慨然允借，楊守敬遂得於七月初四日借歸，影鈔影刻入《古逸叢書》中。森氏父子鈔校本今藏日本專修大學圖書館，分裝四册，十一卷（缺卷九）。卷三、

[一] 以上所引部分，見《楊守敬全集》第十三册，湖北人民出版社，1997年。

卷六、卷八、卷十二末有森約之校跋，茲迻録（「〇」表示提行）如下：

卷三末跋語云：「嘉永甲寅季秋初三日，工校正一過耳。約之。（「約之」下乃森氏花押，亦爲「約之」二字。押下一點、一撇，蓋即暗喻上文花押乃重「約之」二字也。）〇卷首九葉所與父公對校也云。〇今所書寫，粗略頗甚，字損大與原書不同。今不能逐一釐正，唯存其字，不存其體耳。安政二乙卯夷則之朔又書。榎齋（森氏有「榎逆養真齋」）約之。〇册首五頁，我藩友武田小藤太所謄也。慶應丙寅八朔，約之又志。

卷六末跋語云：「安政二乙卯林□晦日午後，與原本校紬了。書寫粗略，而字體大與原書異，今不能一一釐正耳。榎齋居士原約之。」

卷八末跋語云：「安政三丙辰中春十又七日，初更燭下，校讎壹過耳。書寫粗略，大與原書字損不同。今不能逐一密正之，得其文，不存其體耳。鄉陂居士榎齋森約之。」

卷十二末跋語云：「安政三丙辰三月廿三日之夜，燭下與家大人相對坐，卒業於比讎矣。書寫粗略雜暴，故字損大與原籍不同。然今不能逐一密正精訂，只得其語，不能存其體也。是不得已耳。鄉陂榎齋森約之。」

從跋語得知：森立之鈔本不是據「原本」、「原書」影鈔的，「得其文，不得其體耳」，爲一般傳鈔本。「原本」即底本，應是毛利高翰（1795—1852）影鈔加賀藩主前田家藏十一世紀至十四世紀「舊鈔卷子本」（尊經閣文庫本）而獻與德川氏者，即楓山官庫本。考森立之《經籍訪古志》卷五著録楓山官庫藏貞和四年鈔本《玉燭寶典》十二卷：「隋著作郎杜臺卿撰。缺第九一卷。每册有『貞和四年某月某日校合畢，面山叟記』，五卷末有『嘉保三年六月七日書寫並校畢』舊跋。按此書元、明諸家書目不載之，則彼土蚤已亡佚耳。此本爲佐伯毛利氏獻本之一，聞加賀侯家藏卷子本，未見[一]。」究其實，森立之目睹的是楓山官庫本，並非「貞和四年鈔本」，而是佐伯侯毛利高標的孫子毛利高翰的影鈔本，是爲森氏傳鈔底本。森氏所謂「貞和四年鈔本」，實爲嘉保三年（1096）至貞和四、五年間（1344—1345）的舊鈔卷子本，正是《經籍訪古志》所謂「聞加賀侯家藏卷子本」。如此說來，當年輯刻《古逸叢書》的黎庶昌、楊守敬有無可能通過森立之的線索，接觸到楓山官庫本（毛利高翰影鈔本），甚至尊經閣文庫本（舊鈔卷子本）呢？回答是否定的。我們取舊鈔卷子本、森立之父子鈔校本、《古逸叢書》本三本對校，就字體、字形、行款風貌而言，《古逸叢書》本與森氏父子鈔校本幾乎完全一致，是黎庶昌、楊守敬影刻的底本實爲森氏父子鈔校本，其牌記「影舊鈔卷子本玉燭寶典」云云，不足爲憑也。

[一]（日）森立之：《經籍訪古志》，《日本藏漢籍善本書志書目集成》第一册，北京圖書館出版社2003年，第285頁。

1943年，東京侯爵前田家育德財團將其所藏舊鈔卷子本影印行世。1970年12月，臺北藝文印書館再次影印，輯入《歲時習俗資料彙編》中。我們以此影印加賀藩主前田家所藏公元十一至十四世紀舊鈔卷子本與《古逸叢書》本相比堪，兩本不僅版面字體風貌迥異，而且文字上亦多有出入，例如：

一　舊鈔卷子本《玉燭寶典》（以下簡稱舊鈔卷子本）杜臺卿序云：「《易・繫辭》云：『庖羲氏之天下也，仰則觀象於天。』」森氏鈔校本旁注：「『天』上脱『王』字。」《古逸叢書》本正有「王」字。

二　舊鈔卷子本杜臺卿序云：「季秋爲未歲受朔日。」森氏鈔校本「未」旁注「來」字，《古逸叢書》本正作「來」字。

三　舊鈔卷子本杜臺卿序云：「遂去作《禮記》者，取《吕氏春秋》。」森氏鈔校本於「去」字旁注：「恐云。」《古逸叢書》本正作「云」。

四　舊鈔卷子本卷一引《禮記・月令》鄭玄注曰：「自抽軋而出者也。」森氏鈔校本於「軋」字下注「乹」字，《古逸叢書》本正作「乹」。

五　舊鈔卷子本卷一引《禮記・月令》孟春「律中大簇」鄭玄注云：「律，候氣之官也。」森氏鈔校本於「官」字旁注「管」字，《古逸叢書》本正作「管」。

六　舊鈔卷子本卷一引高誘注云：「是月之時，鯉應陽而動。」森氏鈔校本於「鯉」字旁注「鯉」字，《古逸叢書》本正作「鯉」。

七　舊鈔卷子本卷一引《禮記·月令》云：「大史謁之天子曰：某日春，盛德在木。」森氏鈔校本於「日」字旁注曰：「恐脱『立』。」《古逸叢書》本正有「立」字。

八　舊鈔卷子本卷一杜臺卿引《正曆》云：「天者，遠不可極，望之霧然，以玄爲色，其人大無不苞。」森氏鈔校本云：「立之按：『人』字恐衍。」《古逸叢書》本無「人」字，且爲保持行款一致，此字空缺。

九　舊鈔卷子本卷一杜臺卿引《禮統》云：「運轉精神，功郊布陳，其道可珍重謂也。」森氏鈔校本於「郊」字旁注曰：「恐『効』。」《古逸叢書》本正作「効」。

一〇　舊鈔卷子本卷一《禮記·月令》「善相丘陵、險、原隰，土地所宜」，森氏鈔校本於「陵」字、「險」間旁注曰：「脱『阪』。」《古逸叢書》本有「阪」字。

一一　舊鈔卷子本卷一引蔡邕《月令章句》「鴻鳥來，陽鳥」杜臺卿按語云：「今案《尚書·禹貢》曰：『彭蠡既豬，陽鳥居。』」森氏鈔校本于「陽鳥」字間旁注曰：「恐脱『攸』。」《古逸叢書》本正有「攸」字。

一二　舊鈔卷子本卷一引蔡邕《月令章句》云：「琟者，月之所曆也。」森氏鈔校本的鈔手將「琟」字錯鈔爲「離」字，森氏旁注「離」字，以示更正，《古逸叢書》本沿其誤字，作「離」。

一三　舊鈔卷子本卷一杜臺卿引《釋名》云：「春，蠢也，蠢動而生也。」森氏鈔校本的鈔手在鈔寫時，脱「蠢也」二字，標注其旁，《古逸叢書》本亦將二字標注其旁。

以上《古逸叢書》本與影印舊鈔卷子本文字歧異，而與森氏父子鈔校本完全一致。因此，從《清客筆話》的實録文獻到《玉燭寶典》的版面風貌、字體、字形再到文字異同，我們可以得出結論：黎庶昌、楊守敬影刻《玉燭寶典》的底本，不是尊經閣文庫所藏舊鈔卷子本，也不是毛利高翰影鈔本，而是森立之父子的傳鈔合校本。《古逸叢書》牌記標識的「影舊鈔卷子本玉燭寶典」，與事實不符。我們從《清客筆話》的記録得知，是楊守敬把森氏傳鈔合校本誤認成「影鈔」本了。森氏父子傳鈔的底本是毛利高翰影鈔卷子本（即楓山官庫本），經森氏父子歷時數年的校勘，其文獻準確度優於尊經閣文庫所藏舊鈔卷子本。

三、依田利用《玉燭寶典考證》校勘成果豐碩，《古逸叢書》本失采

當楊守敬與森立之接洽影刻《玉燭寶典》之時，他們不知道，此前四十餘年的1840年，日本學者依田利用（1782—1851）已經完成了《考證》，内容含《玉燭寶典》正文（大字）、舊注

（另行大字）、考證（夾行小字，或書於眉端）。依田利用原名依田利和[一]，是江户時代末期參加楓山官庫本鈔校的五位學者之一，曾目睹前田侯家所藏舊鈔卷子本。他的《考證》主體是校勘，所引「古本」、「足利本」等，多數出自楓山官庫和足利學校所藏古本。依田利用在校勘《玉燭寶典》上取得顯著成績，例如：

卷一引《莊子》「連灰其下，百鬼畏之」，《考證》云：「舊[二]『百』作『而』，今依《荆楚歲時記》《初學記》《白六帖》改。案《莊子》今本無此文，而《御覽》引莊周云亦同，此蓋或逸文也。」

卷二杜臺卿案語「城市尤多門雞卵之戲」，《考證》云：「舊『卵』上有『門』字，《初學記》《白六帖》《事類賦》《荆楚歲時記注》無，今據删去。《倭名鈔》作『城市多爲門雞之戲』。」

卷三引《皇后親蠶儀注》「皇后躬桑，始得將一條」，《考證》云：「《初學記》《藝文類聚》無『得』字，案得、將字形相近而誤重。」

[一] 参见福井保《依田利用の履历》，古典研究会编《汲古》第14号，昭和六十三年（1983）12月，汲古书院。山本岩《依田利用小伝》，《宇都宫大學教育學部紀要》第1部第42號，平成四年（1992）3月，宇都宫大學教育學部。

[二] 案此「舊本」即舊鈔卷子本。

卷四引《禮記・月令》孟夏鄭玄注「三分宫去一，以生徵，徵數五十四，屬火者，以其徵清事之象也」，《考證》云：「《注疏》『徵清』作『微清』，阮元《校勘記》云閩、監、毛本作微，此本微誤徵。舊無『也』字，今依注疏本增。」

卷五引《禮記・月令》仲夏鄭玄注「昴爲天獄，主殺之者」，《考證》云：「舊無『天』字，今依《注疏》本增。《注疏》本無『昴』字、『之者』字，《考文》引古本有『昴』字，『殺』下有『之也』二字。《校勘記》引嚴傑云：『《考文》所云古本多不足據。《開元占經》云：黄帝曰昴，天牢獄也。又云巫咸曰畢爲天獄，是昴、畢並爲天獄之證，注文必不舍畢而言昴，古本『爲』上有『昴』字，非也。』而以此證之隋時本亦有『昴』字。古本與此正合，則其以爲不足據者非是。『之者』當作『也』。」

卷六引《禮記・月令》季夏鄭玄注「今月令四爲田也」，《考證》云：「舊『今』作『令』，『田』作『曰』，今依《注疏》本改。而『今月』至『丘隰水潦』注『戌之氣乘錯』，出下文『精明』注『宫以之菊』下，今移正。」

卷七引高誘《吕氏春秋》注云：「太陽氣衰，太陰氣發，萬物雕傷。」《考證》云：「此蓋《吕覽》注也，而吕注『雕傷』作『肅然』，《淮南》注同此。」

卷八引《禮記・月令》仲秋「日夜分，雷乃始收」，《考證》云：「《注疏》本作『雷始收聲』，《考文》云『雷』下有『乃』字，足利本同。《校勘記》云：『唐石經「始」作「乃」，王引之云本作「雷乃始收」，《初學記》《周禮・韗人》疏可證，《淮南・時則篇》同。』與此正合。」

卷十引《禮記・月令》孟冬鄭玄注「日之行，冬北從黑道，閉藏萬物，月爲之佐時，萬物懷任於下，揆然萌芽也」，《考證》云：「舊『揆』作『癸』，『芽』下有『之』字，今依《注疏》本改删。《注疏》本『冬』作『東』，《考文》云足利本作『冬』。《校勘記》云：『觀上孟春注云「春東從青道」，是其句法一例，諸本疑「冬」爲「東」誤而改之，謬矣。』」[一]

卷十一杜臺卿案語引《詩草木疏》「漁陽、代郡、上党皆饒」，《考證》云：「舊『漁陽』作『鰒魚』，今依《齊民要術》改。本書及《齊民要術》『代郡』作『遼東』。」

卷十二杜臺卿案語引董仲舒言「河内人無何而見有人馬數千萬騎」，《考證》云：「舊無『人無何而』四字及『騎』字，今依《御覽》《事類賦》增。」[二]

諸如此類，在書中還有很多，不煩枚舉。依田利用的校勘成果，没有被《古逸叢書》本所吸納，殊爲可惜。所以，今天閲讀使用《古逸叢書》本《玉燭寶典》的人們，還應對日本學者依田利用《玉燭寶典考證》等鈔校本給予適當地關注，以盡可能地減少文本訛誤，避免誤引誤用，避免重復勞動，提高效率。

[一] 以上所引均引自依田利用《玉燭寶典考證》，日本專修大學藏本。

附記：本文原刊於《文獻》2009年第3期，與崔富章先生合作，題目作《〈古逸叢書〉本〈玉燭寶典〉底本辨析》，後收入《在浙之濱——浙江大學古籍研究所建所三十周年紀念文集》，第562—569頁，中華書局，2016年10月。題目和行文略有改動。又，該文發表后，清華大學人文學院任勇勝先生發表《〈《古逸叢書》本《玉燭寶典》底本辨析〉獻疑》一文，提出不同意見。本人拜讀之後，鑒於對《玉燭寶典》諸版本的校勘實證，故我仍堅持原有觀點，不再專門撰文討論。讀者可參考《清華大學學報：哲學社會科學版》2010年第S2期，第94—101頁。

附録九　日藏尊經閣本《玉燭寶典》校勘劄記

《玉燭寶典》是以《禮記·月令》、蔡邕《月令章句》爲綱，採集大量文獻，附以「正説」、「附説」，綴輯而成的歲時民俗類著作。其中所引典籍，或存古籍古本面貌，或今日十不存一二，或存者與今本有諸多異同，故可供校勘、輯佚的資料極爲豐富。就筆者目力所及，目前《玉燭寶典》存世五種鈔校本。在這五種鈔校本中，日本 1096 年至 1345 年寫本，即所謂「日本舊鈔卷子本」，舊藏於日本舊加賀藩前田侯尊經閣文庫，即尊經閣本。雖然其中訛脱衍誤情況比較嚴重，但由於這是目前所知《玉燭寶典》存世最早的本子，故該本仍具有重要的版本價值和文獻價值。本文便是筆者在校勘尊經閣本《玉燭寶典》過程中形成的部分校勘劄記。

一、《玉燭寶典》版本系統概述

日本寬平三年（公元 891 年，當唐昭宗大順二年），朝臣藤原佐世奉敕編《本朝見在書目録》（今通稱《日本國見在書目録》），雜家類著録「《玉燭寶典》十二，隋著作郎松臺卿撰」（「松」

爲「杜」之訛）。據筆者所知，日本現有《玉燭寶典》鈔校本五種[一]，它們分别是：

一　日本1096年至1345年寫本，十一卷（缺卷九），卷軸裝（六軸），此即所謂「日本舊鈔卷子本」，舊藏於日本舊加賀藩前田侯尊經閣文庫。卷五寫於嘉保三年（1096），卷六、八寫於貞和四、五年（1344—1345）。1943年，東京侯爵前田家育德財團用尊經閣文庫藏舊鈔卷子本影印行世，即《尊經閣叢刊》本，後附吉川幸次郎（1904—1980）撰《玉燭寶典解題》。即本文所謂「尊經閣本」。1970年12月，臺北藝文印書館用日本前田家舊鈔卷子本影印出版，附林文月所譯吉川幸次郎所撰《玉燭寶典解題》，此即《歲時習俗資料彙編》本。

二　日本圖書寮鈔本，十一卷（缺卷九），册葉裝，爲江户時代毛利高翰（1795—1852）命工影鈔加賀藩主前田家所藏貞和四年（1344）寫本，又稱毛利高翰影鈔本，現藏於日本國立公文書館。宫内廳書陵部亦藏另一鈔本，爲同一版本系統。

三　森立之、森約之父子鈔校本，此本系據毛利高翰影鈔本傳鈔（據森氏跋文，「唯存其字，不存其體耳」，非

[一]　又島田翰稱别有一本，卷子裝，存第九，卻佚卷第七後半。但諸家皆未見。參《古文舊書考》，《日本藏漢籍善本書志書目集成》第三册，北京圖書館出版社，2003年，第176—177頁。

影鈔也），十一卷（缺卷九），凡四册[一]。據森約之題記，自孝明天皇嘉永甲寅（公元1854年）至慶應二年（公元1866年），森氏父子合校完畢。森氏本今藏日本專修大學圖書館，鈐「森氏」、「東京溜池靈南街第六號讀杜草堂寺田盛業印記」、「天下無雙」、「專修大學圖書館之印」諸印記。「東京溜池靈南街第六號讀杜草堂寺田盛業印記」、「天下無雙」爲日本著名藏書家寺田望南藏書印，由是知森氏本曾經著名藏書家寺田望南[二]（1849—1929）收藏，最後歸於專修大學圖書館。

四　依田利用（1782—1851）《玉燭寶典考證》十一卷（缺卷九），裝訂四册。此本先鈔寫《玉燭寶典》正文、舊注（大字），次考證（細字分行，或書於眉端，內容屬校讎類）。依田利用初名依田利和，原是江户時代末期毛利高翰命工影鈔前田家所藏十一至十四世紀寫本《玉燭寶典》的參加者，五名鈔校者之一。此本《例言》稱卷子本「末卷往往用武后制字，其所流傳，唐時本無疑也」，則《考證》所載《玉燭寶典》正文、舊注，當出自前田家藏本（今尊經閣文庫本），且與藤原佐世《本朝見在書目録》著録之唐寫本一脈相承。依田氏

[一]　案此本卷二與卷三有兩處大段錯簡。第三十二頁至第四十四頁卷二「降山陵不收」至卷末「此言不經，未足可采」爲卷三季春之語，當置於第四十七頁卷三「人多疾疫，時雨不」下。卷三「玄鳥至，至之日」至卷末「或當以此受名也」爲卷二仲春之語，當置於卷二小注「治獄貴知」下。

[二]　寺田望南（1849—1929），名弘，别名盛業，字士弘，號望南、讀杜草堂。明治時期日本著名藏書家。

此本，先後經島田重禮（1838—1895）、島田翰（1877—1915）父子收藏，1909年5月，入日本東京帝國圖書館（即現在的日本國立國會圖書館），今藏於國會圖書館古籍資料室。

五　《古逸叢書》本，十一卷（缺卷九）。筆者在《日藏〈玉燭寶典〉鈔校本論考——〈古逸叢書〉本〈玉燭寶典〉底本辨析》[一]一文中，已經證明黎庶昌、楊守敬影刻《玉燭寶典》之底本實非其牌記標識的「影舊鈔卷子本玉燭寶典」，乃是森立之父子的傳鈔合校本。此後《叢書集成初編》《續修四庫全書》《叢書集成新編》諸版本均源出《古逸叢書》本。

二、《玉燭寶典》文獻價值述要

就《玉燭寶典》之文獻價值而言，至少有三端：

其一，《玉燭寶典》對於校勘傳世本文獻以及輯佚具有重要版本價值和文獻價值。《玉燭寶典》中稱引諸多古籍，其中所引典籍，或今日十不存一二，或存者與今本有諸多異同，或存古籍古本面貌，故其可供校勘、輯佚的資料極爲豐富。島田翰在《古文舊書考》指出：「是書所引用諸書，

[一] 參見《在浙之濱——浙江大學古籍研究所建所三十周年紀念文集》，第557—564頁，中華書局，2016年10月。

如《月令章句》蔡云所輯、馬國翰所集，捃摭詳贍無遺，而猶且不及見也。其他《皇覽》《孝子傳》《漢雜事》、緯書、《倉頡》《字林》之屬，皆佚亡不傳，又有漢魏人遺説，僅藉此以存。所謂吉光片羽，所宜寶重也。」[一] 清人李慈銘説：「其所引諸緯書，可資補輯者亦多。」[二]

其二，《玉燭寶典》對日本歲時文化的建立具有重要影響，在中日文化交流中佔有重要地位。嚴紹盪先生指出，日本孝謙天皇天平勝寶三年（751）編纂的日本第一部書面漢詩集《懷風藻》，收入的作品中曾引用《玉燭寶典》的典故。[三] 據藤原佐世《本朝見在書目録》（891），《玉燭寶典》至遲在八世紀中葉已經傳入日本。在稍後成書的惟宗公方《本朝月令》一書中，便已有多處稱引（亦稱引了《荊楚歲時記》）。《本朝月令》是日本學者記載當時歲時習俗的專門著作，其稱引《玉燭寶典》，説明當時的日本將《玉燭寶典》亦視作歲時習俗的典範之一，加以學習仿效。此後，日本歲時典籍如《年中行事秘抄》《年中行事抄》《師光年中行事》《明文抄》《釋日本紀》等書稱引多依傍《玉燭寶典》。

[一] 島田翰《古文舊書考》，《日本藏漢籍善本書志書目集成》第三册，第175頁，北京圖書館出版社，2003年。

[二] 李慈銘《越縵堂日記·荀學齋日記》，第11139頁，廣陵書社，2004年。

[三] 嚴紹盪《日藏漢籍善本書録》，第974頁，中華書局，2000年。

其三，前人在研究魏晋向隋唐時期歲時文化演變軌跡時，往往只重視宗懍《荊楚歲時記》與杜公瞻《荊楚歲時記注》，忽視了《玉燭寶典》的作用。杜公瞻爲杜臺卿之侄，《玉燭寶典》是他撰寫《荊楚歲時記注》的主要參考資料。吉川幸次郎便已經指出：「蓋中國上世之俗，《禮記·月令篇》書之，宋以後近世之俗可征之於《歲時廣記》以下諸方志。獨魏晋南北朝之俗，上承秦漢，下啟宋元，舍此書無由求之，此其所以尤爲貴。」[一]

三、尊經閣本《玉燭寶典》校勘劄記

《玉燭寶典》文本存在著較多的缺陷，訛誤衍脱現象比較嚴重。當年李慈銘既敏鋭地覺察到《玉燭寶典》的不可替代的文獻價值，又不無遺憾地説「當更取它書爲悉心校之，精刻以傳」[二]。光緒十二年（1886），李慈銘（1830—1895）在日記中寫道：「其書先引《月令》，坿以蔡邕《章句》，其後引《逸周書》《夏小正》《易緯通卦驗》等，及諸經典，而崔寔《四民月令》蓋全書

[一] 參見《歲時習俗資料彙編》本《玉燭寶典》書後所附《玉燭寶典解題》，臺灣藝文印書館，1970年12月。

[二] （清）李慈銘：《越縵堂日記·荀學齋日記》，第11139頁，廣陵書社，2004年。

具在。其所引諸緯書，可資補輯者亦多。」[一]曾樸（1872—1935）作《補後漢藝文志並考》十卷，其中「劉歆《爾雅注》」條轉引《玉燭寶典》所載文獻，其卷二「蔡邕《月令章句》」條按語云：「日本國卷子本《玉燭寶典》於每月之下，《月令》之後，詳載此書，諸搜輯家皆未之見。好古者若能一一輯出，合以《原本玉篇》、慧琳《一切經音義》所引，則中郎此書，雖亡而未亡也。」[二]近人向宗魯以《玉燭寶典》校《淮南子》，王叔岷以校《莊子》《列子》，均取得了很好的校勘成績。

需要指出的是，1840年，日本學者依田利用（1782—1851）已經完成了《玉燭寶典考證》，内容含《玉燭寶典》正文（大字）、舊注（另行大字）、考證（夾行小字，或書於眉端）。依田利用原名依田利和[三]，是江户時代末期參加楓山官庫本鈔校的五位學者之一，曾目睹前田侯家所藏舊鈔卷子本。他的《考證》主體是校勘，所引「古本」、「足利本」等，多數出自楓山官庫

[一]（清）李慈銘：《越縵堂日記·荀學齋日記》，第11139頁，廣陵書社，2004年。

[二]（清）曾樸：《補後漢藝文志並考》十卷，光緒二十一年（1895）家刻本。

[三]參見福井保《依田利用の履历》，古典研究會編《汲古》第14號，昭和63年（1988）12月，汲古書院。山本岩《依田利用小伝》，《宇都宫大學教育學部紀要》第1部第42號，平成4年（1992）3月，宇都宫大學教育學部。

和足利學校所藏古本。依田利用在校勘《玉燭寶典》上取得顯著成績，例如：

> 卷一引《莊子》「連灰其下，百鬼畏之」，《考證》云：「舊[一]『百』作『而』，今依《荆楚歲時記》《初學記》《白六帖》改。案《莊子》今本無此文，而《御覽》引莊周云亦同，此蓋或佚文也。」
>
> 卷二杜臺卿案語「城市尤多鬥雞卵之戲」，《考證》云：「舊『卵』上有『鬥』字，《初學記》《白六帖》《事類賦》《荆楚歲時記注》無，今據删去。《倭名鈔》作『城市多爲鬥雞之戲』。」
>
> 卷三引《皇后親蠶儀注》「皇后躬桑，始得將一條」，《考證》云：「《初學記》《藝文類聚》無『得』字，案得、將字形相近而誤重。」[二]

因此，依田利用《玉燭寶典考證》的校勘成果應該引起研究者的重視。

筆者今以1970年臺北藝文印書館影印尊經閣本《玉燭寶典》爲底本，校以森立之父子鈔校本、《古逸叢書》本及經史子集諸文獻，形成了部分校勘成果，今擇其犖犖大者，以見該本之版本價值與文獻價值。

[一] 案此「舊本」即舊鈔卷子本。

[二] 以上所引均引自日本國立國會圖書館藏依田利用《玉燭寶典考證》，不一一注出。

（一）保存古籍佚文

蔡邕《月令章句》自北宋亡逸後，後人遞有輯佚。清人在輯佚蔡邕《月令章句》時，多爲殘言碎語，忽視了《玉燭寶典》中所引《月令章句》的内容[一]。臺灣淡江大學黄復山先生在《蔡邕月令章句文獻價值考論》[二]一文中較早注意到了《玉燭寶典》中所引《月令章句》。《玉燭寶典》在每月引用《禮記·月令》之文後，引證蔡邕《月令章句》。儘管《玉燭寶典》本身缺卷九，但蔡邕《月令章句》幾乎相當於全篇尚在。這不僅有利於檢驗清人輯佚的蔡邕《月令章句》，且對於研究蔡邕的月令思想及其對後世的影響具有重要的文獻價值。這是《玉燭寶典》保存古籍佚文方面最突出的文獻價值。

下面從該書徵引其他文獻入手，以見其所引文獻保存古籍佚文之概貌。爲以清眉目，分條列出，並略加案語。其中小一號字爲原書小注。

[一] 如《拜經堂叢書》本《蔡氏月令》、南菁書院刻《蔡氏月令》《漢魏遺書鈔》本蔡邕《月令章句》等。

[二] 2011年臺灣「中央研究院」文哲所《秦漢經學國際研討會》會議論文。

一　卷一行冬令，則水淹爲敗[一]，雪霜大擊[二]，首種不入。亥之氣乘之也。舊説云，首種謂稷也。高誘曰：「雨霜大擊，傷害五穀。」案：此高誘注不見今本《淮南子》高誘注。

二　卷一引《皇覽・逸禮》曰：「天子春則衣倉衣，佩倉玉，乘倉輅，駕倉龍，載青旗，以迎春於東郊。其祭先麥與羊，居明堂左个[三]，庿啟東户[四]。」案：此條不見諸書徵引，當爲《皇覽》佚文。又原脱「个」字，據文意補。

三　卷一引《風俗通》曰：「赤春，俗説赤春從人假貸，家皆自之[五]。時或説當言斥春，春舊穀已[六]，新穀未登，乃指斥此時相從假貸乎？斥與赤音相似耳。」案：「已」下當有脱文，該句不見今本《風俗通》。

四　卷一引《國語・魯語》曰：「取名魚，登川禽，而嘗之庿。」案：今本《國語》「庿」上有「寢」字，王引之以有「寢」字者非，《玉燭寶典》所引《國語》與王説正合。

[一]「淹」《禮記正義》作「潦」。

[二]「擊」《禮記正義》《吕氏春秋》並作「摯」。

[三] 原脱「个」字，據文意補。

[四]「庿」原誤作「厝」，據文意補。

[五]「之」下原衍一「之」字，據上下文義删。

[六]「已」下當有脱文，不見今本《風俗通》。

五　卷一引《爾雅》曰：「正月爲陬。」音騶。李巡曰：「正月，萬物萌牙，陬隅欲出，日陬陬出之也。」案：此條當爲李巡《爾雅》注佚文，不見傳世文獻徵引。又，後半句訛脱難讀，姑且存疑。

六　卷一引《淮南子·時則》高誘注云：「楊，春木，先春生。」案：此句今本《淮南子》高誘注作「楊木春光」，於義不辭，此處所引正可補今本之訛脱。

七　卷一崔寔《四民月令》引《春秋》文六年傳：「賈季奔狄宣子，使申駢送其孥。」賈逵注云：「子孫曰孥。」鄭衆注：「孥，妻子家眷者也。」案：此條爲《春秋》鄭衆注佚文。又，「眷」原誤作「舊」，形近而訛。

八　卷一引《莊子》云：「遊鳧問雄黄曰[一]：『今逐疫出魅[二]，擊鼓呼噪，何也？』曰：『昔黔首多疾，黄帝氏立巫鹹[三]，教黔首，使之沐浴齋戒，以通九竅。鳴鼓振鐸，以動其心，勞形趨步，以發陰陽之氣。春月毗巷，飲酒茹蔥，以通五藏。』」案：此處所引爲《莊子》佚文，王應麟《困學紀聞》亦引此段，但無「春月毗巷」四字，《玉燭寶典》所引正可補今本《困學紀聞》之缺。

[一]「鳧」原誤作「鳥」，據《四部叢刊三編》本《困學紀聞》（以下簡稱《困學紀聞》）卷十引《莊子》佚文改。

[二]「疫」原誤作「度」，據《困學紀聞》卷十引《莊子》佚文改。下而「疫」字同。

[三]原無「帝」字，據《困學紀聞》卷十引《莊子》佚文補。

九　卷一引劉臻妻陳氏《立春獻春書頌》云[一]：「玄陸降坎，青逵升震。陰祇送冬，陽靈迎春。熙哉萬類，欣和樂辰。順介福祥，我聖仁[二]。彩鸞春書，便有舊事。」案：案此條不見諸書徵引，當爲佚文，可補《全晉文》之缺。

一〇　卷二引《傳》曰：『爽鳩氏，司寇也，明春夏無爲秋冬用事也。』案：引文中《傳》指《春秋傳》，引文爲杜預注，末句不見於今本《春秋左氏傳》。

一一　卷二杜臺卿案語云：今案《爾雅音》：「貸，一音螣。」李巡曰：「食禾葉者，言其假貸無厭，故曰螣。」孫炎曰：「言以假貸爲名，因取之。」案：《隋書·經籍志》著録江灌撰《爾雅音》八卷，《玉燭寶典》所引《爾雅音》當是此書，該書已亡佚，吉光片羽，彌足珍貴。

一二　卷二注文引《草木疏》：「正月始生，其心似麥，欲秀，其中正白，長數寸，食之甘美，幽州人謂之甘滋[三]。或謂之茹子。比其秀出，謂之白茗也。」案：此條不見於今本陸璣《毛詩鳥獸草木蟲魚疏》，可補其闕。

一三　卷二引高誘曰：「二月興農播穀，故官倉也。杏有竅在中，象陰在內、陽在外也，是月陽氣布散在上，故樹杏。」

[一] 原無「氏」字，今補。

[二] 「仁」下疑有脱文。

[三] 「州」原誤作「洲」。

案：「象陰」至「在上」，今本多有脱誤，作「象陰布散在上」，可補何寧《淮南子集釋》注之訛脱。

一四　卷二引《淮南子·主術》曰：「先王之制[一]，四海之云至而修封壃，高誘曰：「春分之後，四海出云。」許慎曰：「海云至二月也。」」案：「許慎曰」云云爲《淮南子》許慎注佚文。

一五　卷二引《異物志》曰：「魚高跳躍[二]，則蜥蜴從草中下，稍相依近，便共浮水上而相合，事竟，魚還水底，蜥蜴還草中。常以二月共合。食魚昭則煞人[三]，稟蜥蜴之氣。」案：案此條不見今本《異物志》，當爲《異物志》佚文。

一六　卷二引《爾雅》郭注：「似蛇醫而短[四]，身有鱗采，屈尾。」案：今本《方言》郭璞注無「屈尾」二字。

一七　卷二引《史記》：「龍漦夏庭，卜藏於櫝，周厲王發而觀之，化爲玄黿。」案：「龍漦夏庭」四字不見於今本《史記》，今本《史記》云：「龍亡而漦在櫝而去之，夏亡傳此器殷，殷亡又傳此器周，比三代莫敢發之。至厲王之末，發而觀之，漦流於庭，不可除，厲王使婦人裸而譟之，漦化爲玄黿，以入王后宫。」

[一]「制」何寧《淮南子集釋》作「政」，古二字互用。

[二]依田利用云：「此句上似有闕文。」

[三]依田利用云：「『昭』疑『腸』字之訛。」

[四]原脱「似蛇醫而」四字，「短」又誤作「桓」，據《微波榭叢書》本《方言疏證》補正。

一八　卷二引《荆楚記》云：「婦人以一雙竹著擲之，以爲令人有子。」案：此條當爲《荆楚記》佚文。

一九　卷三引《莊子》曰：「槐之生也，入季五日而菟目，十日而鼠耳。」案：此當爲《莊子》佚文，依田利用亦云。《初學記》卷二十八亦引作此，《太平御覽》卷九五五引作：《淮南子》曰：「槐之生也，入季春五日而兔目，十日而鼠耳。」

二〇　卷三引《前漢書·文紀》曰[一]：「詔賜民酺《周官》：「音蒲。」五日。」蘇林曰：「陳留俗，三月上巳，水上飲食爲酺之。」案：此注不見於今本《漢書》，當爲蘇林注佚文。

二一　卷三引崔寔《四民月令》曰：「至立夏後，蠶大食[二]，牙出[三]，可種之。穀雨中，蠶畢生，乃同婦子，以懃其事。無或務他，以亂本業。有不順命，罰之無疑。」案：「穀雨中」至「無疑」，不見諸書徵引，當爲崔寔《四民月令》佚文。

二二　卷三引陸機《洛陽記》：「藥殿，華光殿之西也，流水經其前過，又作積石，瀨禊堂。三月三日，帳幔跨此水御坐處。」案：此條不見諸書徵引，當爲陸機《洛陽記》佚文。

[一]「紀」原作「記」。

[二] 原無「蠶大食」三字，據《齊民要術》卷三引《四民月令》補。

[三]《齊民要術》卷三引《四民月令》「出」作「生」。

二三　卷三引李元《春遊賦》云：「老氏發登臺之詠，曾子叙臨沂之歡。府臨滄浪，則可以流滌靈府。仰望蕭條，則可以興寄神氣。」案：原無上「以」字，以下文「仰望蕭條，則可以興寄神氣」例之，當有「以」字。此條爲李元《春遊賦》佚文。

二四　卷三引陸機《洛陽記》程咸平吴事，其文云：「程咸平吴後，三月三日從華林園作詩云：『皇帝升龍舟，待握十二人。天吴奏安流，水伯衛帝津。』」案：依田利用云：「『待握』疑當作『侍幄』。」此條爲程咸逸詩。

二五　卷三引杜篤《祓禊賦》云[一]：「巫咸之倫[二]，秉火祈福。浮棗絳水，衍散昌礫。」案：《藝文類聚》卷四引杜篤《祓禊賦》曰：「王侯公主，暨乎富商，用事伊雒，帷幔玄黄，於是旨酒嘉肴，方丈盈前，浮棗絳水，酹酒醲川。若乃窈窕淑女，美媵艷姝，戴翡翠，珥明珠……」《玉燭寶典》所引「衍散昌礫」四字不見諸書徵引，當爲杜篤《祓禊賦》佚文。

二六　卷三引《風土記》云：「壽星乘次，元巳首辰，祓醜虞之遐穢，濯東朝之清川。」注云：「漢末，郭虞以三月上辰上巳生三女並亡，時俗迨今，以爲大忌。是日皆適東流水上，祈祓潔濯。」案：此條不見諸書徵

[一]「杜篤祓」原誤作「社蔦秡」。

[二]《續漢書·禮儀志》注引《祓禊賦》「倫」作「徒」。

引，當爲《風土記》佚文。

二七　卷四引《爾雅》孫炎注，其文云：「孫炎曰：『夏天長物，氣體昊大，故曰昊天。』」案：孫炎注文不見諸書徵引，當爲佚文。

二八　卷四引《春秋經》莊七年：「夏四月辛卯夜，恒星不見，夜中星隕如雨。」賈逵曰〔一〕：「恒星，北斗也。一説南方朱鳥星也。」案：此條不見諸書徵引，當爲賈逵注《春秋》佚文。

二九　卷五引《孔叢子・明鏡》曰：「國臣謀，反舌鳥入宫也。」案：原無「叢」字，據《玉燭寶典考證》補。此條不見今本《孔叢子》。

三〇　卷五引《淮南子・天文》曰：「夏至則斗南中繩，陽氣極，陰氣萌，故曰夏至爲刑。陽氣極，則南至南極，上至朱天，故不可以夷丘上屋。」案：《玉燭寶典》所引《淮南子》此文爲許慎注本，「陽氣極，則南至南極，上至朱天，故不可以夷丘上屋。」何寧《淮南子集釋》作「陰氣極，則北至北極，下至黄泉，故不可以鑿地穿井」。疑許慎與高誘所注本均脱落《玉燭寶典》所引。

三一　卷六引《禮記・月令》王肅注云：「王肅曰：『蛟大而難制，故曰伐。龜靈而給尊，故曰升。鼉皮可以爲鼓，

〔一〕「逵」原誤作「達」。

鼃肉可食，得之易，故曰取。《周官》「秋獻鼃」[一]，於秋當獻，故於末夏而命。』」案：此引王肅注文不見諸書徵引，當爲佚文。

三二　卷十引《爾雅》劉歆注云：「實有角如栗。」李巡、孫炎云：「山有苞櫟[二]，櫟，實橡也，有捄彙自裹也。」《音義》曰：「《小爾雅》：『子爲橡，在彙斗中，自含裹，狀捄叟然。』」案：卜引劉歆、李巡、孫炎注不見諸書徵引，當爲諸人注《爾雅》佚文。

三三　卷十一引《周書·周月解》曰[三]：「惟一月，既南至，昏昴、畢見，日短極，基踐長，微陽動於黃泉，隆陰慘於萬物。是月……草木萌蕩，日月俱起於牽牛之初，右回而月行。月一周天起一次，而與日合宿。日行月一次十有一次，而周天歷舍於十有二辰，終則復始，是謂日月權與。」案：今本《逸周書》無「十有一次」四字。

三四　卷十一引《離騷·招魂》云[四]：「西方之害，流沙千裏，旋入雷淵。」注云：「雷淵，公室也，乃在西方。」

[一] 原脱「周」字，今補。

[二] 「有」字原爲闕文，空一字，今補。

[三] 原無下「周」字。

[四] 「離騷」當作「楚辭」。

案：原無「淵」字，此所引注文不見今本《招魂》王逸注。今本《招魂》王逸注云：「旋，轉也。淵，室也。」則「雷」下當有「室」字，今據以補。

三五 卷十二《禮記・月令》注引庾蔚之曰：「雞生乳，雖無時，蓋亦言其所宜之盛也。」案：依田利用云：「案《隋書・經籍志》『《禮答問》六卷，庾蔚之撰』，此蓋其書中語也。」《玉燭寶典》下又引庾蔚之曰：「此月漁始美，故可以始漁。孟春轉勝而多，故獺祭之。孟冬收賦者，謂今將復漁，去年之賦宜收入之。《王制》不同記者，所聞之異也。」亦應是《禮答問》之文。《禮答問》完帙不在，此處所引可補該書之闕。

三六 卷十二引《荊楚記》云：「留宿歲飯至新年十二日，則棄於街衢，以爲去故納新，除貧取富。又留此飯鬚髮蟄雷鳴，擲之屋扉，令雷聲遠也。」案：今本《荊楚歲時記》無「除貧取富」至「令雷聲遠也」二十二字，可補今本之闕文。

（二）保存古本面貌

一 卷二引《七諫》云：「推割肉而食君，德日忘而怨深。」案：今本《七諫》「割肉」作「自割」，「食」作「飤」。今本王逸注云：「一云：推自割而食君兮。」與王說「一云」正合。

二 卷三引《禮記・月令》「桐始華，田鼠化爲鴽，虹始見，蓱始生」注云：「鴽，母無也」。案：今本《禮記正義》「母無」作「鴾母」，山井鼎《七經孟子考文》云古本作「母無」，足利學校藏《禮記正義》正作「母無」。則《玉燭寶典》猶存《禮記》古本面貌。

三　卷三引《禮記·月令》鄭玄注云：「戴勝，趣織紝之鳥也。」案：今本《禮記正義》無「趣」字，山井鼎《七經孟子考文》云古本有，足利學校藏《禮記正義》有「趣」字，則《玉燭寶典》猶存《禮記》鄭玄注古本面貌。

四　卷三引《禮記·月令》鄭玄注云：「榦，器之木也。凡輮榦有當用脂者。」案：今本《禮記正義》無「者」字，山井鼎《七經孟子考文》云古本有，足利學校藏《禮記正義》有「者」字，與此正合。

五　卷三引《禮記·月令》鄭玄注云：「又磔牲以禳於四方之神[一]，所以畢春氣而止其災也。」案：依田利用云：「注疏本無『春氣』二字，系脫。《考文》云古本作『所以畢春氣而除止其災也』，足利本同此。」則《玉燭寶典》所引猶存《禮記》鄭玄注古本面貌。

六　卷三引《禮記·月令》云：「兵革並起。」鄭玄注云：「金氣勝也」。案：「金」《禮記正義》作「陰」，山井鼎《七經孟子考文》云古本作「金」，與此正合。又，「勝」原作「胲」，據《禮記正義》改。

七　卷三引《淮南子·天文》曰：「季春三月，豐隆乃出，以將搕其雨。」許慎曰：「豐隆，雷神。」案：何寧《淮南子集釋》無「搕」字，「搕」同「扼」，疑《淮南子》古本如此。又「雷神」今本作「雷也」。

[一]「以」原誤作「之」，據《禮記正義》改。

八　卷四引《禮記・月令》鄭玄注云：「祝融[一]，顓頊氏之子，曰藜，爲火官者也。」案：依田利用云：「注疏本無『者也』二字，《考文》引古本有『者也』二字，與此正合。」則《玉燭寶典》所引鄭玄注猶存古本面貌。

九　卷四引《禮記・月令》鄭玄注云：「迎夏者[二]，祭赤帝熛怒於南郊之兆。不言帥諸侯而云封諸侯，諸侯或時無在京師者[三]，空其文也。」案：今本《禮記正義》「熛」上有「赤」字。依田利用云：「《考文》引古本無，與此正合。」則《玉燭寶典》所引鄭玄注猶存古本面貌。

十　卷四引《禮記・月令》鄭玄注云：「舊説云：靡草，薺、亭曆之屬也。」案：依田利用云：「注疏本『亭曆』作『葶藶』，《考文》云宋板作『亭曆』，足利本同。正與此合。」則《玉燭寶典》所引鄭玄注猶存古本面貌。

十一　卷五引《禮記・月令》鄭玄注云：「含桃，今謂之櫻桃。」案：依田利用云：「注疏本無『今謂之』三字，《考文》引古本、足利本有，正與此合。」則《玉燭寶典》所引鄭玄注猶存古本面貌。

十二　卷六引《禮記・月令》鄭玄注云：「黄鍾之宫，律最長者也。」案：依田利用云：「注疏本無『律』、『者』

[一] 原脱「祝」字，據《禮記正義》補。

[二] 原無「者」字，據《禮記正義》補。

[三] 《禮記正義》「或時」作「時或」。

二字，《考文》云古本作『黄鐘之宫，律最長者也』，足利本同。與此正合。」則《玉燭寶典》所引鄭玄注猶存古本面貌。

十三 卷七引《禮記·月令》鄭玄注云：「鷹祭鳥者，將食之，示有先也。既祭之後，其煞鳥不必盡食。案：今本《禮記正義》無「其煞鳥」三字，足利本有。則《玉燭寶典》所引鄭玄注猶存古本面貌。

一四 卷七引《禮記·月令》云：「命大理瞻傷、察創、視折、審斷。」案：依田利用云：「注疏本無『大』字，《考文》云古本有，足利本同。」則《玉燭寶典》所引《禮記》猶存古本面貌。

由上徵引之揭表，我們不難看出，《玉燭寶典》作爲中古時期重要的禮俗月令典籍，其中徵引文獻不僅保留了大量古書古本面貌，而且保留了不少已經亡佚的典籍文獻。這對於我們今天的輯佚和校勘仍然具有重要的版本價值和文獻價值。

當然，《玉燭寶典》所徵引文獻并不僅限於上述保存古書面貌與古書佚文，其中所引文獻與傳世文獻也有諸多異文。如：

一 卷四引《白虎通》曰：「火味所以苦何？南方者主長養，苦者所以養育之，猶五味得苦可以養也。其臭焦何？南方者火盛，陽烝動，故其臭焦也。」案：今本《白虎通》「養育之」作「長養也」，「得」作「須」。

二　卷四引《白虎通》曰：「四月律謂之仲呂何[一]？言陽氣將極，故復中，難之也。」案：今本《白虎通》「將極」作「極將微」。

三　卷四引《抱樸子》云：「劉向博學，則究微極妙，經深涉遠[二]。思理則足以清澄真僞，研覈有無。」案：今本《抱樸子內篇》無「足以」二字。

四　卷五引《淮南子・天文》曰：「日夏至流黄澤，石精出，高誘曰：「流黄，土之精也，陰氣作下，故流澤而出。石精，五石之精。」蟬始鳴，半夏生，與《月令》同。蟲蝱不食駒犢，鷙鳥不搏黄口，五月微陰在下，未成駒犢，黄口肌脆弱未成，故蟲蝱、鷙鳥應陰，不食不搏之也。八尺之柱，脩尺五寸。柱脩即陰氣勝，短即陽氣勝。陰氣勝即爲水，陽氣勝即爲旱。」案：何寧《淮南子集釋》「至」下有「而」字，「未成駒犢」無「未成」二字。「柱」作「景」。下同。「即」作「則」。下同。

五　卷七引《白虎通》曰：「金味所以辛何？西方者，煞傷成萬物[三]。辛者，所以煞傷之，猶五味乃萎地死。案：此句七字今本《白虎通》作「猶五味得辛乃委殺也」。

[一]「仲」原作「中」，脱「呂」字，據淮南書局本陳立《白虎通疏證》改補。

[二]「涉」原誤作「妙」，涉上「妙」字而誤，據王明《抱樸子內篇校釋》改。

[三] 原無「傷」字，據淮南書局本《白虎通疏證》補。

六　卷十二引《史記·天官書》：「凡候歲前，臈明日，人衆一會飲食，發陽氣，故曰初歲。在官者並朝賀。」案：今本《史記》「前」作「美惡」，「人衆」下有「卒歲」二字。

綜上，作爲中古時期重要月令文獻的《玉燭寶典》一書保存了大量古書佚文，且其中所徵引文獻多存古書古本面貌，應該引起相關研究者的重視。限於篇幅，筆者將另行撰文辨析《玉燭寶典》所引文獻與傳世文獻的異文對校。

原載《中國古籍文化研究——稻畑耕一郎教授退休記念論集》，第231—240頁，東方書店，2018年3月。

主要參考書目

經部

一　雪克輯點，孫詒讓《十三經注疏校記》，齊魯書社，1983年9月。

二　《毛詩正義》，《十三經注疏》本，中華書局，2007年7月。

三　陳金生點校，馬瑞辰《毛詩傳箋通釋》，中華書局，1989年3月。

四　莊大鈞、王承略、劉曉東整理，《兩漢全書》（第二册），山东大学出版社，1999年9月。

五　《尚書正義》，《十三經注疏》本，中華書局，2007年7月。

六　杜澤遜主編，《尚書注疏彙校》，中華書局，2018年4月。

七　《周禮注疏》，《十三經注疏》本，中華書局，2007年7月。

八　《禮記正義》，《十三經注疏》本，中華書局，2007年7月。

九　《影印南宋越刊八行本禮記正義》，北京大學出版社，2014年6月。

十　《春秋左傳正義》，《十三經注疏》本，中華書局，2007年7月。

十一　《爾雅注疏》，《十三經注疏》本，中華書局，2007年7月。

十二　周祖謨《爾雅校箋》，雲南人民出版社，2004年11月。

十三　《論語注疏》，《十三經注疏》本，中華書局，2007年7月。

十四　王聘珍《大戴禮記解詁》，清咸豐元年（1851）王氏刻本。

十五　王文錦點校，王聘珍《大戴禮記解詁》，中華書局，1983年3月。

十六　許慎《説文解字》，中華書局，1996年5月。

十七　王先謙《釋名疏證補》，《經訓堂叢書》本。

十八　錢繹《方言箋疏》，《廣雅書局叢書》本。

十九　戴震《方言疏證》，《微波榭叢書》本。

二十　周祖謨《方言校箋》，中華書局，1993年2月。

二一　陳士珂《韓詩外傳疏證》，清嘉慶二十三年（1818）自刻本。

二二　許維遹《韓詩外傳集釋》，中華書局，2009年5月。

二三　羅振玉《毛詩鳥獸草木蟲魚疏新校正》，《羅振玉學術論著集》第四集，上海古籍出版社，2010年12月。

二四　陸德明《經典釋文》，上海古籍出版社，2013年12。

二五　慧琳《一切經音義》，上海古籍出版社，2008年12月。

二六　張涌泉《漢語俗字叢考》，中華書局，2020年1月。

史部

一　司馬遷《史記》（修訂本），中華書局，2014年8月。

二　班固《漢書》，中華書局，1996年5月。

三　范曄《後漢書》，中華書局，1995年3月。

四　《宋書》，中華書局，1974年10月。

五　《隋書》，中華書局，1994年10月。

六　姚振宗《隋書經籍志考證》，民國《師石山房叢書》本。

七　陳振孫《直齋書録解題》，上海古籍出版社，1987年11月。

八　《逸周書》，《四部叢刊》本。

九　《國語韋氏解》，《士禮居叢書》影宋本。

十　《風俗通義》，《四部叢刊》本。

十一　任乃强《華陽國志校補圖注》，上海古籍出版社，1987年7月。
十二　郝懿行《山海經箋疏》，嘉慶十四年（1809）阮氏琅嬛仙館刻本。
十三　《博物志》，清《指海》本。
十四　《鄴中記》，《武英殿聚珍版叢書》本。
十五　陳橋驛《水經注校證》，中華書局，2007年7月。
十六　曾樸《補後漢藝文志並考》十卷，光緒二十一年（1895）家刻本。
十七　朱新林整理，《二十五史藝文經籍志考補萃編》（第十卷），清華大學出版社，2012年4月。
十八　魏奕元整理，《二十五史藝文經籍志考補萃編》（第十七卷），清華大學出版社，2013年7月。
十九　蘇麗娟、陳錦春等整理，《二十五史藝文經籍志考補萃編》（第二十卷），清華大學出版社，2013年7月。
二十　杜澤遜、班龍門點校，澁江全善、森立之等《經籍訪古志》，上海古籍出版社，2014年10月。
二一　杜澤遜、王曉娟點校，島田翰《古文舊書考》，上海古籍出版社，2017年1月。
二二　由雲龍輯，李慈銘《越縵堂讀書記》，上海書店出版社，2000年6月。
二三　黎庶昌《拙尊園叢稿》，朝華出版社，2017年12月。
二四　吴格整理，胡玉縉撰《續四庫提要三種》，上海書店出版社，2002年8月。

子部

一　高明《帛書老子校注》，中華書局，2004年11月。

二　王先謙《莊子集解》，中華書局，1987年10月。

三　王先謙《荀子集解》，中華書局，1988年9月。

四　孫詒讓《墨子閒詁》，中華書局，2001年1月。

五　劉培譽《玉燭寶典引緯文》，《勵學》第一卷第三、四期，1935年。

六　安居香山、中村璋八《重修緯書集成》，日本文部省助成出版，1981年。

七　王叔岷《莊子校詮》，中華書局，2007年6月。

八　《孔叢子》，《四部叢刊》影明翻宋本。

九　傅亞庶《孔叢子校釋》，中華書局，2011年6月。

十　黎翔鳳、梁運華《管子校注》，2004年6月。

十一　《呂氏春秋》，《四部叢刊》影明刊本。

十二　王利器《呂氏春秋注疏》，巴蜀書社，2002年1月。

十三　陳立《白虎通疏證》，淮南書局本。
十四　何寧《淮南子集釋》，中華書局，1998年10月。
十五　王明《抱朴子内篇校釋》，中華書局，1980年1月。
十六　《山海經傳》，《四部叢刊》本。
十七　《異苑》，津逮秘書本。
十八　陸璣《毛詩草木蟲魚疏》，《寶顔堂秘笈》本。
十九　《琴操》，《平津館叢書》本。
二十　羅願《爾雅翼》，文淵閣《四庫全書》本。
二一　蕭吉《五行大義》，《知不足齋叢書》本。
二二　《開元占經》，文淵閣《四庫全書》本。
二三　虞世南《北堂書鈔》，文淵閣《四庫全書》本。
二四　歐陽詢《藝文類聚》，上海古籍出版社，2010年6月。
二五　徐堅《初學記》，中華書局，2005年1月。
二六　李昉《太平御覽》，中華書局，2011年3月。

二七　《事類賦》，宋紹興十六年刻本。
二八　《錦繡萬花谷後集》，文淵閣《四庫全書》本。
二九　《事文類聚》，文淵閣《四庫全書》本。
三十　趙在翰《七緯》輯本，《緯書集成》，上海古籍出版社，1994年。
三一　鍾肇鵬、蕭文鬱點校《七緯》（附論語讖），中華書局，2012年9月。
三二　《尚書大傳》，《四部叢刊》本。
三三　賈思勰《齊民要術》，《四部叢刊》本。
三四　宗懔《荊楚歲時記》，《寶顔堂秘笈》本。
三五　姜彦稚輯校《荊楚歲時記》，中華書局，2018年8月。
三六　許逸民點校，陳元靚《歲時廣記》，中華書局，2020年6月。
三七　王應麟《困學紀聞》，《四部叢刊三編》本。
三八　李時珍《本草綱目》，光緒張氏味古齋重刻本。
三九　《農政全書》，明崇禎平露堂本。
四十　石聲漢《四民月令校注》，中華書局，1965年3月。

四一　《易緯通卦驗》，《武英殿聚珍版叢書》本。
四二　孫瑴《古微書》，墨海金壺本。
四三　《歷代法寶記》，趙城藏本。
四四　《大般涅槃經》，大正藏本。
四五　《札迻》，清光緒二十年（1894）籀廎刻二十一年（1895）正修本。
四六　嚴紹璗《日本藏漢籍珍本追蹤紀實》，上海古籍出版社，2005年5月。
四七　嚴紹璗《日藏漢籍善本書録》，中華書局，2007年3月。
四八　邱奎《阮刻〈十三經注疏〉本〈禮記·月令〉校讀札記》，《大學圖書情報學刊》，2010年第5期。
四九　孫猛《日本國見在書目録詳考》，上海古籍出版社，2015年9月。
五十　張東舒《〈玉燭寶典〉的文獻學研究》，雲南大學碩士論文，2014年5月。

集部

一　屈原《楚辭》，《四部叢刊》影明翻宋本。
二　王照圓《列女傳補注》，嘉慶刻後印本。

三　干寶《搜神記》，《津逮秘書》本。
四　《六臣注文選》，《四部叢刊》本。
五　胡之驥《江文通集彙注》，中華書局，1984年4月。
六　魯迅《古小説鉤沉》，齊魯書社，1997年11月。
七　嚴可均《全上古三代秦漢三國六朝文》，中華書局，1965年3月。
八　伏俊璉，《敦煌文學總論（修訂本）》，上海古籍出版社，2019年4月。